U0392358

家庭经典藏书

中華茶道

[主编] 董 飞

线装書局

中華茶道

第六章　中国茶艺

茶艺是指泡茶和饮茶的技艺。同时,它也是一门生活的艺术。

泡好一杯茶,要根据各种茶的特性,在选好水,配好具的同时,掌握茶的冲泡技能,把握冲泡要领。其中,包括要掌握好泡茶用水的水温;要掌握好茶与水的用量比例;要掌握泡茶时间的长短;要掌握冲泡次数的多少等操作技巧。

饮茶,既有物质和生理的需要,又有精神和艺术的追求。就一杯茶来说,我们可以从观形、察色、赏姿、闻香、尝味等五个方面加以体察。

茶艺馆是一个古老而又年轻的新兴行业,茶艺师是被国家认定的具有一定文化含量和掌握娴熟技能的职业职称。对一个茶艺师来说,既要做到冲泡动作精确到位,又要行为举止大方自然,优雅得体,做到神形合一的技熟艺美。"艺美"往往会从人的气质、风姿和礼仪中自然地体现出来。一个相貌平平的茶艺师可以通过努力,不断加强自我修养,久而久之,就能在言行举止、衣着打扮中显现出自然纯朴之美和极富个性的魅力。气质对茶艺师来说确实很重要,较高的文化修养,文明的行为,以及对茶文化知识的了解和泡茶技能的掌握,做到神、情、技合一,自然会给饮茶者以舒心之感。一般说来,茶艺师若是女性,则以恬静素装,整洁大方为上;如果是一位男士,则以仪表整洁,言行端正为好。总之,茶艺师要以他的行为展示出内心世界的美,才能使饮茶者获得品茗的最高境界。

第一节　茶艺源流

中国是茶的故乡，原始社会便已发现和利用茶。茶最初是作食用、药用的，用来饮用则是后来的事。饮茶的起源，至今仍争论未定。清人顾炎武《日知录》称："自秦人取蜀而后，始有茗饮之事"。他推测饮茶始于战国末，虽大体不错，但缺乏直接、有力的证据。西汉饮茶有史可据。西汉王褒《僮约》记有"烹茶尽具""武阳买茶"，尽管对"烹茶尽具"之"茶"是否指茶还有争议，但对"武阳买茶"之"茶"是指茶的意见比较一致。当然，汉代以前，中国只有四川（古巴蜀）一带饮茶，其他地区的饮茶是在汉代以后，由四川传播和在四川的影响下发展起来的。

顾炎武像，图出自清·孔继尧绘《吴郡名贤图传赞》

大体上，中国的饮茶历史已逾两千年。中国古代的饮茶历史大致可划分为四个时期，第一是汉魏六朝，第二是隋唐，第三是五代宋，第四是元明清。各个时期饮茶程序、方法各有特点。

汉魏六朝茶艺

汉魏六朝所饮何茶？《僮约》称"烹茶尽具"。《桐君录》记："巴东别有真香茗，煎饮令人不眠"。晋郭璞《尔雅》注说："树小如栀子，冬生，叶可煮作羹饮。"

煎茶,当如煎药,入水煮熬。煮茶,或入冷水煮熬,或入冷水煮至沸腾,或入开水煮至百沸。烹茶则是煮茶、煎茶的统称,三者义近往往被混用。

唐·皮日休《茶中杂咏》序说:"自周以降及于国朝茶事,竟陵子陆季疵言之详矣。然季疵以前称茗饮者,必浑而烹之,与夫瀹茶而啜者无异也。"茗饮即是用茶树生叶煮成羹汤。

汉魏六朝的饮茶法,诚如皮日休所言,"浑而烹之",煮成浓厚的羹汤而饮。那时还没有专门的煮茶、饮茶器具,往往是在鼎、釜中煮茶,用食碗饮茶。

隋唐茶艺

隋唐结束了魏晋南北朝长期分裂的局面,建立了统一的帝国。隋朝短暂,茶事记载很少。中国饮茶至中唐方才开始普及,形成"比屋之饮","始自中地,流于塞外"。唐朝茶以团饼为主,也有少量粗茶、散茶和米茶。隋唐时期的饮茶除延续汉魏南北朝的煮茶法外,又有泡茶法和煎茶法。

1.泡茶法

《茶经·七之事》引:"《广雅》云'荆巴间采叶作饼,叶老者,饼成以米膏出也。欲煮茗饮,先炙令赤色,捣末,置瓷器中,以汤浇覆之,用葱、姜、橘子笔之,其饮醒酒,令人不眠。'"

这段文字是说:在川东、鄂西交界的一带地方,采叶制成饼茶,叶老的,则要用米汤处理方能做成茶饼。想饮茶时,先烤茶饼至赤色,再捣末投入瓷器中,用葱、姜、橘子作佐料,加入沸水浇泡,喝了可以醒酒,使人不想睡觉。如前所考,这种以沸水冲泡茶的泡茶法起始不会早于隋代,约在隋唐间。

《茶经·六之饮》又载:"饮有觕茶(粗茶)、散茶、末茶、饼茶者。乃斫、乃熬、乃炀、乃舂,贮于瓶缶之中,以汤活焉,谓之痷茶。"

这段文字表明,所饮茶有粗、散、末、饼四类。粗茶要切碎,散茶、末茶入釜炒熬、烤干,饼茶舂捣成茶末。无论饮哪种茶,都是将茶投入瓶子和缶(一

431

种细口大腹的瓦器)之中,灌入沸水浸泡,此称为"痷茶"。痷义同淹,痷茶即是用沸水淹泡茶。这种泡茶简单方便,民间较为流行。

2.煎茶法

在汉语中,煎、煮义近,往往通用。本文所称的"煎茶法"特指陆羽所创的一种煮茶法,为了区别于汉魏南北朝的煮茶法故名煎茶法。其与煮茶法的主要区别有二:其一煎茶法入汤之茶一般是茶末,而煮茶法用散、末皆可;其二煎茶法的汤于一沸投茶,并加以环搅,三沸则止,而煮茶法茶投冷、热水皆可,须经较长时间的煮熬。

据《茶经》记载,煎茶法的程序有:备器、炙茶、碾罗、择水、取火、候汤、煎茶、酌茶、啜饮。

(1)备器、炙茶 煎茶炙烤茶饼,一是进一步烘干茶饼,以利于碾末;二是进一步消除残存的青草气,激发茶的焦香。

(2)碾罗 炙好的茶饼趁热用纸袋装好,以免香气散失。待茶饼凉了,用碾碾成末,再过筛使之大小均匀。好的茶末像米粒,不好的如菱角。

(3)择水 《茶经》云:"其水,用山水上,江水中,井水下。""其山水,拣乳泉、石池漫流者上。""其江水,取去人远者。井,取汲多者。"

(4)取火 《茶经》云:"其火,用炭,次用劲薪(谓桑、桐、栎之类也)。其炭曾经燔炙为膻腻所及,及膏木、败器不用之(膏木为柏、桂、桧也,败器谓朽废器也)。"《唐才子传》卷六载:"曾授客煎茶法曰:'茶须缓火炙,活火煎,当使汤无妄沸'"。缓火又称文火,活火指火之有焰,又称武火。

(5)候汤 陆羽为烧火煮水设计了风炉和镀。风炉形状像古鼎,三足间设三孔,底一孔作通风漏灰用。镀比釜要小些,宽边、长脐,有两只方形耳。无镀也可用铛(宽边、盆形锅)代替。

(6)煎茶 水一沸时加点盐调味,也可不加。二沸时,舀出一瓢水后量茶末,当中心投下。不消片刻,水的波涛溅出沫子,这时用先前舀出的水倒进以止其沸腾,使其生成"华"。华就是茶汤表面所形成的沫、饽、花,薄的称"沫",厚的称"饽",细而轻的称"花"。花似枣花、青萍、浮云、青苔、菊花、积雪。

（7）酌茶　茶汤如沸，要把沫上形似黑云母的一层水膜去掉，因为它的味道不正。最先舀出的称"隽永"，放在"熟盂"里以备育华和止沸用。《茶经》云："夫珍鲜馥烈者，其碗数三；次之者，碗数五。"好茶，仅舀出三碗；差些的茶，可舀出五碗。煮水一升，酌分五碗。

（8）啜饮　用匏瓢舀茶到碗中，趁热喝完。这时重浊凝下，精英浮上。冷则精英随气而散。

煎茶法在实际操作过程中，视情况可省略一些程序和器具。如用鼎铴，则风炉、镀可省。若用散、末茶，或是新制的饼茶，则只需碾罗而不需炙烤。

煎茶法在中晚唐很流行，唐诗中写"煎茶"的有很多。如刘禹锡《西山兰若试茶歌》有"骤雨松声入鼎来，白云满碗花徘徊"。白居易《睡后茶兴忆杨同州》诗有"白瓷瓯甚洁，红炉炭方炽。沫下曲尘香，花浮鱼眼沸。"

隋唐时期，泡茶法兴起，举凡粗、散、末、饼茶皆可泡饮，有加葱、姜等佐料的，也有不加佐料的。原煮茶法仍然存在，往往加姜、桂、椒、酥等佐料，由于陆羽的批评和煎茶法的兴起，已不普遍。中唐以后，煎茶法盛行。煎茶不加佐料，顶多稍加一些盐调味。

五代宋茶艺

五代的茶以团饼为主，但制作较唐精致，散茶亦有名品。宋朝的前中期，茶以片茶（团、饼）为主，到了宋朝后期，散茶取代片茶取得了主导地位。五代、宋时期的饮茶除承继隋唐时期的煎、煮茶法外，又兴起了点茶法。

宋代盛行点茶、斗茶、分茶，宋徽宗赵佶精于点茶、分茶，所撰《大观茶论》，总结点茶法。现据蔡襄《茶录》和《大观茶论》等归纳点茶法的程序有备器、洗茶、炙茶、碾罗、择水、取火、候汤、熁盏、点茶、啜饮。

（1）备器　点茶法的主要器具有茶炉、汤瓶、茶匙、茶筅、碾、磨、罗、盏等。

（2）炙茶　以微火将团茶炙干，若是当年新茶则不需炙烤。

（3）碾罗　炙烤好的茶用干净纸密裹捶碎，然后入碾，继之用磨，再用罗

筛选细末。散、末茶则直接碾、磨、罗,不用洗、炙。煎茶用茶末,点茶则用细茶末。

(4)择水、取火　同煎茶法。

(5)候汤　候汤最难,未熟则沫,过熟则茶沉。茶炉似风炉,形如古鼎,也有用火盆及其他炉灶代替的。煮水用汤瓶,汤瓶细口、长嘴、有柄。瓶小易候汤,且点茶注汤有准。汤以蟹目鱼眼连绎进跃为度。

(6)点茶　用茶匙抄茶入盏,先注少许汤调令均匀,谓之调膏。继之量茶受汤,边注汤边用茶筅击拂。视其面色鲜白,乳雾汹涌,回旋而不动,住盏无水痕为佳,谓之咬盏。"斗茶"则以水痕先出者为负,耐久者为胜。点茶之色以纯白为上,青白次之,灰白、黄白又次之。汤上盏达四至七分为宜,茶少汤多则云脚散,汤少茶多则粥面聚。

(7)啜饮　点茶一般是在茶盏里点,不加任何佐料,也不用醮,直接持盏饮用即可。

点茶法风行文人、士大夫阶层,宋代诗词中多有描写。如范仲淹《和章岷从事斗茶歌》有"黄金碾畔绿尘飞,碧玉瓯中翠涛起"。苏轼《试院煎茶》诗有"蟹眼已过鱼眼生,飕飕欲作松风鸣。蒙茸出磨细珠落,眩转绕瓯飞雪轻。"

总之,五代、宋时期饮茶最流行的是点茶法,连北方的辽国也深受其影响。此时煎茶法已不普遍,南宋末年已无闻。而煮茶法主要流行于少数民族地区。

元明清茶艺

元朝的茶以散茶、末茶为主,明朝叶茶(散茶)独盛。明朝有绿茶、墨茶、花茶、乌龙茶和红茶,清朝的茶品种繁多,门类齐全。元明清时期饮茶除继承五代宋时期的煮茶、点茶法外,泡茶法终于成熟。

泡茶法起始于隋唐,由于煎茶法的兴起和煮茶法的存在,泡茶法在唐代并不流行。五代、宋又兴点茶法,点茶法本属泡茶法,可以说是一种特殊的泡茶法。点茶法与泡茶法的最大区别在于点茶须调膏击拂,而泡茶则不用。五代、宋盛行点茶法,故泡茶法无闻。

明朝陈师《茶考》载:"杭俗烹茶,用细茗置茶瓯,以沸汤点之,名为撮泡。"细茗是茶末还是芽茶还不清楚,不加佐料,直接投茶入瓯,用沸水冲点,杭州一带俗称"撮泡"。撮泡开后再用杯、盏品饮。

明代张源《茶录》、许次纾《茶疏》对用壶泡茶法论说较详,归纳起来大致有备器、择水、取火、候汤、泡茶、酌茶、啜饮这些程序。

（1）备器　泡茶法的主要器具有茶炉、茶铫、茶壶、茶盏等。

（2）择水、取火　同煎茶、点茶法。

（3）候汤　待炉火通红,茶铫始上。扇起要轻疾,待水有声稍稍重疾,不能停手。水一入铫,便须急煮。汤有三大辨十五小。三大辨为形辨、声辨、气辨。形为内辨,如虾眼、蟹眼、鱼眼、连珠,直至腾波鼓浪方是纯熟;声为外辨,如初声、始声、振声、骤声,直至无声方是纯熟;气为捷辨,如气浮一缕二缕、三缕四缕、缕乱不分、氤氲乱绕,直至气直冲贯,方是纯熟。

（4）泡茶　探汤纯熟便取起,先注少许入壶中祛荡冷气,然后倾出。有上中下三种投法。先汤后茶谓上投;先茶后汤下投;汤半下茶,复以汤满谓中投。茶壶以小为贵,小则香气氤氲,大则易于散漫。若独自斟,壶则愈小愈佳。

（5）酌茶　一壶常配四只左右的茶杯,一壶之茶,一般只能分酌二三次。杯、盏以雪白为上,蓝白次之。

（6）啜饮　酌不宜早,饮不宜迟,旋注旋饮。

清朝,在闽、粤的一些地区流行一种青茶(乌龙茶)的"工夫茶"泡法。清袁枚《随园食单》载:"杯小如胡桃,壶小如香橼。上口不忍遽咽,先嗅其香,再试其味,徐徐咀嚼而体贴之。"工夫茶的一般程序是:焚香雅气、嘉叶酬宾、岩泉初沸、孟臣沐霖、乌龙入宫、悬壶高冲、春风拂面、熏洗仙客、若琛出客、玉壶初倾、关公巡城、韩信点兵、鉴赏三色、三龙护鼎、喜闻幽香、初品奇茗、再斟流霞、细啜甘莹、三斟石乳、领悟神韵。

明清的泡茶法继承了宋代点茶的清饮,不加佐料,包括撮泡(杯、盏泡)、壶泡、工夫茶(小壶泡)三种形式。

近代茶艺

近代茶艺指从清朝康熙中期起,至民国三十八年止(公元1689～1949年),长达二百五十九年之久。

这个时期的茶文化特色之一是朝廷酷茗茶。清人入中原后,对汉人文化甚为留意,茗饮也是汉人文化的一环,清代君主多有好者。由于在上位所好,因此特色之二是民间社会亦盛行茶礼俗,茶馆兴隆,遍行各地。特色之三是茶叶贸易鼎盛,茶叶传入英国后,造成各阶层饮茶的习惯,英国本身并不产茶,只好向中国购买。十九世纪初期,中国输出品中已有六成是茶叶。

清代矾红加金彩茶壶

同时,半发酵茶在此时崛起。半发酵茶的出现使茶叶种类逐渐增多、丰富,并将中国饮茶文化从旧式制茶所不能展示的色香味中带入另一个新的境界。近代茶与明代茶最大的差异是制茶的发酵方法,近代茶分绿茶与红茶,绿茶和明代制法完全相同,但红茶则有相当程度的发酵。

近代饮茶方式主要有三:一是盖碗式,乃近代饮茶最主要的方式,上至朝廷、官府,下至民间,都以盖碗饮茶,清朝康熙年间画家冷枚的赏月图,最足以代表这种茗饮方式;二是茶娘式,自古以来民间最主要的饮茶方式,即

436

以大茶壶冲泡分饮,乾隆年间画家丁观鹏所绘的《太平春市图》最能表示此种饮茶方式;第三种饮茶法则是工夫茶法,主要流行于闽南广东地区。这种饮茶法是从唐代陆羽茶经中演变而来,饮茶时先将泉水贮藏于茶壶之中,放置烘炉上面煮水,等到水初沸,把武夷岩茶投入宜兴壶之中,用水冲之,盖好盖子,再用热水浇壶身,然后倒出来品饮。

由此可以看出,中国的饮茶法共有两大类四小类。两大类是煮茶法和泡茶法,自汉唐饮茶以煮茶法为主,自五代至清饮茶以泡茶法为主。四小类是从煮茶法中分解出煎茶法,从泡茶法中分解出点茶法。煮、煎、点、泡四类饮茶法各擅风流,汉魏六朝尚煮茶法,隋唐尚煎茶法,五代、宋尚点茶法,元明清尚泡茶法。

第二节　茶艺之美

人之美

人是万物之灵,人是社会的核心,人文主义者认为人的美是自然美的最高形态,人的美是社会美的核心。费尔巴哈曾经这样说过:"世界上没有什么比人更美丽,更伟大。"车尔尼雪夫斯基也认为:"人是地球上最美的物类"。在茶艺诸要素中,茶由人制、境由人创、水由人鉴、茶具器皿由人选择组合、茶艺程序由人编排演示,人是茶艺最根本的要素,同时也是最美的要素。

从大的方面讲,人的美有两个含义:一是作为自然人所表现的外在的形体美;另一方面是作为社会人所表现出的内在的心灵美。为了详细地赏析茶人之美,在本节中,我们从茶艺美的要求出发,细分为四个方面来探讨茶人之美。

1.仪表美

茶艺审美从一开始,人们就特别注意演示者的仪表美。仪表美是形体美、服饰美与发型美的有机综合。

（1）形体美

就形体美而言,基本上包括十条具体的标准:

①骨骼发育正常,关节不显得粗大凸起。

②肌肉发达均匀,皮下脂肪适当。

③五官端正,与头部配合协调。

④双肩对称,男性要求宽阔,女性要求圆润。

⑤脊柱正视垂直,侧视曲度正常。

⑥胸部隆起,男性正面与反面看上去略呈 V 形。女性胸部丰满而不下垂,侧视应有明显的曲线。通常半球或圆锥状乳房容易唤起形式美感。

⑦腰细而结实,微呈圆柱形,腹部扁平,男性有腹肌垒起块隐显。

唐代盛茶用具:鎏金银笼子

⑧臀部圆满适度,富有弹性。

⑨腿部要长,大腿线条柔和,小腿腓部突出,足弓要高,脚位要正。

⑩双手视性别而定。男性的手以浑厚有力见称,女性的手以纤巧结实为宜。

毫无疑问,这十个条件是构成人形体美的基本条件,在茶艺馆和茶艺学校招工、招生时可以作为参考。不过,从事茶艺工作对于手和牙齿有较高的要求。手是人的第二张脸,在茶艺表演过程中最引人注目的就是脸和手。因此,招工时对从业人员的手形、手相、皮肤、指甲都要认真观察,牙齿要整齐、洁白。一个人形体美的有些条件是随着成长发育定形后就不可再改变的,而有些则是可以通过形体训练来改善的。坚持科学的形体训练是保持形体美、改善形体美的有效途径。

(2)服饰美

俗话说:"三分长相,七分打扮""佛要金装,人要衣装"。服饰可反映出着装人的性格与审美趣味,并会深刻影响到茶艺表演的效果。在这方面最典型的故事是陆羽著《毁茶论》。据《新唐书·列传》记载,唐代有一名官员名李季卿,十分嗜茶,有一次,他招来陆羽的一位崇拜者常伯熊煮茶,常伯熊兴高采烈地更换上得体的服装,带上全套茶具,盛装去演示煮茶技巧,李季卿看了极为叹服。他听常伯熊说陆羽才是当时的煮茶大师,于是派人请陆羽来煮茶。然而陆羽不事修饰,穿着便服赴会,茶虽然煮的好,但李季卿却不以为然,叫手下拿二百文钱打发陆羽回去。陆羽又羞愧又气愤,一怒之下写了《毁茶论》。茶圣陆羽不注意服饰尚且遭到冷遇,何况于我们?

茶艺表演中的服饰首先应与所要表演的茶艺内容相适,其次才是式样、做工、质地和色泽的要求。宫廷茶艺有宫廷茶艺的要求,民俗茶艺有民俗茶艺的格调。就一般的茶艺而言,表演者宜穿着具有民族特色的服装,而不宜"西化"。在正式的表演场合,表演者不可戴手表,不宜佩带过多的装饰品,不可涂抹有香味的化妆品,不可浓妆艳抹,不可涂有色指甲油。

(3)发型美

发型美是构成仪表美的三要素之一,同时,也是一个比较容易被忽视的要素。近年来各式各样的烫发、染色、先锋派、前卫派、抽象派,"个性化"的发型已屡见不鲜,这是社会开放的必然结果,对此无可厚非。但是就茶艺表演而言,发型的"个性化"决不可以与所表演的内容相冲突。发型设计必须结合茶艺的内容,服装的款式,表演者的年龄、身材、脸型、头型、发质等因素,尽可能取得整体和谐美的效果。

仪表美给人的印象很直观,是茶艺审美的前奏曲。从文化社会学的观点看,这种仪表美不仅在一定程度上反映了茶艺表演者个人精神面貌和审美修养,而且也可以反映出企业总体素质和管理水平,所以必须予以充分重视。

2.风度美

风度美包括仪态美、神韵美两部分。一个人的风度,是在长期的社会生活实践和一定的文化氛围中逐渐形成的,是个人性格、气质、情趣、素养、精神世界和生活习惯的综合外在表现,是社交活动中的无声语言。一般而言,不同阶层、不同职业的人会有不同的风度。例如,学者有学者的风度,政治家有政治家的风度,军人有军人的风度,演员有演员的风度,茶人自有茶人独特的风度。

（1）仪态美

茶艺表演者的仪态美主要表现在礼仪周全、举止端庄、待人诚恳等方面。中国是礼仪之邦,茶艺更是十分注重礼节。在茶事活动中所常用的礼节有五种:

鞠躬礼:鞠躬是中国的传统礼仪,即弯腰行礼。一般用在茶艺表演者迎宾、送客或开始表演时。鞠躬礼有全礼与半礼之分。行全礼应两手在身体两侧自然下垂,弯腰90度。行半礼弯腰45度即可。

伸手礼:伸手礼是在茶事活动中常用的特殊礼节。行伸手礼时五指自然并拢,手心向上,左手或右手从胸前自然向左或向右前伸。伸手礼主要在请客人帮助传递茶杯或其他物品时用,一般应同时讲"谢谢"或"请"。

注目礼和点头礼:注目礼即眼睛庄重而专注地看着对方,点头礼即点头致意。这两个礼节一般在向客人敬茶或奉上物品时可联合使用。

叩手礼:叩手礼即以手指轻轻叩击茶桌来行礼。相传清代乾隆皇帝微服私访江南,一日,乾隆皇帝装扮成仆人,而太监周日清装扮成主人到茶馆去喝茶。乾隆为周日清斟茶、奉茶,周日清诚惶诚恐,想跪下谢主隆恩又怕暴露身份引起不测,在情急之下周日清急中生智,马上将右手的食指与中指并拢,指关节弯曲,在桌面上作跪拜状轻轻叩击以示恭敬,以后这一礼节便在民间广为流传。目前,按照不成文的习俗,长辈或上级给晚辈或下级斟茶时,下级和晚辈必须用双手指作跪拜状叩击桌面二三下;晚辈或下级为长辈或上级斟茶时,长辈或上级只需单指叩桌面二三下表示谢谢。也有的地方在平辈之间敬茶或斟茶时,单指叩击表示我谢谢你;双指叩击表示我和我先生(太太)谢谢你;三指叩击表示我们全家人都谢谢你。

茶桌上还有其他一些礼节,例如斟茶时只能斟到七分杯,谓之曰"酒满敬人,茶满欺人";当茶杯排为一个圆圈时,斟茶一定要反时针方向巡壶,不可顺时针方向巡壶。因为反时针巡壶的姿势表示欢迎客人来!来!来!顺时针方向则好像是赶客人去!去!去!

另外,不同民族还有不同的茶礼和忌讳。例如蒙古族敬茶时,客人应躬身双手接茶而不可单手接茶;土家族人最忌讳用有裂缝或缺口的茶碗上茶;藏族同胞最忌讳把茶具倒扣放置,因为只有死人用过的茶碗才倒扣着放;生活在西北地区的少数民族一般都忌讳高斟茶,特别是忌讳在斟茶时冲起满杯的泡沫,因为这样会使他们联想到沙漠、草原上牲口尿尿,认为高斟茶是对他们人格的污辱;在广东客人用盖碗(三才杯)品茶时,如果不是客人自己揭开杯盖要求续水,茶艺馆的工作人员,不可以主动为客人揭盖添水……。各地的茶礼、茶俗很多,我们应当尽可能多学习一些,以免犯忌。

除了礼仪美之外,仪态美还包括站姿美、坐姿美、步态美和其他身体语言美(如手势、表情)等。这些都必须经过严格的专业训练,才能做到规范、自然、大方和优美。

(2)神韵美

神韵美是一个人的神情和风韵的综合反映,主要表现在眼神和脸部表情,即有些文学作品所描写的眉目传神、顾盼生辉或"一笑百媚生""倾国倾城"等。

《诗经·卫风》中有一章描写硕人(即美人)的诗:

"手如柔荑,肤如凝脂;领如蝤蛴,齿如瓠犀;螓首蛾眉,巧笑倩兮,美目盼兮！"

　　这首诗在美学理论研究中很受重视。前五句是比喻，诗的大意为美人的手像草木初生的嫩芽，皮肤像凝固的洁白的脂肪，脖子像天牛白嫩的幼虫，牙齿像葫芦瓜的子，美学家朱光潜先生说："前五句罗列头上各部分，用许多不伦不类的比喻，也没有烘托出一个美人来。最后两句突然化静为动，着墨虽少，却把一个美人的姿态神情完全描绘出来了。"美学家宗白华先生也有同感，他说："前五句驻满形象，非常'实'，是'错彩镂金，雕馈满眼'的工笔画；后二句是白描，使前面五句形象活动起来了。没有这二句，前面五句使人感到的只是一个庙里的观音菩萨。"

　　从《诗经·卫风·硕人》及两位大美学家的分析，我们可以得到如下的启发：如果一个人仅有形象美，而没有神韵美，这个人的美仍然会显得呆板，没有活力，缺乏感染力，只有"巧笑倩兮，美目盼兮"才能真正动人。

　　茶人的神韵美应特别注意"巧笑倩兮，美目盼兮"，以"巧笑"使人感到亲切，感到温暖，感到愉悦，通过眉目传神、顾盼生辉来打动人心，给人以活生生的美的享受。

　　有了神韵美的配合，便可化仪表美为"媚"。一个人仪表美仅仅是静态的美，仅仅是外观形象好看，而"媚"则是动态的，是妩媚可爱动人。古代文学中描写佳人，樱桃小口，唇如点朱，脸如桃花，都只是美，而"和羞走，倚门回首，却把青梅嗅"（《点绛唇》李清照）的动人神情才是"媚"。古代美学家李渔说："媚态之在人身，犹火之有焰，灯之有光，珠贝金银之有宝色，是无形之物，非有形之物也。惟其是物非物，无形似有形；是以名为

李清照

尤物。"（《笠翁偶集》卷十三）李渔所说的虽然有点神乎其神，玄而又玄，但却值得每一个追求神韵美的茶人去进一步深思。

3.语言美

　　俗话说："好话一句三春暖，恶语一句三伏寒"。这句话形象而生动地

概括了语言美在社交中的作用。茶室是现代文明社会中高雅的社交场所，它要求茶人在人际交往中要谈吐文雅，语调轻柔，语气亲切，态度诚恳，讲究语言艺术。

茶艺中的语言美包含了语言规范和语言艺术两个层次。

（1）语言规范

语言规范是语言美的最基本的要求。在茶室中的语言规范可归纳为：待客有"五声"，待客时宜用"敬语"，杜绝"四语"。

"五声"是指宾客到来时有问候声，落座后有招呼声，得到协助和表扬时有致谢声，麻烦宾客或工作中有失误时有致歉声，宾客离开时有道别声。

"敬语"包含尊敬语、谦让语和郑重语。说话者直接表示自己对听者的敬意的语言称为尊敬语。说话者通过自谦，间接地表示自己对听者的敬意的语言称为谦让语。说话者使用客气礼貌的语言向听者间接地表示敬意则称作郑重语。"敬语"是旅游服务行业的行业用语之一，其最大特点是彬彬有礼、热情庄重，使听者消除生疏感，产生亲切感。

要杜绝的"四语"为：不尊重宾客的蔑视语，缺乏耐心的烦躁语，不文明的口头语，自以为是或刁难他人的斗气语。

（2）语言艺术

"话有三说，巧说为妙"。美学家朱光潜先生曾说："话说的好就会如实地达意，使听者感受到舒适，产生美的感受。这样的说话就成了艺术。"可见，语言艺术一是要"达意"，二是要"舒适"。

"达意"即语言要准确，吐音要清晰，用词要得当，不可"含糊其辞"，也不可"夸大其词"。

"舒适"即要求说话的声音柔和悦耳，吐字娓娓动听，节奏抑扬顿挫，风格诙谐幽默，表情真诚自信，表达自然流畅。要达到使听者"舒适"，还应当切忌说教式或背诵式地讲话，而应当如挚友谈心，相互有真情的交流和沟通，引发对美的共鸣。

口头语言之美若辅以身体语言之美，如手势、眼神、脸部表情的配合则更能让人感受到情真意切。尤其是眼睛，眼睛是心灵的窗户，最富有传神或表现的能力。我们在追求语言美时千万别忘了眼睛，因为眼睛是会说话的。

4.心灵美

心灵美是人的其他美的真正依托，是人的思想、情操、意志、道德和行为美的综合体现，是人的"深层"的美。这种"深层"的美与仪表美、神韵美、语言美等表层的美相和谐，才可造就出茶人完整的美。

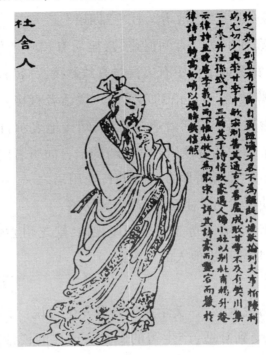

唐代诗人杜牧像

心灵美的核心是善。儒家学说认为"人之初，性本善"。人生来就具有善心，而善心是心灵美的基础。什么是善心？孟子认为善心包括仁、义、礼、智等四个方面。他说："恻隐之心，仁之端也；羞恶之心，义之端也；辞让之心，礼之端也；是非之心，智之端也。人之有四端也，尤其有四体也。"（《孟子·公孙丑上》）也就是说恻隐之心、羞恶之心、辞让之心、是非之心，是人与生俱来的善心。而心灵美就是上述"四心"的真诚表露。

在当前，我们还应当增加一个爱国之心。心灵美与政治觉悟、道德伦理虽然有着最直接、最密切的联系，但却不可简单与之等同。因为心灵美作为人的社会美的一种特殊形态,具有一切美的共同特征,即直观性与可感性。只要我们在日常生活中真诚而自然地表现我们的爱国之心、恻隐之心、羞恶之心、辞让之心和是非之心,我们的心灵美就一定会被别人感知。

在茶事活动中的心灵美,还表现在"仁者自爱"和"仁者爱人"两个方面。"仁者自爱"是要求茶艺师在人格上要自信、自尊、自爱、自强。"仁者爱人"则要求我们在茶事活动中时时处处事事为客人着想,连最细微的小事也不马虎。

茶之美

唐代诗人杜牧在《题茶山》一诗中赞道:"山实东南秀,茶称瑞草魁"。瑞草是神话传说中的仙草,瑞草是美的,茶是瑞草之魁首,茶当然更美。我们在茶艺中赏析茶之美,不仅是欣赏茶的色、香、味、形之美,而且欣赏茶的名之美。

1.茶名之美

历史悠久的中华民族文化有一个传统,喜欢为美好的东西起一个美好的名字。庄子曾说:"名者,实之宾也。"(《庄子·逍遥游》)其意为:实物是主,名称是宾。对贵宾慢待不得,所以取名很重要。我国名茶的名称大多数都很美,这些茶名大体上可分为五大类。

第一类是地名加茶树的植物学名称。从这类茶名我们一眼可了解该茶的名种和产地,如西湖龙井、武夷肉桂、闽北水仙、安溪铁观音、永春佛手等。其中的西湖、武夷、闽北、安溪、永春是地名,龙井、肉桂、水仙、铁观音、佛手是茶树的品种名称。

第二类是地名加茶叶的形状特征。如六安瓜片、平水珠茶、君山银针、古丈毛尖等。其中六安、平水、君山、古丈是地名,瓜片、珠茶、银针、毛尖是茶叶的外形。

第三类是地名加上富有想象力的名称。如庐山云雾、敬亭绿雪、舒城兰

445

花、恩施玉露、日铸雪芽、南京雨花、顾渚紫笋等。其中庐山、敬亭、舒城、恩施、日铸、南京、顾渚是地名，而云雾、绿雪、兰花、玉露、雪芽、雨花、紫笋等都可引起人们美妙的联想。

庄子

第四类是有着美妙动人的传说或典故。如碧螺春、文君嫩绿、大红袍、铁罗汉、水金龟、白鸡冠、绿牡丹等。例如碧螺春原名"吓煞人香"，相传康熙己卯年，抚臣宋荦以"吓煞人香"进贡，康熙皇帝认为茶是极品，但名称不雅，便根据该茶形状卷曲如螺，色泽碧绿，采制于早春而赐名"碧螺春"。

其他统统可归为第五种类型：这类茶名有的具有浓厚的宗教色彩，如普陀佛茶、麻姑茶、金佛、佛手等；有的以吉祥物命名，如太平猴魁、银猴等；有的反映了采茶时令，如谷雨春、不知春等。

赏析茶名之美，实际上是赏析中国传统文化之美，是赏析人心灵之美。从赏析茶名之美中，我们不仅可以学到茶文化知识，而且可以看出我国茶人的艺术底蕴和美学素养，可以体会茶人们爱茶的全方位追求。

2.茶形之美

我国的自然茶分为绿茶、红茶、乌龙茶（青茶）、黄茶、白茶、黑茶、普洱茶、拼配茶和代茶等十大类，这十类茶的外观形状虽有差别，但在茶人的眼里无论是什么茶，都自有其形态之美。

绿茶、红茶、黄茶、白茶等多属于芽茶类，一般都是由细嫩的茶芽精制而成。以绿茶为例就可细分为光扁平直的扁形茶，细紧圆直的针形茶，紧结如螺的螺形茶，弯秀似眉的眉形茶，芽壮成朵的兰花形茶，单芽扁平的雀舌形茶，圆如珍珠的珠形茶，片状略卷的片形茶，细紧弯曲的曲形茶以及卷曲成环的环形茶等十种类型。

乌龙茶（青茶）属于叶茶，采青时一般要到长出驻芽后的一芽三开片才采摘，所以制成的成品茶显得"粗枝大叶"。例如对于安溪"铁观音"即有

"青蒂绿腹蜻蜓头""美如观音重如铁"之说。对于武夷岩茶则有："乞丐的外形,菩萨的心肠,皇帝的身价"之说。

对于茶叶的外形美,审评师的专业术语有显毫、匀齐、细嫩、紧秀、紧结、浑圆、圆结、挺秀等。而文士茶人们则更是妙笔生花如清代乾隆把茶芽形容为"润心莲",并说"眼想青芽鼻想香",足见这个爱茶皇帝很有审美的想象力。宋代丞相晏殊形容茶的颜色之美为："稽山新茗绿如烟"。苏东坡形容当时龙凤团茶的形状之美为"天上小圆月"。

武夷山是茶的名丛王国,仅清代咸丰年间(公元1851~1861元)记载的名茶就有八百三十多种。武夷山的茶人们爱茶至深,他们根据茶叶的外观形状和色泽,为武夷岩茶起了不少形象而生动的茶名。如："白瑞香、东篱菊、孔雀尾、素心兰、金丁香、金观音、醉西施、绿牡丹、瓶中梅、金蝴蝶、佛手莲、珍珠球、老君眉、瓜子金、绣花针、胭脂米、玉美人、金锁匙、岩中兰、迎春柳"等。

3.茶色之美

茶叶的色泽,在感官上先声夺人,给人一种质量感,在茶艺表演中则给人一种赏心悦目的美感。茶色之美包括干茶的茶色、叶底的颜色以及茶汤的汤色三个方面,在茶艺中主要是鉴赏茶的汤色之美。不同的茶类应具有不同标准的汤色。在茶叶审评中常用的术语有"清澈",表示茶汤清净透明而有光泽。"鲜艳",表示汤色鲜明而有活力。"鲜明",表示汤色明亮略有光泽。"明亮",表示茶汤清净透明。"乳凝",表示茶汤冷却后出现的乳状浑浊现象。"混浊",表示茶汤中有大量悬浮物,透明度较差,是劣质茶的表现。

对于具体色泽按审评专业术语有嫩绿、黄绿、浅黄、深黄、橙黄、黄亮、金黄、红艳、红亮、红明、浅红、深红、棕红、暗红、黑褐、棕褐、红褐、姜黄等。

鉴赏茶的汤色宜用内壁洁白的素瓷杯或晶莹剔透的玻璃杯。在光的折射作用下,杯中茶汤的底层、中层和表面会幻出三种色彩不同的美丽光环,十分神奇,很耐观赏。茶人们把色泽艳丽醉人的茶汤比作"流霞",把色泽清淡的茶汤比作"玉乳",把色彩变幻莫测的茶汤形容成"烟"。徐夤在《尚书惠蜡面茶》一诗中写道:"金槽和碾沉香末,冰碗轻涵翠缕烟。"茶香缭绕,茶汽氤氲,茶汤似翠非翠,色泽似幻似真,这种意境真是美极了。

4.茶香之美

香气是茶的灵魂也是茶的媚人之处。茶香缥缈不定,变化无穷,有的甜润馥郁,有的清幽淡雅,有的高爽持久,有的鲜灵沁心。按照评茶专业术语,仅茶香的性质就有清香、高香、浓香、幽香、纯香、毫香、嫩香、甜香、火香、陈香等,按照茶香的香型可分为花香型和果香型,或细分为水蜜桃香、板栗香、木瓜香、兰花香、桂花香等,按照香气的表现则可分为馥郁、高爽、持久、浓郁、浓烈、纯正、纯和、平和等。

范仲淹

自古以来越是捉摸不定变幻莫测之美,越能打动人心,越能引起文人墨客的争相赞颂。

唐代诗人李德裕描写茶香为:"松花飘鼎泛,兰气入瓯轻"。温庭筠写道:"疏香皓齿有余味,更觉鹤心通杳冥"。在他们的笔下茶的"兰气""疏香"使人飘然欲仙。

古代的文人特别爱用兰花之香来比喻茶香,因为兰花之香是世人公认的"王者之香"。王禹偁称赞茶香曰"香袭芝兰关窍气"。范仲淹称赞茶香曰:"斗茶香兮薄兰芷。"李德载称赞茶香曰:"搅动兰膏四座香"。等均是描写茶香的名句。历史上描写茶香最妙的诗有两首。

其一是素有梅妻鹤子之称的宋代诗人林逋写的《茶》:

石辗轻飞瑟瑟尘,乳花烹出建溪春。

世间绝品人难识,闲对《茶经》忆古人。

"乳花烹出建溪春"写得超凡脱俗,在诗人的眼里茶香就是春天之香,是天地之香,这种香充满活力,无所不在,任人想象,妙不可言。

其二是明代诗人陆容的《送茶僧》:

江南风致说僧家,石上清泉竹里茶。

法藏名僧知更好,香烟茶晕满袈裟。

在陆容的诗里,茶香即禅香,即心香,它能陶醉人、陶冶人,不仅可使人的袈裟染上茶香,能渗透人的肌骨,熏染人的灵魂,使人遍体生香。

5.茶味之美

茶有百味,其中主要有苦、涩、甘、鲜、活。苦是指茶汤入口,舌根感到类似奎宁的一种不适味道。涩是指茶汤入口有一股不适的麻舌之感。甘是指茶汤入口回味甜美。鲜是指茶汤的滋味清爽宜人。活是指品茶时人的心理感受到舒适、美妙、有活力。在此基础上,审评师们对茶的滋味有鲜爽、浓烈、浓厚、浓醇、醇爽、鲜醇、醇厚、回甘、醇正等赞言。品鉴茶的天然之味主要靠舌头,因为味蕾在舌头的各部位分布不均,一般人的舌尖对咸味敏感,舌面对甜味敏感,舌侧对酸涩敏感,舌根对苦味敏感,所以在品茗时应小口细品,让茶汤在口腔内缓缓流动,使茶汤与舌头各部分的味蕾充分接触,以便更加精细而准确地判断茶味。

古人品茶最重茶的"味外之味"。不同的人,不同的社会地位,不同的文化底蕴,不同的环境和心情,可从茶中品出不同的"味"。"吾年向老世味薄,所好未衰惟饮茶。"历尽沧桑的文坛宗师欧阳修从茶中品出了人情如纸、世态炎凉的苦涩味;"蒙顶露芽春味美,湖头月馆夜吟清。"仕途得意的文彦博从茶中品出了春之味;"森然可爱不可慢,骨清肉腻和且正。雪花雨脚何足道,啜过始知真味永。"豪气干云、襟怀坦荡的苏东坡从茶中品出了君子味;"双鬟小婢,越显得那人清丽。临饮时须索先尝。添取樱桃味。"风流倜傥的明代文坛领袖王世贞从美人尝过的茶汤中品出了"樱桃味";"一岭中分西与东,流泉泻涧味甘同。"统治全国达60年之久的清代盛世之君乾隆皇帝认为,在他的国家里,各地泉水泡出的茶味都甘同,他从茶中品出了"普天之下莫非王土"的天下大同之味。

人生有百味,茶亦有百味,从一杯茶中我们可以有良多的感悟,所以人们常说"茶味人生"。我们品茶也应当向古人学习,重在去感受茶的"味外之味"。

苏东坡拟人化地把茶称为叶嘉先生并写了《叶嘉传》。在《叶嘉传》中,他借皇帝之口说:"叶嘉真清白之士也,其气飘然若浮云。""吾始见嘉,未甚好焉,久味之,殊令人爱。"古人讲"爱茶人不俗"。只有懂得茶之美,才能学好茶艺。只有爱茶,才能养成茶的精神。

具之美

中国茶艺中的器之美,包括了所选择茶具本身的形之美以及茶具搭配后的组合美两个方面。茶具的形之美是客观存在的美,而茶具经过搭配之后的组合美则要靠茶人自己在每次茶事活动中根据季节、客人身份、所用茶类等因素去灵活创作。

1.茶具的形之美

在众多茶具中最受人褒爱,最有美学价值的首推紫砂壶。

紫砂壶的造型千姿百态,有的圆肥墩厚,有的纤娇秀丽,有的拙纳含蓄,有的小巧洒脱,有的古朴典雅,有的妙趣天成,有的灵巧妩媚,有的神韵怡人,有的甚至表现出古代青铜器的狞厉美。按照壶的泥质,宜兴紫砂壶实际上包括紫砂壶、朱砂壶、绿泥壶和调砂壶四大类;从造型上分可分为光货、花货、筋囊货三大类。各类紫砂壶共同的特点是在壶上凝结着厚重的文化内容,体现了中国传统文化和民族艺术的精髓,折射出中国古典美学崇尚质朴、崇尚自然的艺术灵光。

从造型艺术上看,紫砂壶"方不一式,圆不一相",以方和圆这样简单的几何体创出无穷的变化,在变化中又恪守了中国古典美学"和而不同,违而不犯"的法则。方壶则壶体光洁,块面挺括,线条利落。圆壶则在"圆、稳、

匀、正"的基础上变出种种花样,让人感到形、神、气、态兼备。在《茗壶图录》中对紫砂壶的形态美做了绝妙的人格化描述。该书写道:"温润如君子者有之;豪迈如丈夫者有之;风流如词客,丽娴如佳人,葆光如隐士,潇洒如少年,短小如侏儒,朴纳如仁人,飘逸如仙子,廉洁如高士,脱尘如衲子者有之。赏鉴好事家,深爱笃好。"我们深爱笃好紫砂壶就要懂壶,要懂壶就必须首先掌握鉴壶的基本技巧。我们在鉴赏壶时无论它的造型怎样千变万化,始终要注意以下五个方面:

一是看壶的嘴、把、体三个部分是否均衡。美本身就是一种均衡,各部分不均衡的壶很难称得上美。看壶是否均衡首先是手持壶把,拿起壶来看手感是否舒适,然后把壶盖拿掉后,倒扣在桌面上,看壶嘴、壶把和壶口是否成一平面,茶人们称之为"三山齐"。

明代玉兰花六瓣紫砂壶

二是看有没有神韵。即仔细观察从形态上流露出的艺术感染力。好的壶能从文静雅致中显出高贵的气度;从朴实厚重中让人觉得大智若愚;从线条的简洁明快中产生返璞归真之遐思;从自然的造型中让人感到生命的气息。

三是看泥质。好的壶泥质色泽温润、光华凝重、亲切悦目、古雅亲人。用手平托起壶身,然后用壶盖的边沿轻轻敲击壶身或壶把,发音清亮悦耳甚至有钢声且余音悠扬者为上品。

四是看实用性能。好的壶应拿起来感到舒服适手。从壶中倾出茶汤时应出水流畅,水柱光滑而不散乱,俗称"七寸水不泛花"。也就是说在倒茶时茶壶离杯子七寸高,而倒进杯子时茶水仍然呈圆柱形,不会水珠四溅。好的壶还要"出水断水"都利索自如,壶嘴不留余沥。

最后是看装饰。看装饰主要是看浮雕、堆雕、泥绘、彩绘、镶嵌、陶刻、铭文、印鉴等的款式和水平。例如好的铭文应内涵隽永,书法功力精深,镌刻用刀神韵精到,否则就是画蛇添足,不但不会使壶增色增价,相反会破坏了壶的美感。

古人讲"操千曲而后晓声,观千剑而后识器",要想提高自己对紫砂壶的审美能力,除了要注意提高自己的文化艺术素养之外,最好的办法就是多看名壶。

2.茶具的组合美

将茶具进行搭配组合,是茶人在茶艺活动中对美的创造。一位美学素养很高的姑娘,她的服装不一定很华贵,也不一定很多,但必定是经过她的精心搭配的,每一次穿出来都让人看了感到赏心悦目。一个优秀的茶人在每一次茶事活动中也总能搭配出让客人由衷叹服的茶具组合来。

茶具组合是茶席布置的一项主要内容,同时也是一个艺术创作的过程。在茶具的选用和搭配时,应注意以下四个问题:

(1)因茶制宜

首先选择茶具必须了解茶性、顺应茶性,并使所选茶具能充分舒发茶性,即要为展示茶的内在美服务。例如冲泡乌龙茶,宜用紫砂壶或盖碗;冲泡红茶宜选用瓷壶;冲泡花草茶或调配浪漫音乐红茶宜选用造型别致的鸡尾酒杯;冲泡高档绿茶宜选用晶莹剔透的玻璃杯。试想一下,如果选用紫砂壶冲泡西湖龙井,那么龙井茶"色绿、香郁、味醇、形美"这四绝你至少有两绝享受不到,相反,因为紫砂壶保温性能好,稍一不留神,水温过高,就会造成熟汤失味,龙井茶那淡淡的豆花香和鲜醇的滋味你也享受不到。这样,即使你选用的紫砂壶出于工艺美术大师之手,无比名贵,可以说,你的选择仍是失败的。

(2)因人制宜

不同年纪、不同民族、不同地区、不同学养、不同阶层的人有不同的爱好。在不影响展示茶的色、香、味、形美的前提下,茶具的选择和搭配要充分考虑到人的因素。例如同样是冲泡乌龙茶,若是广东潮汕人,宜选用素称为

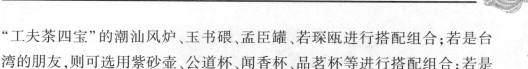

"工夫茶四宝"的潮汕风炉、玉书碨、孟臣罐、若琛瓯进行搭配组合；若是台湾的朋友，则可选用紫砂壶、公道杯、闻香杯、品茗杯等进行搭配组合；若是青年情侣，则可选用同心杯进行组合，这样他们一定会倍感亲切。

（3）因艺制宜

不同的茶艺表现形式，客观上对茶具的组合有不同的要求。例如宫廷茶艺要求茶具华贵；文士茶艺要求茶具雅致；民俗茶艺要求茶具朴实；宗教茶艺要求茶具端庄；企业营销型茶艺则要求所使用的茶具便于最直观地介绍所冲泡茶叶的商品特性。总之，茶具的组合是为茶艺表演服务的，它必须充分考虑茶艺所要表现的时代背景和思想内容。

（4）注意茶道美学法则的应用

这主要是指在茶具选择时，要注意各件茶具外形、质地、色泽、图案等方面的协调与对比，要注意对称美与不均齐美的结合应用。在摆台布席时，要注意茶具之间的照应以及茶具与室内其他物品的协调，尽量最大限度去达到和谐。

初学茶艺的人，最常见的毛病是喜欢选用质地、花色完全相同的一整套茶具，这样布置的茶席势必显得单调、枯燥。我们只有在茶道美学理论的指导下精心构思、大胆实践，才能创造出有艺术感染力的、美的茶具组合。

境之美

"境"作为美学范畴，最早见于唐代诗人王昌龄的《诗格》。他说："处身于境，视境于心。莹然掌中，然后用思，了然境象，故得形似。"其后，中国诗学一贯主张"一切景语皆情语，融情于景，寓景于情，情景交融，自有境界。"（《中国社会生活丛书》李志慧著）品茶和作诗一样，也特别强调情景交融，特别重视"境"之美。中国茶艺要求在品茶时要做到环境、艺境、人境、心境，四境俱美。

1.环境美

所谓环境，即品茶的场所，它包括了外部环境和内部环境两个部分。

玉川品茶图

对于外部环境,中国茶艺讲究野幽清寂,渴望回归大自然。唐代诗僧灵一的诗:"野泉烟火白云间,坐饮香茶爱此山。岩下维舟不忍去,青溪流水暮潺潺。"钱起的诗:"竹下忘言对紫茶,全胜羽客醉流霞。尘心洗尽兴难尽,一树蝉声月影斜。"他们所描述的都是茶人对自然环境的追求。在第一首诗中"山泉潺潺、青烟袅袅、白云悠悠",自有说不尽的野幽情趣,所以灵一和尚品茶品到暮色苍茫仍舍不得回寺。在第二首诗中"竹影婆娑、蝉鸣声声、夕阳西斜"是典型的清寂环境,在这种环境中钱起和他的好友赵莒品饮着紫笋清茶感到尘心洗净,俗念全消,心灵空明,乐而忘返。

中国茶艺之所以讲究林泉逸趣,是因为在这种环境中品茶最能体现出茶道的追求。在这种环境中品茶,茶人与自然最易展开精神上的沟通,茶人的内心世界最易与外部环境交融,使尘心洗净,达到精神上的升华。

中国茶艺所追求的幽野清静的自然环境美,大体上可分为几种类型:其一为"鸟声低唱禅林雨,茶烟轻扬落花风","曲径通幽处,禅房花木深",即幽寂的寺院美;其二为"涧花入井水味香,山月当人松影直,"云缥缈,石峥嵘、晚风清、断霞明,幽玄的道观美;其三为"远眺城池山色里,俯聆弦管水声中。幽篁映沼新抽翠,芳槿低檐欲吐红",即幽静的园林美;其四为"蝴蝶双双入菜花,日长无客到田家","黄土筑墙茅盖屋,门前一树紫荆花",即幽清的田园美。只要你有爱美之心和审美的素养,大自然的松阴里、竹林中、小溪旁、翠岩下处处都是品茗佳境。

品茶的内部环境要求窗明几净,装修简朴,格调高雅,气氛温馨,使人有亲切感和舒适感。日本专门为茶道设计的茶室讲究"美"源于"用",强调"美"与"用"相结合,已形成了多样、精巧、谦和、淡雅的风格。

2.艺境美

"茶通六艺",在品茶时则讲究"六艺助茶"。六艺是指琴、棋、书、画、诗和金石古玩的收藏与鉴赏。以六艺助茶时,我们特别重视音乐和字画。

在我国古代士大夫修身的四课——琴、棋、书、画中,琴摆在第一位,"琴"代表着音乐。儒家认为修习音乐可陶冶自己的情操,提高自身的素养,使自己的生命过程更加快乐美好,所以音乐是每一个文化人的必修课。我国历史上的精英人物几乎无不精通音律、深谙琴艺。例如孔子、庄子、宋玉、司马相如、诸葛亮、王维、白居易、苏东坡等著名的政治家、思想家、文学家都是弹琴高手。荀子在《乐记》中说:"德者,性之端也;乐者,德之华也。"把音乐上升到"德之华"的高度去认识,足见音乐在古代君子修身养性过程中的重要地位。

我们在茶艺过程中重视用音乐来营造意境,这是因为音乐,特别是我国古典名曲重情味、重自娱、重生命的享受,有助于为我们的心接活生命之源,有助于陶冶茶人的情操。目前,背景音乐在宾馆、餐厅、茶室里都早已普遍应用,但多数只是充当陪衬,处于无足轻重的地位,一般无主题、无针对性,而是兴之所至,随意播放。但是,中国茶道要求在茶艺过程中播放的音乐,应当是为了促进人的自然精神的再发现,以及有利于人文精神的再创造而精心挑选的乐曲。笔者认为高雅的茶艺馆最宜选播以下三类音乐。

其一是我国古典名曲。我国古典名曲幽婉深邃,韵味悠长,有一种令人回肠荡气、销魂摄魄之美。只有熟悉古典音乐的意境,才能让背景音乐成为牵着茶人回归自然、追寻自我的温柔的手,让音乐引导茶人的心与茶对话,与自然对话。但不同乐曲所反映的意境又各不相同,茶艺馆应根据季节、天气、时辰、客人身份以及茶事活动的主题,有针对性地选择播放。例如,反映月下美景的有《春江花月夜》《月儿高》《霓裳曲》《彩云追月》《平湖秋月》等;反映山水之音的有《流水》《汇流》《潇湘水云》《幽谷清风》等;反映思念之情的有《塞上曲》《阳关三叠》《怀乡行》《远方的思念》等;传花木之精神的有《梅花三弄》《佩兰》《雨中莲》《听松》等;拟禽鸟之声态的有《海青拿天鹅》《平沙落雁》《空山鸟语》《鹧鸪飞》等。

其二是近代作曲家专门为品茶而谱写的音乐,或为茶艺馆选编的音乐。如《闲情听茶》《香飘水云间》《桂花龙井》《清香满山月》《乌龙八仙》《听壶》《一筐茶叶一筐歌》《奉茶》《幽兰》《竹乐奏》等。听这些音乐可使人的心徜徉于茶的无垠世界中,让心灵随着茶香翱翔到茶馆之外更美、更雅、更温馨的茶的洞天府第中去。

其三是精心录制的大自然之声。如山泉飞瀑、小溪流水、雨打芭蕉、风吹竹林、秋虫鸣唱、百鸟啁啾、松涛海浪等,都是极美的音乐,我们称之为"天籁",也称之为"大自然的箫声"。

上述三类音乐都超出了一般通俗音乐的娱乐性,它们会把自然美渗透进茶人的灵魂,会引发茶人心中潜藏的美的共鸣,为品茶创造一个如沐春风的美好意境。

营造高雅和意境,我们还常借助名家字画、金石古玩、花木盆景等,在这些装饰中楹联常能起到画龙点睛的作用,尤应精心挑选。

3.人境美

所谓人境,即指品茗时人数的多少以及品茗者的人格所构成的人文环境。明代的张源在《茶录》中写道:"饮茶以客少为贵,客众则喧,喧则雅趣会泛泛矣。独啜曰幽,二客曰胜,三四曰趣,五六曰泛,七八曰施。"近代不少茶人不把张源的这个观点当作金科玉律,其实这个观点也是片面的。在现代茶艺馆中,我们只能靠循循善诱,引导客人去感受不同的人境美。笔者认为品茶不忌人多,但忌人杂。人数不同,可以有不同的意境:一是独品得神,二是对啜得趣,三是众饮得慧。

（1）独品得神

一个人品茶没有干扰,心更容易虚静,精神更容易集中,情感更容易随着飘然四溢的茶香而升华,思想更容易达到物我两忘的境界。独自品茶,实际上是茶人的心在与茶对话,与大自然对话,容易做到心驰宏宇,神交自然,能"原天地之美而达到万物之理"（《知北游》庄子）,可尽得中国茶道之精髓,所以称之为"独品得神"。

（2）对啜得趣

品茶不仅可以是人与自然的沟通,而且是茶人之间心与心的相互沟通。邀一知心好友,无论是红颜知己还是肝胆兄弟相对品茗,或推心置腹倾诉衷肠,或无需多言即心有灵犀一点通,或松下品茗论弈,或幽窗啜茗谈诗,都是人生的乐事,所以称之为"对啜得趣"。

（3）众饮得慧

孔子讲:"三人行,必有我师。"众人品茗,人多、议论多、话题多、信息多。在茶艺馆清静幽雅的环境中,大家最容易打开"话匣子",相互交流思想,启迪心智,学习到很多书本中学不到的东西,所以称之为"众饮得慧"。

茶艺馆的优秀工作人员只要善于引导,无论人多人少,都可以营造出一个良好的人境来。当然人境美最主要的还是茶艺馆工作人员的仪表美、神态美、语言美和心灵美。如果没有这个基础条件,无论如何都无法营造出使人感到亲切、温馨的美好人境。

4.心境美

品茗是心的歇息、心的放牧、心的澡雪。所以,品茗场所应当如风平浪静的港湾,让被生活风暴折磨得疲惫不堪的心得到充分的歇息。品茗场所应当如芳草如茵的牧场,让平时被"我执""法执"所囚禁的心,能在这里自由自在地漫步。从某种意义上说,人们去茶艺馆品茗,为的就是品出一份好心境。所谓好的心境主要是指闲适、虚静、空灵、舒畅。但是,人在现实社会中生活,不能不食人间烟火。工作上必然有激烈的竞争,学习上时时要知识更新,仕途上难免有浮沉穷达,感情上难免有悲欢离合,生活上或许还要愁柴米油盐。人生在世不如意的事十有八九,宠辱、毁誉、是非、得失时常困扰着我们的心,心境要做到闲适、虚静、空灵、舒畅还真难。

元代诗人叶颙的诗《石鼎茶声》写道:

> 青山茅屋白云中,汲水煎茶火正红。
>
> 十载不闻尘世事,饱听石鼎煮松风。

"十载不闻尘世事"这种超然出世的闲适我们现代人实在做不到。

清代乾隆皇帝在《春风啜茗台》中写道:

> 山巅屋亦可称台,小坐偷闲试茗杯。
>
> 拂面春风和且畅,言思管仲济时材。

在拂面春风中品茗,嘴里讲"偷闲",心里却还在想着网罗像管仲一样济时安邦之良才,这种心境并非真闲。

倒是唐代杜荀鹤的诗最妙,他写道:

> 刳得心来忙处闲,闲中方寸阔于天。
>
> 浮生自是无空性,长寿何曾有百年。
>
> 罢定磬敲松罅月,解眠茶煮石根泉。
>
> 我虽未似师披衲,此理同师悟了然。

诗的大意是:人生在世为名忙,为利忙,忙中偷闲,且静下心来品茶。当我们的心一旦闲适了,那方寸大小的心便会变得比天空还广阔。世俗虚华,浮生若梦,有几人能参透"四大皆空"的佛性?道家刻苦修炼,又有几人能长命百岁、羽化成仙?深夜我禅定之后,感受到在悠远的钟磬声中,月光从松树的缝隙中把清辉洒向我的心灵。我用石根泉水煮茶,茶汤涤尽我心中的困惑与昏寐。我虽然不像僧侣那样身披袈裟,但是我对大道的契悟却和高僧一样透彻。杜荀鹤的心境是忙里偷闲的心境,是世俗之人禅悟后的心境,这才真正是闲适、虚静、空灵的美妙心境。品茶时好的心境靠茶人对人生的彻悟,好的心境也会相互感染,这在心理学中称为心理暗示或心灵感应。为了使客人有好的心境，主人首先要有好的心境。

艺之美

茶艺的艺之美，主要包括茶艺程序编排的内涵美和茶艺表演的动作美、神韵美、服装道具美等两个方面。

1.程序编排的内涵美

俗话讲："外行看热闹，内行看门道"。目前由于茶文化在我国大陆刚刚开始复兴，所以对茶艺美的赏析尚处于初级阶段。不少茶艺爱好者在观赏茶艺时往往只注意表演时的服装美、道具美、音乐美以及动作美而忽视了最本质的东西——茶艺程序编排的内涵美。一套茶艺的程序美不美主要看以下四个方面。

清代木制茶壶桶

一看是否"顺茶性"。通俗地说就是按照这套程序来操作，是否能把茶叶的内质发挥得淋漓尽致，泡出一壶最可口的好茶来。我国茶叶品类繁多，各类茶的茶性（如粗细程度、老嫩程度、发酵程度、火工水平等）各不相同，所以泡不同的茶时所选用的器皿、水温、投茶方式、冲泡时间等也应各不相同。按照某套茶艺程序去操作，如果不能把茶的色、香、味、韵最充分地展示出来，泡出一壶真正的好茶，那么表演得再花俏也称不得是好茶艺。茶艺是生活艺术，它重在实用，重在自娱、自享，而不是重在表演。

二看是否"合茶道"。通俗地说就是看这套茶艺是否符合茶道所倡导的"精行俭德"的人文精神和"和静怡真"的基本理念。茶艺表演既要以道驭艺又要以艺示道。所谓以道驭艺，就是茶艺的程序编排必须遵循茶道的基本精神，以茶道的基本理念为指导。所谓以艺示道，就是通过茶艺表演来表达和弘扬茶道的精神。有些茶艺的程序很传统、很形象、很流行，例如某些地区喝工夫茶茶艺中的"关公巡城""韩信点兵"，但是因为这些程序刀光剑影、杀气太重，有违茶道以"和"为哲学思想核心的基本精神，所以也称不得是好的茶艺程序。

三看是否科学卫生。目前我国流传较广的茶艺多是在传统的民俗茶艺的基础上整理出来的。有个别程序按照现代的眼光去看是不科学、不卫生的。例如有的地区的茶艺要求泡出的茶要烫嘴，认为烫的茶喝着才过瘾。但从现代医学卫生理论看，过烫的食物反复刺激口腔黏膜易导致口腔病变，诱发口腔癌。有些茶艺的洗杯程序是把整个杯放在一小碗水里洗，甚至是杯套杯滚着洗，美其名曰，"狮子滚绣球"，这样洗杯虽然动作好看，但是会使杯外的脏物溶于水中粘到杯内，越洗越脏。我们这代人对于祖国传统文化继承是前提，创新和发展是责任，对于传统民俗茶艺中不够科学、不够卫生的程序，在使用时应当扬弃，去其糟粕，取其精华。

四看文化品位。这主要是指各个程序的名称和解说词应当具有较高的文学水平，解说词的内容应当生动、准确、有知识性和趣味性，应当能够艺术地介绍出所冲泡茶叶的商品知识和文化内涵。

2.茶艺表演的动作美和神韵美

每一门表演艺术都有其自身的特点和个性，例如电影、话剧、越剧、舞剧和京戏表演对其动作美和神韵美就各有不同要求。我们始终强调茶艺首先

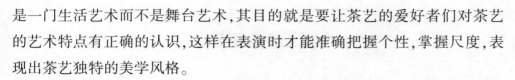

是一门生活艺术而不是舞台艺术，其目的就是要让茶艺的爱好者们对茶艺的艺术特点有正确的认识，这样在表演时才能准确把握个性，掌握尺度，表现出茶艺独特的美学风格。

在表演风格上茶艺注重自娱、自享和内省内修。这就有点像气功和太极拳一样，它们虽然也可以用于表演，但它根本的作用还是作为个人修身养性的手段。

明确了茶艺的艺术特点和表演风格，就可以明白茶艺的艺术之美，从神韵上看应当是"庖丁解牛之美"，而非"公孙大娘舞剑"之美。从表现形式上看是中和之美，自然之美，出水芙蓉之美，而非夸张之美，惊险之美，镂金错彩之美。

"韵"是我国古典美学的最高范畴，可以理解为传神、动心、韵味无穷。在古典美学中常讲"气韵生动"，在茶艺表演中要达到气韵生动要经过三个阶段的训练。第一阶段要求过程熟练，这是基础，因为只有熟才能生巧。第二阶段要求动作规范、细腻、到位。第三阶段才是要求传神达韵。在传神达韵的练习中要特别注意"静"和"圆"。关于以静求韵，明代著名琴师杨表正在其《弹琴杂说》中讲得很生动，他说："凡鼓琴，必择净室高堂，或升层楼之上，或于林石之间，或登山颠，或游水湄，或观宇中，值二气高。"

第三节　表演型茶艺

对于"中国十大名茶"，我国的茶人素有不同的说法。实际上不同茶类有各自不同的风味特点，不同茶类的名茶，很难相互比出高低，何况不同茶人对茶的品质风味各有偏爱。本书中的十大名茶也仅仅是笔者个人根据当代千余种名茶的内在品质、生产规模、文化内涵，选出十个有代表性的品种，并不等于这十大名茶就一定优于其他名茶。

中华茶道

大红袍茶艺

1.茶具组合

紫檀木茶盘一个,精美的宜兴紫砂壶一对,白瓷品茗杯若干个,紫檀木茶道具一套,茶巾二条,木炭炉和陶制烧水壶一套(可用电随手泡代替),香炉一个,锡制茶叶罐一个,托盘一个,玻璃小水缸一个,水瓢一把,水盂一个。

2.基本程序

(1)恭迎茶王	(2)焚香静气	(3)涤净心源	(4)喜遇知己
(5)大彬沐淋	(6)茶王入宫	(7)高山流水	(8)春风拂面
(9)乌龙入海	(10)一帘幽梦	(11)玉液移壶	(12)祥龙行雨
(13)凤凰点头	(14)敬献香茗	(15)三龙护鼎	(16)鉴赏双色
(17)细闻天香	(18)初品奇茗	(19)再斟流霞	(20)感受心香
(21)含英咀华	(22)三斟石乳	(23)荡气回肠	(24)领悟岩韵
(25)游龙戏水	(26)收杯谢茶		

3.解说词

世界自然、文化双遗产地武夷山,不仅是风景名山,文化名山,而且是茶叶名山。提起武夷山,不少茶人都知道,这里是红茶和乌龙茶的发源地,如今盛产武夷岩茶。提起武夷岩茶,则普天下茶人都渴望能有幸品到中国茶王——大红袍。大红袍是清代贡茶中的极品,乾隆皇帝在品饮了各地的贡茶后曾题诗评价说:"就中武夷品最佳,气味清和兼骨鲠。"

第一道:恭迎茶王 "千载儒释道,万古山水茶。"武夷山"曲曲山回转,峰峰水抱流,阴阳相激荡,和气满六合。"在碧水丹山的良好生态环境中,所生产的大红袍"臻山川精英秀气之所钟,品俱岩骨花香之胜"。

第二道:焚香静气 茶须静品,香可通灵,冲泡品饮茶王,更要营造一个祥和肃穆的氛围。我们焚香一敬天地,感谢上苍赐给我们延年益寿的灵芽;二敬祖先,是他们用智慧和汗水,把灵芽变成了珍饮;三敬茶神,茶所具有的那种赴汤蹈火、以身济世的精神我们一定会薪火相传。

第三道:涤净心源　在冲泡大红袍之前先要用泉水洗手。洗手时,洗掉的不仅是手上的灰尘,而且也洗净了心中的凡尘,让自己的心变得纯洁、空灵,只有这样才能从容不迫地泡出大红袍的神韵。

第四道:喜遇知己　这是请大家赏茶。清代乾隆皇帝在品饮了大红袍

明代时大彬制作的仿供春式龙带壶

之后曾赋诗说:"武夷应喜添知己,清苦原来是一家。"这位嗜茶皇帝,不愧为大红袍的千古知音。大红袍外观"容貌如铁,资质刚劲",确实不如一般的名茶那么娟秀,但是,内质却风味恬淡,饮之能使人的精魂不觉洒然而醒。

第五道:大彬沐淋　时大彬是明代制作紫砂壶的一代宗师,他制作的紫砂壶贵逾黄金,被后人叹为观止,视为至宝,所以后人常把名贵的紫砂壶称为"大彬壶"。在茶人眼里"水是茶之母,壶为茶之父"。要冲泡大红袍这样的茶王,只有用大彬壶才能相配。

第六道:茶王入宫　即把大红袍请入茶壶。

第七道:高山流水　武夷茶艺讲究"高冲水,低斟茶"。高山流水有知音,这倾泻而下的热水,如武夷山的瀑布在鸣奏着大自然的乐章,大家可静心聆听,希望这高山流水能激起您心中的共鸣。

第八道:春风拂面　即用壶盖轻轻地刮去茶汤表面泛起的白色泡沫,以便使茶汤更加清澈亮丽。

第九道：乌龙入海　武夷山人品茶讲究"头泡汤，二泡茶，三泡四泡是精华。"大红袍属于乌龙茶类，其汤色呈亮丽的琥珀色，出汤时如皎龙吐水，我们把头一泡的茶汤用于烫杯或直接注入茶盘，称之为"乌龙入海"。

第十道：一帘幽梦　第二次冲入开水后，茶与水在壶中相依偎，相融合。这时，还要继续在壶的外部浇淋开水，以便让茶在滚烫的壶中，孕育出香，孕育出味，孕育出妙不可言的岩韵。

第十一道：玉液移壶　冲泡大红袍最忌讳在壶中长久积汤，因为这样会使茶汤变得苦涩。我们通常要准备两把壶，一把用于泡茶，称为母壶；一把用于储存茶汤，称为子壶，把泡好的茶倒入子壶称之为"玉液移壶"。

第十二道：祥龙行雨　把壶中的茶汤快速而均匀地依次注入茶杯，称之为"祥龙行雨"，取其"甘霖普降"的吉祥之意。

第十三道：凤凰点头　当壶中的茶汤所剩不多时，改用点斟的手法，称之为"凤凰点头"，表明我们向嘉宾们行礼致敬。

第十四道：敬献香茗　即把冲泡好的大红袍敬献给各位嘉宾。

第十五道：三龙护鼎　这是持杯的手势。三个手指喻为"三龙"，茶杯如鼎，故名"三龙护鼎"，这样持杯既稳当又雅观。

第十六道：鉴赏双色　大红袍的茶汤清澈艳丽，呈深橙黄色，在观察时要注意欣赏茶水的颜色以及茶水在杯沿、杯中和杯底会呈现出明亮的金色光圈，故称为鉴赏双色。

第十七道：细闻天香　大红袍的茶香锐则浓长、清则悠远，如梅之清逸，如兰之高雅，如熟果之甜润，如乳香之温馨。诸多香型巧妙地混合在一起，飘缈不定，变化无穷，所以茶人们把这种茶香称之为"天香"。

第十八道：初品奇茗　即品头道茶。品头道茶时，我们在啜入一小口茶汤后，不要急于咽下，而是用口吸气，让茶汤在口腔中流动并冲击舌面，以便精确地品啜出这一泡茶的火功水平。

第十九道：再斟流霞　大红袍的茶汤橙红艳丽，在斟入杯中时如朝霞般流光溢彩，美妙动人，所以我们把第二次斟茶称为再斟流霞。

第二十道：感受心香　在第二道茶中，大红袍的本香已完全散发了出来,大红袍的香包含了真香、兰香、清香和纯香。表里如一,曰纯香;采撷适时,曰清香;火候停均,曰兰香;雨前神具,曰真香。大红袍的香气沁人心脾,怡情悦志。乾隆皇帝闻茶香时,觉得如"古梅对我吹幽芬"。我们也只有凭借着丰富而浪漫的想象力,才能感受到大红袍的"心香"。

第二十一道:含英咀华　清代大才子袁枚在总结品饮武夷岩茶的经验时说,应"徐徐咀嚼而体贴之"。确实如此,品大红袍,我们应当像在口中含着一朵小花一样,慢慢咀嚼,细细品味。

第二十二道:三斟石乳　石乳是元代武夷山的贡茶。三斟石乳,即为嘉宾斟第三道茶。

第二十三道:荡气回肠　第三次闻香不再是用鼻子闻,而是从口腔大口地吸入茶气,然后把茶香从口腔逼入鼻腔再呼出,这样可以更精细地感受到大红袍茶香的特点。当地茶人把这种闻香的方法称之为"荡气回肠"。

第二十四道:领悟岩韵　大红袍生长于丹霞地貌的风化岩上,具有独特的岩韵。在品第三道茶时,我们全身的细胞已被头二道茶激活,再喝入这道茶汤,我们会感到舌本回味甘甜,齿颊回味甘醇,喉底回味甘爽,全身血脉舒张,有一股祥和温暖之气在经脉中律动,使人微微出汗,飘然欲仙。这种五体通泰,心灵畅适的绝妙感受就是"岩韵"。

第二十五道:游龙戏水　大红袍冲泡后的叶底肥厚柔软有丝绸光泽,最奇特的是叶底的周边呈暗红色,中间呈绿色,这称之为"绿叶红镶边"。因为茶叶在小茶杯中晃动,好像龙在游水,所以我们把这道程序称之"游龙戏水"。

第二十六道:收杯谢茶　我们的大红袍茶艺到此结束,谢谢各位嘉宾的配合。祝大家的生活像大红袍一样芳香持久,回味无穷!

铁观音茶艺

安溪县地处福建东南沿海,素有"中国乌龙茶都"之称,所产的铁观音、黄金桂、本山、毛蟹等四大品种茶叶均蜚声中外。其中铁观音更是以"饮山

465

岚之气,沐日月之精,得烟霞之霭,食之能疗百病",被懂行的茶人誉为"甘露"。

1.茶具组合

红泥木炭炉一个,陶水壶一把,水盂一个,水勺一把,竹制茶盘一个,三才杯(盖碗)一套,玻璃公道杯一个,品茗杯、闻香杯六对,竹制茶道具一套,白瓷茶荷一个,茶巾一条。

2.基本程序

(1)涤净心源	(2)观火候汤	(3)恭迎观音	(4)仙鹤沐淋
(5)观音入宫	(6)振瓯摇香	(7)银河飞瀑	(8)风吹浮云
(9)法海听潮	(10)荷塘闻香	(11)玉液移壶	(12)甘露普降
(13)涵盖乾坤	(14)芙蓉出水	(15)敬奉甘露	(16)感悟心香
(17)三龙护鼎	(18)鉴赏汤色	(19)细品音韵	(20)尽杯谢茶

3.解说词

各位嘉宾,大家好! 欢迎到我们茶室来品茗赏艺,今天为大家冲泡的是产于福建安溪的名茶——铁观音。冲泡名茶必须有好的茶艺,我们很荣幸能为各位嘉宾演示"天一甘露"茶艺,这套茶艺共二十道程序。

第一道:涤净心源 铁观音是乌龙茶中的极品,是圣洁的灵物,在冲泡铁观音之前,我们要涤心洗手,用这清清泉水,洗净世俗的凡尘和心中的烦恼,让躁动的心变得祥和而宁静,以便能充分享受品茶的温馨和恬悦。

第二道:观火候汤 观火即静心观赏炭炉中的火相,从熊熊燃烧的火相中去感悟人生的短促和生命的精彩。古人讲"煎茶时,候汤最难。"难的是要等到壶中的水刚好烧到"涌泉连珠"的二沸,这种汤称为"得一汤"。

第三道:恭迎观音 即把铁观音从锡罐中请到茶荷并请各位鉴赏铁观音的外观品质。优质铁观音应当外观卷曲、壮结,色泽润绿,呈青蒂绿腹蜻蜓头状。

第四道:仙鹤沐淋　即烫洗瓯杯,使器皿升温。

第五道:观音入宫　即把铁观音导入三才杯。

第六道:振瓯摇香　乘着三才杯还很烫的时候,用力摇动茶杯,使铁观音在杯中均匀受热,然后把杯盖掀开一条缝,从开缝中细闻干茶的热香。这是鉴赏铁观音香气的头一闻,也称为"闻干香"。

第七道:银河飞瀑　即用悬壶高冲的手法向三才杯中冲入开水。

第八道:风吹浮云　用杯盖轻轻刮去冲茶时泛起的白色泡沫,然后用杯中的头泡茶汤把杯盖冲洗干净。这道程序也叫作"温润泡"。

第九道:法海听潮　是指第二次向三才杯中冲入开水,冲水时的水声像天籁一样启人心智,引人遐想联翩,故名法海听潮。

第十道:荷塘闻香　这一次是从杯盖细闻茶香,这是审评铁观音时常用的闻香方法。杯中茶汤荡漾如夏日荷塘,杯盖如荷叶清香悠远,故名荷塘闻香。

第十一道:玉液移壶　即把茶汤从三才杯倒入玻璃公道杯中。

第十二道:甘露普降　即用公道杯把茶汤均匀地斟到闻香杯中。

第十三道:涵盖乾坤　即把品茗杯反扣在闻香杯上,这道程序又叫作"龙凤呈祥"。

第十四道:芙蓉出水　即用双手把对扣着的闻香品和品茗杯翻转过来。双手手指张开如荷花茶瓣,当中的茶杯像荷花花心。茶道的精神倡导出于淤泥而不染,所以这道程序被形象地称为"芙蓉出水"。

第十五道:敬奉甘露　即由助泡小姐把泡的茶敬奉给客人。

第十六道:感悟心香　即请客人与主泡小姐一起细闻闻香杯中的杯底留香。这是鉴赏铁观音的第三次闻香,闻香时既要深呼吸,尽可能多地吸入铁观音得自天地日月的精华,吸入来自大自然的灵气,又要细细地用心去感悟,去体会铁观音那如兰如桂、馥郁持久、沁人心脾的幽香。

第十七道:三龙护鼎　是指持杯的手法。持杯时应用中指托住杯底,用拇指、食指护杯,三个手指为龙,茶杯如鼎,故名三龙护鼎。

第十八道:鉴赏汤色　优质铁观音的汤色金黄或黄绿、清澈亮丽并有金

色光圈,十分好看,所以在品饮铁观音时要一闻二看三品味。

第十九道:细品音韵　铁观音的茶汤醇爽甘鲜,入口后不要急于咽下,应像口中含一朵小花一样慢慢咀嚼,细细玩味,这样您不但会感到齿颊生香、舌底涌泉,而且会体会到一种让您心旷神怡而又妙不可言的观音韵。

第二十道:尽杯谢茶　茶人都讲"一期一会"。每一次茶会都是缘分,都是难以忘记的"惟一"。谢谢各位参加了今天的茶会,谢谢大家和我们一起伴着铁观音的茶香共度了一段美好的时光。

台湾乌龙茶茶艺(东方美人茶艺)

1.茶具组合

精美瓷茶盘一个,紫砂壶一把,小玻璃杯六只,玻璃水盂一个,水瓢一把,细瓷茶荷一个,茶道具一套,托盘一个,方糖少许,鲜玫瑰花六朵,柠檬六片。

2.基本程序

(1)温杯净手　(2)展示仙姿　(3)佳人入宫　(4)贵妃沐浴
(5)有凤来仪　(6)花好月圆　(7)芙蓉出水　(8)敬奉香茗
(9)感受心香　(10)品悟茶韵

3.解说词

据史志记载,柯朝氏于嘉庆十五年,从武夷山带回茶种,在台湾地区试种成功,开创了台湾生产乌龙茶之先河。后来,几经改良,武夷岩茶在台湾这座神奇而美丽的宝岛上,演变成一种美丽而神奇的名茶。这种茶的汤色明澈、橙红,美得像醉酒后的贵妃,其香气如花蜜,如熟果,香得像纯情少女的芳唇。这种茶的滋味醇和、甜润、温柔,英国女皇品饮之后,芳心大悦,赐名为"东方美人"。现在我们很荣幸为各位嘉宾冲泡"东方美人"并演示我们的"东方美人"茶艺。

第一道:温杯净手　"东方美人"也称为香槟乌龙、白毫乌龙,它极为名贵,也极为娇贵,容不得有一丝异味。我们在冲泡之前,必须格外细心地静心净手,温烫茶具,只有这样才能泡好这种名茶。

第二道:展示仙姿　"东方美人"的外形高雅、含蓄、优美,细细观察,有红、黄、白、青、褐五种颜色,美若敦煌壁画中身穿五彩斑斓羽衣的飞天仙女,所以茶人们也称之为"五色茶"。来!现在请各位嘉宾一睹芳颜。

第三道:佳人入宫　苏东坡在赞美武夷茶时曾赋诗云:"戏作小诗君一笑,从来佳茗似佳人。"我们把"东方美人"导入壶中,称之为"佳人入宫"。

第四道:贵妃沐浴　即用回旋的手法向杯中注入开水之后,很快摇动几下即倾出茶汤,这道程序也称为温润泡。

第五道:有凤来仪　即用凤凰三点头的手法向杯中冲入100℃的开水,这好像凤凰在朝拜贵妃,同时也代表我们在向各位嘉宾行礼致敬!

第六道:花好月圆　东方美人茶性温和,最宜用来调制各种浪漫的饮料。今天我们用柠檬、方糖和玫瑰花来为嘉宾们调制一杯"花好月圆"。

第七道:芙蓉出水　冲泡好的东方美人,茶汤如粉红色的荷花般艳丽,出汤时像是身披红霞的仙女,婆娑舞动着美妙的身姿,娇羞地向您走来,又像是芙蓉出水,散发着迷人的清香。

第八道:敬奉香茗　我们不仅献上的是一杯杯芳香四溢的热茶,而且献上的是一颗颗滚烫的心,献上的是我们真诚的祝福,祝福这个世界处处"花好月圆"。

第九道:感受心香　茶是"灵魂之饮"。我们只有怀着怜香惜玉的温情,用心灵去感受,才能充分享受到她那让人心醉神迷的芬芳。人与茶的接触,是人与大自然"天人合一"的过程。"东方美人"的茶香如花、如蜜、如熟透的佳果,同时也如诗、如梦,悠悠的玫瑰花香更为"东方美人"增添了几缕温存、几分浪漫。

第十道:品悟茶韵　茶要用心去品,更要用心去悟。品到的是茶那浓醇、爽滑、甘鲜的滋味,而悟到的才是茶那物外高意,才是茶那令人醍醐灌顶

469

的法味。东方美人的美,昭示着佛家"色即是空,空即是色"的深刻哲理。

到此,我们的"东方美人"茶艺告一段落了。赵州和尚曾有法语——"吃茶去!"各位嘉宾、各位茶友,走,让我们一起吃茶去!

西湖龙井茶艺

"龙井茶、茅台酒、中华烟"是开国总理周恩来用来招待国宾的三样珍品,因此广被人爱。龙井茶的茶艺多姿多彩,下面就介绍两种不同风格的龙井茶艺。

1.龙井问茶

"龙井茶、虎跑水"被誉为杭州的双绝。龙井茶扁平光滑、形如碗钉,有着"色翠、香郁、味醇、形美"的四大特点。虎跑水则有着晶莹甘洌、清澈醇厚的特点。

在创意"龙井问茶"时,应首先考虑到如何充分发挥"龙井茶、虎跑水"的特点,选用了全套的玻璃器皿,让大家尽情地欣赏龙井茶在水中起舞的千姿百态。

为了使"龙井问茶"更具地方特色,配以杭州特色的丝绸质地的民族服装,将茶具与服饰的色泽简化到白色与绿色,可以衬托出龙井茶的清新典雅。

在继承和发扬我国传统的泡茶技艺的同时,吸取古代文人的"挂画、插花、焚香、点茶"的四大技艺。挂的是淡雅的文人画,插的是清新的细竹枝,以"截青竹,汲清泉,秉清心,插清花"的四清要求,来体现茶道的插花精神。焚的是清淡的竖线香,点一支香,是为了纪念茶圣陆羽,也使观众和表演者闻香而静虑。

整个泡茶过程,有赏茶、鉴泉、冲泡、奉茶等程序。

2.丹桂嬉春

(1)茶具组合

透明玻璃杯两个,方形托盘一个,玻璃茶壶一只,赏茶盘一个,方形茶巾一块,茶罐一只,茶针组合一套,水盂一个,茶点盘一个。

(2)冲泡过程

烫杯——玉手净素杯　　投茶——暖屋候佳人

润茶——甘露润春茶　　赏茶——绿叶伴秋桂

摇香——碧波送茶香　　冲泡——流水嬉丹春

奉茶——茶中涌真情

(注:讲解趁奉茶间隙书写一幅"丹桂嬉春"的书法作品)

3.解说词

各位嘉宾你们好!

春天,采茶姑娘将鲜嫩的茶芽制成"色绿、香郁、味甘、形美"的龙井茶,真可谓"未饮先甘甜"。到了秋天,满觉垅中桂花满枝头,缥缈而略带甜的花香令人倾倒,真可谓"西子湖畔龙井美,满觉垅中桂花香"。用秋桂多次窨制龙井茶,两者相得益彰,得到一味别具一格的桂花龙井茶,我们为之取名"丹桂嬉春"。香郁的龙井茶味上增添一份轻盈的桂香,别有情趣,今天我们就为大家献上丹桂嬉春茶艺。

碧螺春茶艺

1.器皿组合

玻璃杯四只,电随手泡一套,木茶盘一个,茶荷一个,茶道具一套,茶池一个,茶巾一条,香炉一个,香一支。

2.基本程序

(1)点香——焚香通灵　　(2)涤器——仙子沐浴

(3)凉水——玉壶含烟　　(4)赏茶——碧螺亮相

（5）注水——雨涨秋池　（6）投茶——飞雪沉江

（7）观色——春染碧水　（8）闻香——绿云飘香

（9）品茶——初尝玉液　（10）再品——再啜琼浆

（11）三品——三品醍醐　（12）回味——神游三山

3.解说词

"洞庭无处不飞翠,碧螺春香万里醉"。烟波浩渺的太湖包孕吴越,太湖洞庭山所产的碧螺春集吴越山水的灵气和精华于一身,历来都是我国历史上的贡茶。新中国成立之后,被评为我国的十大名茶之一,现在就请各位嘉宾来品啜这难得的茶中瑰宝,并欣赏碧螺春茶茶艺。这套茶艺共十二道程序。

第一道:焚香通灵　我国茶人认为"茶须静品,香能通灵"。在品茶之前,首先点燃这炷香,让我们的心平静下来,以便以空明虚静之心,去体悟这碧螺春中所蕴含的大自然的滋味。

第二道:仙子沐浴　今天我们选用玻璃杯来泡茶,晶莹剔透的杯子好比是冰清玉洁的仙子,"仙子沐浴"即烫洗茶杯,以表示我们对各位的尊敬之心。

第三道:玉壶含烟　冲泡碧螺春只能用75℃左右的开水,在烫洗了茶杯之后,我们不用盖上壶盖,而是敞着壶,让壶中的开水随着水汽的蒸发而慢慢降温。请看这壶口蒸汽氤氲,所以这道程序被称之为"玉壶含烟"。

第四道:碧螺亮相　"碧螺亮相"即请大家传着鉴赏干茶。碧螺春有"四绝"——"形美、色艳、香浓、味醇",赏茶是欣赏它的第一绝"形美"。

第五道:雨涨秋池　唐代李商隐的名句"巴山夜雨涨秋池"刻画了非常美的意境,此处"雨涨秋池"即向玻璃杯中注水,水只宜注到七分满,留下三分装情。

第六道:飞雪沉江　即用茶导将茶荷里的碧螺春依次拨到已冲了水的玻璃杯中去。满身披毫、银白隐翠的碧螺春如雪花纷纷扬扬飘落到杯中,吸收水分后即向下沉,瞬时间白云翻滚,雪花翻飞,煞是好看。

第七道:春染碧水　碧螺春沉入水中后,杯中的热水溶解了茶里的营养物质,逐渐变为绿色,整个茶杯好像盛满了春天的气息。

第八道:绿云飘香　碧绿的茶芽,碧绿的茶水,在杯中如绿云翻滚,氤氲的蒸汽使得茶香四溢,清香袭人。这道程序我们叫它是闻香。

第九道:初尝玉液　品饮碧螺春应趁热连续细品。头一口如尝玄玉之膏,云华之液,能让您感到色淡、香幽、汤味鲜雅。

第十道:再啜琼浆　这是品第二口茶。二啜能使人感到茶汤更绿、茶香更浓、滋味更醇,并开始感到舌本回甘,满口生津。

第十一道:三品醍醐　醍醐直释是奶酪。在佛教典籍中用醍醐来形容最玄妙的"法味"。品第三口茶时,我们所品到的已不再是茶,而是在品太湖春天的气息,在品洞庭山盎然的生机,在品人生的百味甘苦。

第十二道:神游三山　古人讲茶要静品、茶要慢品、茶要细品、茶要用心去品。在品了三口茶之后,请各位嘉宾继续慢慢地自斟细品,静心去体会七碗茶之后:"清风生两腋,飘然几欲仙。神游三山去,何似在人间"的绝妙感受。

黄山毛峰茶艺

1.茶具组合

有盖的玻璃杯四只,电随手泡一套,木茶盘一个,茶道具一套,锡茶叶罐一个(内装好足量的黄山毛峰),香炉一个,香一支,茶巾一条,茶荷一个。

2.基本程序

(1)静心——焚香静气　　(2)洗杯——白鹤戏水

(3)取茶——仙茗出宫　　(4)赏茶——初展仙姿

(5)洗茶——瑶池沐浴　　(6)投茶——漫天花雨

(7)冲水——水满春江　　(8)奉茶——麻姑祝寿

（9）观色——再探仙容　（10）闻香——喜闻幽香

（11）品茶——细品琼浆　（12）谢茶——回味余韵

3.解说词

雄峙在安徽省南部的黄山,素以奇松、怪石、云海、温泉、茶叶五绝闻名于世,被誉为"天下第一奇山"。"五岳归来不看山,黄山归来不看岳。"我国的名茶黄山毛峰、太平猴魁、老竹大方、祁门红茶、屯溪绿叶……都产在黄山这一带。今天很有幸和大家一起品饮黄山毛峰,并为您表演我们的黄山毛峰茶艺。这道茶艺共有十二道程序。

第一道:焚香静气　焚香静气就是由我来点燃手里的这炷香,一敬天地,二敬灵茶,三敬嘉宾。希望通过点燃这炷香能使我们的心虚静空灵,也希望这悠悠袅袅的香烟,能把我们的心带到忘我通灵的境界。

第二道:白鹤戏水　我国神话传说白鹤灵龟是神仙的伴侣,白鹤戏水即清洗茶杯(洗杯时手法要轻柔、多变)。

第三道:仙茗出宫　即用茶匙从锡罐中取茶,每位客人约取 3 克,放进其中一只玻璃杯,这只玻璃杯在展示茶叶后留给表演者自己品茗用。

第四道:初展仙姿　即请各位嘉宾欣赏干茶并闻干茶的香气。特级黄山毛峰是用一芽一叶初展的茶芽精制而成的,茶条索肥壮均匀,白毫披身

公道杯　　玻璃盖碗　　品茗杯

茶荷　　水盂　　过滤网

冲泡黄山毛峰所需茶具

芽尖似峰,色如象牙,鱼叶金黄,请大家注意观察。"金黄片"和"象牙色"是黄山毛峰区别于其他毛峰的两大显著特色。

第五道:瑶池沐浴　即洗茶。近代茶艺中开始流行一种趋势,在泡茶之前要先洗茶,以使茶汤更洁净。洗茶时把热水冲入杯中,盖上杯盖摇荡三下

后马上就把水倒进茶盘,以免浸泡过久,营养成分大量流失,使开泡后失香失味。

第六道:漫天花雨 即用茶导把冲洗过的湿润的茶均匀地拨到各个玻璃杯中,茶芽纷纷扬扬飘然而下,落入杯中,恰似漫天花雨。

第七道:水满春江 用玻璃杯泡茶,冲水时要冲到接近杯八分满,然后盖上盖子时,密闭蓄香。

第八道:麻姑祝寿 这道程序即祝大家健康长寿。麻姑是我国神话传说中的仙女,东汉时得道于江西南城县麻姑山,她得道后常用仙泉煮茶待客,喝了这种茶,凡人可延年增寿,神仙可增加道行,连王母娘娘也极爱喝麻姑煮的茶,所以每年王母娘娘生日,麻姑必要去献茶祝寿。

第九道:再探仙容 在第四道程序中我们看过了干茶的形状,现在请揭开杯盖,再看一看在热水中舒展开的黄山毛峰的外形和汤色。优质的黄山毛峰茶汤翠绿明亮,茶芽在热水中舒展、露蕊纤纤,如朵朵兰花初放,让人看了赏心悦目,如睹仙姿芳容,神清气爽。

第十道:喜闻幽香 "未尝甘露味,先闻圣妙香。"先闻香,再品茶,这是茶人的习惯。黄山毛峰的香气清幽高雅,兰香显著,只要你用自己的心灵去感悟,你就一定能感到"汤嫩水清花不散,兰香悠悠味偏长。"

第十一道:细品琼浆 品饮黄山毛峰"一杯淡、二杯鲜、三杯醇、四杯韵犹存。"请大家慢慢地细细品味,看一看今天这杯黄山毛峰与你们平日里所喝的其他绿茶究竟有什么区别。

第十二道:回味余韵 刚才大家品了四道茶之后,我们的茶艺表演也就要结束了。喝了黄山毛峰,大家一定口有余甘,齿有余香,心有余味,感到余韵无穷。品茶如品味人生,希望大家在回味茶的余韵时能更喜爱茶,更享受生活。

君山银针茶艺

君山银针是黄芽茶中最有代表性的品种,黄茶的性质接近于绿茶,所以可用绿茶茶艺的程序来冲泡。不过,君山银针很有特色,且是我国十大名茶之一,为了突出宣传该茶,笔者特为它专门设计了一套茶艺程序。

1.茶具组合

水晶玻璃杯四只,酒精炉具一套,茶道具一套,青花茶荷一个,茶盘一个,茶池一个,香炉一个,香一支,茶巾一条。

2.基本程序

(1)焚香——焚香静气可通灵　　(2)涤器——涤尽凡尘心自清
(3)鉴茶——峨皇女英展仙姿　　(4)投茶——帝子投湖千古情
(5)润茶——洞庭波涌连天雪　　(6)冲水——碧涛再撼岳阳城
(7)闻香——楚云香染楚王梦　　(8)赏茶——湘水浓溶湘女情
(9)品茶——人生三味一杯里　　(10)谢茶——品罢寸心逐白云

3.解说词

今天很高兴能和各位嘉宾一同品饮黄茶中的极品——君山银针。君山银针产于洞庭湖中的君山岛。"洞庭天下水",八百里洞庭"气蒸云梦泽,波撼岳阳城",每一朵浪茶都在诉说着中华文化的无限。"君山神仙岛",流传了中华民族的万千故事,这里所产的茶吸收了湘楚大地的精华,尽得云梦七泽的灵气,所以风味奇特,极

君山银针

耐品味。好茶还要配好的茶艺,下边就由我为各位嘉宾献上"君山银针"茶艺。

第一道:"焚香"　我们称之为"焚香静气可通灵"。"茶须静品,香可通灵",品饮像君山银针这样文化沉积厚重的茶,更需要我们静下心来,才能从茶中品味到我们中华民族的传统精神。

第二道："涤器" 我们称之为"涤尽凡尘心自清"。品茶的过程是茶人澡雪自己心灵的过程,烹茶涤器,不仅是洗净茶具上的尘埃,更重要的是澡雪茶人的灵魂。

第三道："鉴茶" 我们称之为"娥皇女英展仙姿"。品茶之前首先要鉴赏干茶的外形、色泽和气味。相传四千多年前舜帝南巡,不幸驾崩于九嶷山下,他的两个爱妃娥皇和女英前来奔丧,在君山望着烟波浩渺的洞庭湖放声痛哭,她们的泪水洒到竹子上,使竹竿染上永不消退的斑斑泪痕,成为湘妃竹,她们的泪水滴到君山的土地上,君山上便长出了象征忠贞爱情的植物——茶。

第四道："投茶" 我们称之为"帝子沉湖千古情"。娥皇、女英是尧帝的女儿,所以也称之为"帝子",她们奔夫丧时乘船到洞庭湖,船被风浪打翻而沉入水中。她们对舜帝的真情被世人们千古传颂。

第五道："润茶" 我们称之为"洞庭波涌连天雪"。这道程序是洗茶、润茶。洞庭湖一带的老百姓把湖中不起白花的小浪称之为"波",把起白花的浪称之为"涌"。在洗茶时,通过悬壶高冲,玻璃杯中会泛起一层白色泡沫,所以形象地称为"洞庭波涌连天雪"。

第六道："冲水" 因为这次冲水是第二次冲水,所以我们称之为"碧涛再撼岳阳城"。这次冲水冲到七分杯即可。

第七道："闻香" 我们称之为"楚云香染楚王梦"。"楚王梦"是套用楚王巫山梦见神女,朝为云,暮为雨的典故,形容茶香如梦亦如幻,时而清悠淡雅,时而浓郁醉人。通过洗茶和温润之后,再冲入开水,君山银针的茶香即随着热气而散发。洞庭湖古属楚国,杯中的水汽伴着茶香氤氲上升,如香云缭绕,故称楚云。

第八道："赏茶" 也称为"看茶舞",这是冲泡君山银针的特色程序。君山银针的茶芽在热水的浸泡下慢慢舒展开来,芽尖朝上,蒂头下垂,在水中忽升忽降,时浮时沉,经过"三浮三沉"后,最后竖立于杯底,随水波晃动,像是娥皇、女英落水后苏醒过来,在水下舞蹈。芽光水色,浑然一体,碧波绿芽,相映成趣,煞是好看。在我国湖南有"湘女多情"之说,您看杯中的湘女正在为您献舞,这浓浓的茶水恰似湘女浓浓的情。所以这道程序我们称之为"湘水浓溶湘女情"。

第九道:"品茶" 我们称之为"人生三味一杯里"。品君山银针讲究要在一杯茶中品出三种味。即从第一道茶中品出湘君芬芳的清泪之味,从第二道茶中品出柳毅为小龙女传书之后,在碧云宫中尝到的甘露之味,第三道则要品出君山银针这潇湘灵物所携带的大自然的无穷妙味。

第十道:"谢茶" 我们称之为"品罢寸心逐白云"。这是精神上的升华,也是我们茶人的追求。品了三道茶之后,是像吕洞宾一样:"明心见性,浪游世外我为真",还是像清代巴陵邑宰陈大纲一样:"四面湖山归眼底,万家忧乐到心头。"我相信各位嘉宾心中自有感悟。谢谢大家的光临,欢迎下次再来品茗赏艺。

祁门红茶茶艺

1.茶具组合

这套茶艺最好由两个茶艺师同台表演,亦可仅由一人主泡,茶具的选择要根据主泡人数确定。以单人主泡为例:电随手泡(或酒精烧水器具)一套,茶盘一个,紫砂壶(应完全相同)二把,玻璃公道杯两只,小玻璃茶杯四个或六个,茶道具一套,木托盘一只,内装一小碟祁门红茶,一小碟相思梅,一小罐糖溺小金橘。

2.基本程序

(1)洗净凡尘　(2)喜遇知音　(3)十八相送　(4)相思血泪
(5)楼台相会　(6)红豆送喜　(7)英灵化蝶　(8)情满人间

3.解说词

各位嘉宾大家好,很高兴为大家献上一道浪漫音乐红茶茶艺——碧血丹心,在这道茶艺中我们借助祁门红茶、相思梅和小金橘来演绎梁山伯和祝英台的爱情故事。

第一道:洗净凡尘　爱是无私的奉献,爱是纯洁无瑕心灵的碰撞,爱是无悔的赤诚,所以在冲泡"碧血丹心"之前,我们要特别细心地洗净每一件茶具,使它们像相爱的心一样纤尘不染。

第二道:喜遇知音　今天我们为大家冲泡的是产于安徽省的祁门红茶。相传祝英台是一位好学不倦的女子,她摆脱了封建世俗的偏见和家庭的束缚,乔装成男子前往杭州求学,在途中她与梁山伯相遇,他们一见如故,义结金兰,就好比茶人看到了好茶一样,一见钟情,一往情深。祁门红茶和印度大吉岭红茶、阿萨姆红茶、斯里兰卡红茶并称为四大高香名红茶,这种红茶曾风靡世界,在国际上被称为"灵魂之饮",请各位仔细观赏。

第三道:十八相送　十八相送讲的是梁祝分别时,十八里长亭,祝英台送了梁山伯一程又一程,两人难舍难分,恰似茶人投茶时的心情。

第四道:相思血泪　冲泡祁门红茶后倾出的茶汤红亮艳丽,像是晶莹璀璨的红宝石,更像是梁山伯与祝英台的相思血泪,点点滴滴在倾诉着古老而缠绵的爱情故事,点点滴滴都打动着我们的心。

第五道:楼台相会　把红茶、相思梅放入同一个壶中冲泡,好比梁祝在楼台相会,他们两人心相印,情相融。红茶与相思梅在壶中相融合,升华成为芬芳甘美、醇和沁心的琼浆玉液。

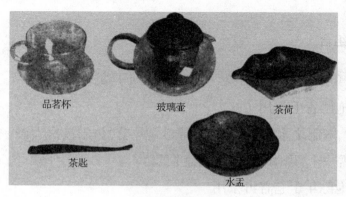

品茗杯　　　玻璃壶　　　茶荷

茶匙

水盂

冲泡红茶所需茶具

第六道:红豆送喜　"红豆生南国,春来发几枝,愿君多采撷,此物最相思。"小金橘与红豆相似。我们用小金橘代替红豆,把小金橘分到各个杯中,送上我们的祝福,祝天下有情人终成眷属,祝所有的家庭幸福、美满、和睦!

第七道:英灵化蝶　如果说闷茶时是爱的交融,那么出汤时则是茶性的涅槃,是灵魂的自由飞腾,是人心的解放。请看,倾泻而出的茶汤,像春泉飞瀑在吟唱,又像是激动的泪水在闪烁着喜悦的光芒。请听,这茶汤入杯时的声音如泣如诉,像是情人缠绵的耳语,又像是春燕在呢喃。

现在,我们用彩蝶双飞的手法,为大家再现了梁山伯与祝英台英灵化蝶、双飞双舞的动人景象。碧草青青花盛开,彩蝶双双久徘徊,梁祝真情化茶水,洒向人间都是爱。

第八道:情满人间　我们将冲泡好的"碧血丹心"敬奉给大家。梁祝亦千古,真情留人间,"洒不尽相思血泪抛红豆,咽不下金波玉液噎满喉",那是贾宝玉对爱情的伤怀,而我们这个时代的人,自有我们这个时代的情和爱。在我们眼里,杯中艳红的茶汤,凝聚着梁祝的真情,而杯中两粒鲜红的小金橘如两颗赤诚的心在碰撞。

这杯茶是酸酸的、又是甜甜的,希望各位来宾都能从这杯"碧血丹心"中品悟出妙不可言的爱情的滋味。

普洱茶茶艺

1.茶具组合

根据这套茶艺表演的需要,要选用三套不同的茶具。

(1)冲泡晒青毛茶用

木炭炉、陶制烧水壶一套,竹制茶道具一套,仿宋汝窑大碗一个,汤匙一把,黑陶水盂一个,黑陶茶盏(连托盘)三套。

(2)冲泡陈年干仓普洱茶用

木炭炉、陶制烧水壶一套,水盂一个,精美三才杯一套,茶道具一套,储茶杯一个,粗陶茶荷一个。

（3）冲泡人工渥堆熟普洱茶用

木炭炉、陶制烧水壶一套,黑陶茶具一套,竹制茶具一套。

2.基本程序

（1）质朴——冲泡普洱晒青毛茶

（2）灵秀——冲泡陈年干仓普洱茶

（3）苍拙——冲泡渥堆发酵的熟普洱茶

3.解说词

为庆贺云南普洱茶地方标准的颁布,云南省昆明市今雨轩的刘莉特创作了这套普洱茶茶艺——普洱岁月。"云南景外景,民风古朴传万里;普洱茶中茶,饮情依旧留千年。"普洱茶是神奇的茶,是诱人的茶。为了让茶友们能比较全面地领略到普洱茶这位"百变佳人"的多彩风韵,我们采用三种不同的方法来冲泡三种不同的普洱茶。

（1）质朴　这是展示普洱茶原料（生普洱）——用云南大叶乔木型茶树芽梢加工的晒青毛茶。它,苦涩中散发着幽幽兰香,向你诉说着自己对生活的理解。它,来自崇山峻岭,经历了马背蹉跎,从茶农的火塘边走来;它,洋溢着原始森林中野性阳刚之美。其冲泡技艺质朴自然,其茶汤口感劲烈,劲烈得像西双版纳的春色,能激活每一个生命细胞,即使是枯枝也能使其萌发新芽。

（2）灵秀　而我,将为您展示干仓自然陈化的陈年普洱。它,从嗜茶名士的墨香中走来。它,从皇室宫闱的尊崇中走来。昔日王榭堂前燕,如今终于飞到咱们百姓家。岁月的磨砺,使它变得圆融、平和,经历了沧桑,它却依然是那么自然和灵秀,它那超然脱俗的茶香,会把我们诱入禅境,让我们品悟到淡然无极之美。

（3）苍拙　再次为您烹煮的是经过人工快速发酵的普洱陈茶。如今的社会,人们不再是"日出而作,日落而息"。时间的脚步,变得更加匆匆促促,过去几十年才能完成的陈化过程,现在几天即可完成。我的冲泡技法虽

然苍拙古朴,但是,在茶汤中,你们再也品不到陈香古韵,因为如今的社会,早已是人心不古!

茉莉花茶茶艺

1.茶具组合

石英玻璃壶电随手泡一套,竹制大茶盘一个,白瓷三才杯四套,白瓷茶荷一个,茶道具一套,托盘一个,茶巾一条。

2.基本程序

(1)荷塘听雨　(2)芳丛探花　(3)落英缤纷　(4)空山鸣泉
(5)天人合一　(6)敬献香茗　(7)感悟心香　(8)品悟茶韵

3.解说词

茉莉名佳花更佳,远从佛国传中华。仙姿洁白玉无暇,清香高远人人夸。

据传,茉莉花自汉代从西域传入我国,北宋开始广为种植。茉莉香气浓郁,鲜灵,隽永而沁心,被誉为"人间第一香",现在就请大家欣赏茉莉花茶茶艺。

第一道:荷塘听雨　茉莉花是西域佛国天香,茶叶是中华瑞草之魁,它们都是圣洁的灵物,所以要求冲泡者的身心和所用的器皿,都要如荷花般纯洁。这清清的山泉如法雨,哗哗的水声如雨声。涤器,如雨打碧荷;荡杯,如芙蓉出水。通过这道程序,杯更干净了,心更宁静了,整个世界仿佛都变得更加明澈空灵。只有怀着雨后荷花一样的心情,才能品出茉莉花茶那芳洁沁心的雅韵。

第二道:芳丛探花　美在于探索,美重在发现。芳丛探花是三品花茶的头一品——目品。请各位嘉宾细细地鉴赏一下今天将冲泡的"茉莉毛峰"。

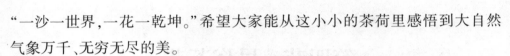

"一沙一世界,一花一乾坤。"希望大家能从这小小的茶荷里感悟到大自然气象万千、无穷无尽的美。

第三道:落英缤纷　花开花落本是大自然的规律,面对落花,有人发出"红消香断有谁怜"的悲泣,有人发出"无可奈何花落去"的叹息。然而,在我们茶人眼里,落英缤纷则是一道亮丽的美景。

第四道:空山鸣泉　冲泡花茶要用90℃左右的开水,并讲究高冲水。茶杯如山谷般空旷,那是茶人的襟怀。流水像山泉在鸣唱,那是大自然的心声。看,壶中的热水直泻而下,如空山鸣泉,启人心智,使人警醒。

第五道:天人合一　"天人合一"是中国茶道的基本理念。我们冲泡茉莉花茶一般选用"三才杯"。这杯盖代表"天",杯托代表"地",而中间的茶杯则代表"人"。只有三才合一,才能共同化育出茶的精华。

第六道:敬献香茗　请拿到茶杯的嘉宾注意观察主泡小姐的手势。女士应用食指和中指卡住杯底,并舒展开兰花手,这种持杯的手法称之为"彩凤双飞翼",因为女士注重于感情。而男士应三指并拢,托住杯底,这种持杯手法称之为"桃园三结义",因为相比之下,男士更注重于事业。

第七道:感悟心香　这是三品花茶的第二品,称之为"鼻品"。来!让我们再细细地闻一闻,从茶杯中飘出的是花香,是茶香,是天香,也是茶人的心香。

第八道:品悟茶韵　这是三品花茶的最后一品——口品。品茶时应小口喝入茶汤,并使茶汤在口腔中稍事停留,这时,轻轻地用口吸气,使茶汤在舌面上缓缓流动,然后闭紧嘴巴,用鼻子呼气,使茶香、花香直贯脑门,只有这样,才能充分品出茉莉花茶所特有的"味轻醍醐,香薄兰芷"的真趣。人们常说"茶味人生细品悟",希望大家能从这杯茶中品悟出生活的芬芳,品悟出人间的至美,品悟出人生的百味。

第四节　民俗茶艺

白族三道茶茶艺

1.白族三道茶简介

"三道茶"是大理白族人民的一种茶文化,历史悠久,早在南昭时期(公元649~902年)就作为款待各国使臣的一种高贵礼遇。明代崇祯十年(1637年),我国著名的大旅行家徐霞客游大理后,对三道茶曾有文字记载,他写道"注水为玩,初清茶、中盐茶、次蜜茶"。因三道茶含有深刻的人生哲理和丰厚的文化内涵,所以一千多年以来,始终广泛流传于大理白族民众之中。每当逢年过节、生辰寿诞、男婚女嫁、宾客临门,白族同胞都要以原汁原味的传统饮茶方式款待宾朋,让客人在"一苦、二甜、三回味"的茶事活动中,品饮茶点、享受茶礼、观赏茶艺、感悟人生。

随着时代的发展,传统文化习俗与时尚生活必然发生碰撞,古老的民间"三道茶"也必然与现代都市茗饮方式产生摩擦。任何好的传统艺术形式如果不能与时俱进,如果不能不断注入新意,使之贴近时代、贴近生活、贴近民众,都势必将走入死胡同,进而失去生存空间。改编后的白族三道茶,在幽婉古雅的南诏洞经音乐的旋律中,把白族人民拜天、拜地、拜本主以及崇尚大自然的人文情结融汇于艺术中,让客人听其音、观其艺、闻其香、品其味,在浓郁的白族传统文化氛围中,受到艺术熏陶,得到美的享受。

2001年4月5日,在中国云南首届春茶交易会上,大理苍山感通旅游有限公司茶艺表演队把改编后有茶、有食、有歌、有舞的白族三道茶奉献给了与会代表,赢得了代表们的一致好评。谢幕后,当即就有马来西亚以及俄国和香港、台湾、山东等地的朋友相邀前去献艺。多年来,这个茶艺节目在多

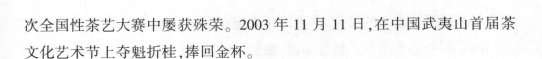

次全国性茶艺大赛中屡获殊荣。2003 年 11 月 11 日,在中国武夷山首届茶文化艺术节上夺魁折桂,捧回金杯。

2.基本程序及操作

第一道"苦茶"　在火盆上支三脚架,用铜壶煨开水,将小土陶罐底部预热,待发白时投下茶叶,抖动陶罐使茶叶均匀受热,待茶叶烤至焦黄发香时,冲入少量开水,罐中发出噼啪声。稍后再冲进开水,煮沸一会儿即斟到预备好的牛眼盅内,至半盅,按辈分先后,长者第一,依次一一敬献。按主不喝、客不饮的规矩,主人双手举杯齐眉道声"请",并先一口饮尽后,客人方可品茗,道谢意。头道茶经烘烤冲泡,汤色如琥珀、香气浓郁,但入口很苦,寓意要想立业,必先学做人。

第二道"甜茶"　在烤的基础上,加上切细的乳扇(白族特制的一种奶制品)、核桃仁、芝麻、红糖等配料调和后斟入小碗或大茶杯内,八分为宜,二道茶香甜可口,浓淡适中,寓意人生在世历尽沧桑,苦尽甜来。

第三道"回味茶"　就是在茶杯中先放入花椒数粒、生姜几片、肉桂、蜂蜜和红糖少许,然后用沸水冲至半杯为宜。客人接过茶时旋转晃动,使茶水与佐料均匀混合,趁热品茶。第三道茶其味甘甜中透出肉桂、花椒的清芬与香郁,寓意着人生苦短、岁月漫长、酸甜苦辣、冷暖自知、回味无穷。

3.解说词

各位嘉宾大家好!

今天我们大理感通旅游索道有限公司茶艺表演队,带着云南各族儿女的深情厚谊,带着大理白族人民隆重的茶礼——白族三道茶茶艺向你们表示最衷心的祝福。

彩云之南,苍山叠翠,洱海含烟,三塔巍峨,蝴蝶蹁跹。大理有"风花雪月"四大美景,大理有热情的歌舞和醉人的香茶期盼着您的到来。首先请您欣赏白族歌舞——"感通茶苑阿达约"。"阿达约"在白族语言中的意思是,欢迎你到这里来!春天来了,白族的金花、阿鹏背起背篓,欢天喜地去采茶。

485

中華茶道

他们采来的是苍山上的灵芽,采来的是大理春天的气息。看,巧手的金花们把精心采制的感通茶奉送到您面前,她们奉上的是白族人民的深情厚谊,她们还将奉献上白族人迎宾的隆重礼仪——白族三道茶。

备茶 银盒净手,文火焚香,木桶汲水,金壶插花,土生茶兰,现在舞台上呈示出的是金、木、水、火、土五行。接下来金花、阿鹏们要敬天、敬地、敬本祖,本祖是白族民间世代敬奉的保护神。

头道茶——苦茶 苦茶的原料为感通毛茶,属绿茶类,经百抖炙烤,使茶叶由墨绿转金黄,当发出啪啪之声,清香扑鼻时,即可观茶嗅香,注水烹茶。茶桌上摆放的杯式为"碧溪三迭"。

"清碧溪"隐于感通山间,飞流瀑布,层层叠叠,清溪碧水,蜿蜒淙淙,缥缈如仙。乘坐大理感通旅游索道飞跃峡谷,登至"清碧溪",可采撷天地之灵气,领略大自然的奇秀壮美。

奉茶!

头道茶汤酽味苦,寓意了人生道路必有艰难曲折。不要怕苦,要一饮而尽,你会觉得香气浓郁,苦有所值。

第二道茶——甜茶 甜茶摆放的杯式为"三塔倒影"。

大理三塔寺是大理的象征,有着几千年的历史。清朝末年发生大地震,主塔斜而未倒。甜茶是以切好的红糖、核桃仁、乳扇按一定比例置于杯中,用感通绿茶冲泡。品时要搅匀,边饮边嚼,味甜而不腻。这道茶把甜、香、沁、润调得妙趣横生,寓意生活有滋有味,苦尽甘来。

第三道茶——回味茶 回味茶重于煎,用感通雪茶加花椒、桂皮、生姜煎煮,出汤时加蜂蜜搅匀,使五味均衡。回味茶摆放的杯式为"彩蝶纷飞"。每年三月三,成千上万只蝴蝶飞聚蝴蝶泉边,相互咬着尾翼,形成串串蝶帘,蝴蝶泉因此得名。品饮此道茶犹如品味人生,"麻、辣、辛、苦",百感交集,回味无穷!

大理白族三道茶烤出了生活的芳香,调出了事业的主旋律,烹出了历史的积淀,体现出了"一苦、二甜、三回味"的人生哲理。一道茶一番心意,点点滴滴传友情。

希望我们的茶能给您带来无限的回味,愿三道茶伴您、伴我共度美好的时光。

擂茶茶艺

1.擂茶简介

"擂茶"是我国闽、粤、台客家人最普通、也是最隆重的一种待客礼仪。同时还是居住湘、川、黔、鄂四省交界的武陵山区土家族人最珍爱的保健饮料。

擂茶也叫"三生汤",此名的由来现今有三种说法。

说法之一是:因为擂茶在初创时所用的主要原料是生叶(嫩茶叶)、生姜、生米混合研捣成糊状物,然后加水煮沸或用沸水冲熟而成,因为三种主要原料都是生的,故名"三生汤"。

说法之二是:传说早在汉朝伏波将军马援受汉武帝之命远征交趾,途经湘、粤边界,因南方气候炎热、潮湿、多变,北方将士多染疫病病倒,大军只好安营扎寨,求医问药。马援将军正焦虑无奈之际,有一白发苍苍的客家老妪向他献上家传秘方,马将军依方以生米、生姜、生茶叶擂捣冲泡成"三生汤"给将士们饮用,果然治好了大家的病,且身体精神都倍加健旺,此后这种配方代代相传。

说法之三是:在三国时,张飞曾带兵进攻武陵壶头山(今湖南省常德市境内),当时正值炎夏酷暑,加上那一带瘟疫蔓延,使得张飞的军队多数人都染疾病倒,连张飞本人也未能幸免。正在危难之际,附近乌头村的一位老中医有感于张飞部属军纪严明,对老百姓秋毫无犯,所以献上擂茶的家传秘方并为张飞和他的部下治好了病。张飞感激万分,称老汉为"神医下凡",并说能得到他的帮助"实是三生有幸!"从此以后,人们也就把擂茶称为"三生汤"。

擂茶的制法和饮用习俗,随着客家人的南迁,逐步传到了闽、粤、赣、台

等地区并得到了逐步地改进和发展,形成了不同的风格。在本节中,我们介绍的是武夷山六如茶文化研究所整理的流传于武夷山将乐一带的客家擂茶茶艺,"武夷星"茶艺艺术团曾用之参加全国茶艺大赛,并荣获最佳表演奖。

2.茶具组合

擂钵一个(内壁有辐射波纹,直径约 45 厘米的厚壁硬质陶盆),油茶树或山苍子木制的两尺长的擂棍一根,竹篾编制的"捞瓢"一把,以上称为"擂茶三宝"。另配小桶、铜壶、青花碗、开水壶等。

3.配方及功效

武夷山客家擂茶的基本配方为芝麻、茶叶、甘草、橘皮等,其中橘皮可理气调中,止咳化痰。甘草味甜,有润肺止咳和解毒作用。芝麻含有大量的维生素 E、不饱和脂肪酸、优质植物蛋白,《神农本草》记载:"服食芝麻可助五内、益气力、长肌肉、填髓脑。"近代医学研究认为芝麻性甘平,有润肠通便,补肺益气,助脾长肌,通血脉,美容养颜的功效。茶叶可怡神悦志,去滞消食。用上述原料配伍制成的擂茶清香可口,余味无穷,且有健身、美容、养颜、抗衰老等特殊功效,在擂茶流传的地区,通常疾病少,寿星多。

在基本配方的基础上,武夷山人还根据季节变化和客人的口味灵活调整配方。例如冬春一般加生姜、肉桂,用以温通经脉、通阳化气、祛湿驱寒,或加党参、枸杞以补元气。夏天可加鱼腥草、藿香及当地一种称为"凤尾草"的草药,制成防暑擂茶,或加金银花、荷叶、淡竹叶、薄荷等制成清凉解毒擂茶。秋天可加贡菊或杭白菊。对于喜欢喝香茶的人,可将芝麻炒过(或一部分炒过)再擂,亦可加入炒花生米、炒黄豆等。若用黑芝麻打擂茶,则美容养颜的效果更好。

4.基本程序

(1)涤器——洗钵迎宾　(2)备料——群星拱月

(3)打底——投入配料　(4)初擂——小试锋芒

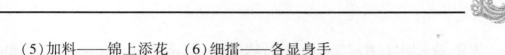

（5）加料——锦上添花　（6）细擂——各显身手

（7）冲水——水乳交融　（8）过筛——去粗取精

（9）敬茶——敬奉琼浆　（10）品饮——如品醍醐

5.解说词

擂茶迎宾是我们武夷山人待客的传统礼仪。"莫道醉人惟美酒,擂茶一碗更深情。美酒只能喝醉人,擂茶却能醉透心"。客家擂茶在古朴醇厚中显见真情,在品饮之乐中使人健体强身,延年益寿,所以被称为茶中奇葩、中华一绝。俗话说"百闻不如一见",今天就请各位来尝一尝我们武夷山的擂茶,当一回我们武夷山人的贵客。

第一道:"洗钵迎宾"　武夷山是世界文化和自然遗产地,武夷山人的热情好客是举世闻名的,每当贵宾临门,我们要做的第一件事就是招呼客人落座后即清洗"擂茶三宝",准备擂茶迎宾。首先是擂钵,是用硬陶烧制的,内有齿纹,能使钵内的各种原料更容易被擂碾成糊。二是擂棍,擂棍必须用山茶树或山苍子树的木棒来做,用这样的木质擂出的茶才有一种独特的清

辽墓中的壁画《分茶图》

香。三是用竹篾编的"笊篱",是用来过滤茶渣的。

第二道:"群星拱月"　山里人有一个非常好的传统:一家的客人也就是大家的客人,邻里的朋友,就是自己的朋友。在这里,你一定会感到如群星拱月一样,被一群热情好客的武夷山人所"包围"。

第三道:"投入配料"　我们也称之为"打底"。茶叶能提神悦志、去滞

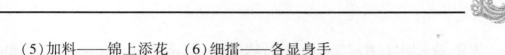

消食、清火明目;甘草能润肺解毒;陈皮能理气调中,止咳化痰;凤尾草能清热解毒,防治细菌性痢疾和黄疸型肝炎。"打底"就是把这些配料放在擂钵中擂成粉状,利于冲泡后,促进人体吸收。

第四道:"初擂" 一般是由主人表现自己的擂茶技艺,所以又称为"小试锋芒"。"擂茶"本身就是很好的艺术表演,技艺精湛的人在擂茶时无论是动作,还是擂钵发出的声音都极有韵律,让人看了拍手称绝。请听,现在擂钵发出的声音时轻时重,时缓时急,像一首诗,又像一首歌,这代表着我们对各位的光临表示最热烈的欢迎!

第五道:"加料" 即将芝麻倒进擂钵与基本擂好的配料混合。芝麻含有大量的优质蛋白质、不饱和脂肪酸、维生素 E 等营养物质,可美容、养颜、抗衰老,加入芝麻后擂茶的营养保健功效将更显著,所以称为"锦上添花"。

第六道:"细擂" 这一道程序重在参与,每个人都可以一展自己的擂茶技艺,所以我们叫它"各显身手"。等一会儿喝自己亲手擂出的茶,您一定会觉得味道更香更醇。

第七道:"冲水" 在细擂过程中要不断少量加点水,使混合物能擂成糊状,当擂到足够细时,要冲入热开水。开水的水温不能太高,也不可太低。水温太高,易造成混合物的蛋白质过快凝固,冲出的擂茶清淡而不成乳状。水温太低则冲不熟擂茶,喝的时候不但不香,而且有生草味。一般水温控制在 90℃~95℃,冲出的擂茶才能达到"水乳交融"。

第八道:"过筛" 其目的是"去粗取精",滤去茶渣,使擂茶更好喝。

第九道:"敬茶" 通过"竹捞瓢"的过滤之后,应把擂茶装入壶中,斟到茶碗,并按照长幼顺序依次敬奉给客人。我们视"擂茶"为琼浆玉液,故称之为"敬奉琼浆"。

第十道:"品饮" 擂茶一般不加任何调味品,以保持原辅料的本味,所以第一次喝擂茶的人,品第一口时常感到有一股青涩味,细品后才能渐渐感到擂茶甘鲜爽口,清香宜人。这种苦涩之后的甘美,正如醍醐的法味,它不假雕饰,不事炫耀,只如生活本身,永远带着那清淡和自然,却让人品后无法忘怀。

当然，对客人体贴入微的武夷山人怕初次品饮擂茶的客人喝不惯擂茶，今天特地为大家准备了白糖供调饮，还准备了很多风味小吃来佐茶。请各位来宾千万别客气，来，让我们开怀畅饮，痛痛快快地喝个够！

油茶茶艺

油茶是生活在桂北、湘南交界地区和贵州遵义地区的苗族、侗族以及生活在鄂西地区土家族同胞最珍爱的饮料。油茶始于何时，尚无可靠的考证，连当地的老寿星也只知道一首代代相传的民谣："香油芝麻加葱花，美酒蜜糖不如它。一天油茶喝三碗，养精蓄力劲头大。"喝油茶能祛湿，抖擞精神，预防感冒，所以当地的老百姓把打油茶看得和做饭一样重要，家家户户常年必喝。

今天，我们推荐两种美味可口、百喝不厌的油茶。

1.侗族八宝油茶

（1）配料

茶叶、米花、猪肝（或肉、鸡块、鱼、虾）、花生、葱、姜、茶油、盐等。

（2）基本程序

侗族人请客人喝油茶一般有六道基本程序，即点茶备料、煮茶、配茶、敬茶、吃茶、谢茶。

（3）解说词

第一道：点茶备料　侗乡人热情好客，有贵宾登门必定要"打油茶"款待。所谓"打"，实际就是"做"的意思。打油茶，首先要点茶备料，点茶即选择要用的茶。通常有干茶或嫩茶叶两种选择。备料就是把各种配料进行初加工，例如炸鸡块、炒猪肝、油爆虾等。

第二道：煮茶　煮茶时应在铁锅中倒进茶油并烧到冒青烟，此时倒入茶叶并不断翻炒到香气四溢，再倒入芝麻、花生米、生姜丝等炒几下，即可放水加盖煎煮。煮到茶汤滚开，起锅前再撒上适量的盐、葱花和姜丝，油茶汤即

491

煮好了。

第三道:配茶　即把预制好的炸鸡块或炒猪肝、爆河虾、米花、糯米饭等分到客人的碗中,然后冲入滚烫的油茶汤即成了美味可口、营养丰富的侗族油茶。

第四道:敬茶　侗家向客人敬茶是先敬长者或上宾,然后再依次敬茶。敬茶时要连同筷子一并双手递给客人,并连声说:"记协、记协(请用茶、请用茶)",客人也必须双手接碗,并欠身含笑,点头称谢。

第五道:吃茶　在侗族同胞家吃油茶千万别客气,吃油茶一般不得少于三碗,这称之为"三碗不见外",否则就有瞧不起主人之嫌。吃完一碗后应大大方方地把空碗递给主人,主人会马上再为您添上,三碗以后您若吃饱了,则只要把筷子架在碗上或将筷子连同碗一起递给主人,主人就不再为您斟茶了。

第六道:谢茶　在侗家吃油茶,一般从一开始吃,就要边吃边啜边赞美。吃完后更要向热忱好客的主人表示感谢。若是喝了新娘煮的茶,喝完最后一碗时,应在碗中放些喜钱(也称为"针线钱"),双手递给新娘以示贺喜。

2.土家族"毕兹卡"油茶

在我国鄂、湘、川三省交界的巍巍群山中,有一个传说中曾引来凤凰的美丽地方,这就是土家族、苗族自治州的来凤县。来凤县山川秀丽,民风古朴,令人神往,所产的云岩茶名扬四海。土家人的"毕兹卡"油茶更是千里飘香。"毕兹卡"是土家族语言,即本地人的意思,在来凤县的"毕兹卡"一日三餐都离不开油茶,他们说:"一日不喝油茶汤,满桌酒菜都不香。"尤其是宾客来临时,热情朴实的"毕兹卡",首先就是以油茶招待来宾。

(1)配料　茶叶、花椒、姜丝、黄豆、花生米、核桃仁、豆腐干、粉丝、阴苞谷(把玉米粒烫煮后晾干)、阴米子(把糯米蒸熟后晾干)、团散(阴米子粘成薄饼)。

(2)基本程序　土家族打油茶的主要程序有放阴米、炸配料、煮茶汤、冲油茶、敬茶和喝茶六道程序。

（3）解说词　如果有人问来凤县的"毕兹卡"，为什么这里的小伙特别剽悍精神，走起路来健步如飞？为什么这里的姑娘特别健美漂亮，皮肤白里透红？为什么这里的老人特别长寿，年过古稀还能上山劳动？他们一定会异口同声地回答："这是因为我们常年喝油茶。"好，现在我们就为各位嘉宾献上来凤县正宗的"毕兹卡"油茶茶艺。

打这种油茶，一般要经过以下几道程序：

第一道：放阴米　把苞谷糯米蒸熟晾干，我们土家人称之为"阴苞谷""阴米"。在打油茶时，首先把阴米、阴苞谷分别放进热油锅中去炸成米花，这称之为"放阴米"，放也就是放大的意思。

第二道：炸配料　即把事先准备好的黄豆、花生米、核桃仁、豆腐干（切成丁）、粉条等依次放进油锅或炒或炸，炒到色泽金黄或炸到又香又酥时捞起备用。

第三道：煮茶汤　我们也称为"打汤"。打汤的关键是掌握炸茶叶的火候。一般的做法是在热铁锅中放入适量的茶油，等油冒青烟时放进适量茶叶和一小撮花椒并不断炒动，待茶叶焦黄并茶香四溢时倒进冷水，再放入姜丝等。在烧水时，要用锅铲不断拍打挤压茶叶和姜丝，以充分榨出茶汁和姜汁，等水滚开后再徐徐添一次水到需要的量为止，水再开后即可加入盐、大蒜和胡椒，这样茶汤就熬好了。

第四道：冲油茶　在准备好的碗中依次放进配料后冲入滚烫的油茶汤，芳香扑鼻，具有土家族风味的来凤县"毕兹卡"油茶就打好了。

第五道：敬茶　即按照长辈、上宾的顺序向客人敬油茶。

第六道：喝茶　来凤县土家族同胞在喝油茶时有一个独特的习俗，即不使用筷子或汤勺等工具，而是双手捧着茶碗，嘴巴沿碗边顺时针转着边吸边喝，不一会儿一碗滚烫的油茶就被吸得一干二净，决不会在碗中留下花生米、粉丝或其他任何配料。这种喝法是土家族同胞的特殊技能，也是他们的特殊享受。来，让我们也学着土家人的习俗，来体验一下这独特的喝法。

奶茶茶艺

奶茶是我国很多少数民族,特别是北方游牧民族同胞所酷爱的饮品。从天山南北到大青山下,从内蒙古大草原到西藏高原,处处都可闻到奶茶诱人的浓香。蒙古、哈萨克、维吾尔、乌兹别克、塔塔尔、柯尔克孜以及藏族的同胞们都非常喜欢喝奶茶,但他们之间的喝法各有不同,下面主要介绍蒙古阿巴嘎奶茶和维吾尔族咸奶茶。

1.蒙古阿巴嘎奶茶

在内蒙古草原,无论你走进哪一座蒙古包,你都会受到热情的招待,无论你走进哪位蒙古同胞的家,你都一定能喝到喷香的奶茶。在内蒙古品类繁多的奶茶中,最好喝的应数阿巴嘎奶茶。

（1）配料　砖茶、纯碱、小米、牛奶、奶皮子、黄油渣、绵羊尾巴油、稀奶油、盐巴。

（2）基本程序　煮阿巴嘎奶茶的基本程序有捣茶、洗锅、熬茶、过滤、再烧茶、搅拌配料、加料、敬茶八个步骤。

蒙古族茶具

（3）解说词　阿巴嘎奶茶是风情迷人的内蒙古锡林郭勒草原牧民们最爱喝的奶茶,同时也是他们招待贵宾时必不可少的饮品。奶茶的馥郁和魅力都源于原料和制作。熬制阿巴嘎奶茶要有超群的煮茶技艺,并按如下程序操作:

第一道:捣茶　煮优质奶茶要选优质茶砖,在煮茶前,应把茶砖研碎备用。

第二道:洗锅　煮奶茶最好备两口锅,两口锅都洗净后,一口专门用于烧开水,另一口用于煮茶。锅一定要清洗干净,并要用新打来的清水熬茶,否则茶会褪色变质。

第三道:熬茶　熬茶时应先把水烧开,然后倒入研碎的砖茶熬3分钟左右即可。熬茶时火候和时间都要掌握好,要用硬火熬。时间太短,茶不出味,时间太长,则会破坏维生素并使茶香散失。

第四道:过滤　即把熬好的茶汁滤去,茶渣备用。

第五道:再烧茶　把锅烧热后,用切碎的羊尾巴油炝锅,倒入少量茶汁,再放入一勺小米,将其煮到开花,然后倒入全部茶汁并放入炒米和黄油及盐巴。

第六道:搅拌配料　把牛奶、稀奶油、奶皮子、黄油渣、黄油等配料按比例混合后放入一个专门的搅茶桶中不断搅拌,直到混合物中分离出一层油为止。

第七道:加料　待到锅中的茶汁烧到滚开时,加入搅拌好的配料,并再搅拌片刻。这样,一锅热香四溢、美味可口的阿巴嘎奶茶就算熬好了。

第八道:敬茶　奶茶是蒙古族饮食文化中最动人的诗篇,奶茶养育了体魄强健的蒙古族人民。在内蒙古喝奶茶是一日不可或缺的生活小事,但同时又是十分注重礼节的大事。敬茶时每碗茶都不可倒得太满(不应超过八分碗),敬茶要躬身双手托举茶碗举过头顶,再献给客人。客人也应双手接碗,接过碗后即在嘴边咂一口,以示回敬。头一碗礼过,客人落座后即可自由喝茶了。在敬奶茶时应根据蒙古人"崇老尚德"的优良传统,把第一碗奶茶先奉给在场年纪最大的人,然后再依次敬茶。

2.维吾尔族咸奶茶

在新疆流传着一句俗话:"宁可一日无米,不可一日无茶"。新疆人们把相互赠茶看成是高尚的情操、真诚的祝愿和纯洁的友谊,把"客来敬茶"视为最基本的礼仪。在新疆,我们可以喝到清茶、香茶、奶油茶、油茶、核桃茶、奶茶以及一种称为维吾尔茶的传统保健茶。下面我们仅介绍维吾尔族

咸奶茶。

（1）配料　茯砖茶、鲜牛奶（或羊奶）、盐。

（2）基本程序　煮维吾尔族咸奶茶的程序较简单，一般仅敲茶、熬茶、加奶和盐三道程序，但品饮的礼仪却十分周全。

（3）解说词　新疆维吾尔自治区，地处我国最西北的边陲，是一个以维吾尔族为主的多民族聚居地区，维吾尔族人口约占全区的三分之二。由于天山山脉横亘于新疆中部，把新疆分为南疆和北疆，因地域不同，南疆与北疆的维吾尔族同胞在饮茶习俗上存在着较大差别。这里介绍的是北疆维吾尔族人一日三餐必不可少的咸奶茶。

煮咸奶茶一般要先将茯砖茶敲成小块，然后抓一把放到装有八分水的茶壶中，放在火上去煮，煮沸4~5分钟后，即可加入鲜奶或几个奶疙瘩和适量盐巴，再沸腾5分钟左右，一壶热乎乎、香喷喷的咸奶茶就算是煮好了。

维吾尔族的风俗，有客人来可以不招待吃饭，但不能不敬茶，敬茶是表示主人对客人到来的喜悦心情和真诚欢迎。维吾尔族迎接客人，先请长者入内，并让他坐在首席，然后其他的客人依次就座。宾主互相问候后，主人会右手持阿甫土瓦（洗手壶），左手持其拉甫恰（接水盆）进来，从长者开始，依次给客人倒水，请客人洗手。一般要冲洗三下，洗完后绝不能甩手，而应等主人递上洁白的毛巾，用毛巾擦干手，甩手上的水是对主人极不礼貌的行为。洗过手之后，即可开始喝茶并吃主人摆上的馕、果酱、糖果和各种瓜果、点心。在维吾尔族人家，喝奶茶一般用大海碗，这样可以多放奶皮和鲜奶。在喝奶茶时宾主边喝边聊天，茶也浓浓，情亦浓浓。客人若喝够了，吃饱了，可用右手分开五指，轻轻在茶碗上盖一下，并表示谢谢！主人即心领神会，不再为您添奶茶。

布依族姑娘茶

布依族旧称"仲家"，由古代百越的一个分支发展而来，多数聚居在贵州南部和西南部，以黔南布依族苗族自治州最为集中。黔南盛产多种茶叶，其中以贞丰县坡柳茶最为著名。

按当地的习俗,贞丰坡柳茶只能由妇女采制,每当清明前后,茶树萌芽时节,未出嫁的布依族姑娘都要亲自上山采茶。贞丰坡柳茶不以细嫩见称,姑娘们要采一芽三叶或一芽四叶初展的苔茶,拿回去加工。加工时先杀青,再揉捻,然后做形。做形时要细心地把揉捻后的茶条,一根一根理顺,再用双手边旋转边捏紧,逐渐做成圆锥状如巨大的毛笔笔头一样的茶卷。每一卷茶的形状、大小要力求整齐划一、美观中看。茶卷做好后用白棉纸包扎好,置于无烟的炭火上慢慢烘烤,白天若有太阳亦可用日晒。因为做成的茶卷粗壮厚实,一般要经过两天两夜才能烘干、晒干。在烘晒的过程中,茶卷自然发酵,产生独特的香气,形成醇和甘美的滋味。

茶卷烘干后,要交给当家人保管,平日不轻易饮用,只有贵客临门,才用于招待嘉宾。姑娘茶的主要用途是作为定情的信物。姑娘茶属黑茶类,越陈越香。每一位布依族姑娘在定亲时,要把自己精心采制,长期存放、舍不得喝的姑娘茶亲手交给心上人。布依姑娘用少女的纯情和心血制作的姑娘茶,代表着姑娘高尚的情操和像茶一样芳洁的情怀。小伙子得到的不仅仅是珍贵的"姑娘茶",而且得到了姑娘愿与他百年好合的真情。

姑娘茶的喝法也相当讲究,下面介绍的是周鸣蓉女士创编的布依族姑娘茶茶艺。

1.茶具选择

酒精炉一个,盖碗一个,茶拨一个,水盂一个,红、白、黑、丝线各一根,品茗杯六个,茶盒一个。

2.背景音乐

乐曲选自布依民乐《喊妹调》《采茶曲》,由特有的布依族乐器"勒尤""姊妹萧"演奏。

3.解说词

今天,冲泡的布依姑娘茶产自贵州高原的布依族聚居地,系85岁高龄的布依老太在少女时亲手制作的陈茶极品,至今已有60多年的历史,她曾悬挂在阁楼上不断地经历时代的变迁和岁月的洗礼,伴着布依少女美妙优雅和清脆的歌声走过了一个又一个久远的年代,风霜寒暑使它逐渐成熟,时间的积淀使它越陈越香。

布依姑娘茶共分为八道程序:

(1)洗杯 又名"龙泉涤凡尘"。布依人认为水为万物之灵,因此把出水处称为龙泉、龙井、龙潭,他们认为龙泉水能洗去一切污渍,带来平安吉祥。

(2)赏茶 又名"布依嘉木一枝独秀"。布依姑娘茶形状像是巨大毛笔的笔头,又如一朵含苞待放的花蕾。该茶产自布依山寨乔木型大叶种茶,传说必须由少女采摘和制作。

(3)置茶 又名"布依佳人入花房"。

(4)洗茶 又名"布谷鸟鸣春花开"。洗茶时茶叶在水中徐徐舒展,意喻春暖花开,万物复苏。

(5)煮茶 布依姑娘茶需三煮三泡。传统的布依姑娘茶由三种颜色的丝线系扎,红色为少女所制,白色为已婚妇女所制,黑色为老年妇女所制,三种丝线分别代表着一系喜庆吉祥,二系家庭和睦,三系子孙满堂。

(6)分茶 即把煮好的茶依次斟入茶杯中。

(7)敬茶 敬茶时应用右手持杯,左手扶右手肘,将茶杯举过头顶。布依姑娘比较害羞,敬茶时应低头侧脸奉茶,眼睛不可直视对方。

(8)谢客 品饮了布依族的姑娘茶,您一定会感到茶浓情浓,回甘如蜜。布依姑娘茶是越陈越好,布依人对朋友是越久越好。

酥油茶茶艺(茶马古道茶艺)

1.序

好!朋友们,今天四川二郎山下雅安市茶马古道茶艺队的藏族姑娘们就请你们喝一碗茶马古道的酥油茶!酥油茶始于何时已无法考证,但是,我相信一个美好而动人的传说:唐代文成公主进藏时,带去了茶叶,经过藏民反复调制,终于打出了如今这种喝起来香喷喷、油滋滋,使人心中暖洋洋的酥油茶。朋友,无论你喝过还是没有喝过酥油茶,你对它都不会有丝毫的生疏之感。因为藏族姑娘们那音域辽阔而又甜美清纯的歌声,早已把酥油茶灌输进了你的心灵。也可以说,你的心早已飞上了远离烦嚣的乐土,飞上了离天堂和上帝最近的青藏高原,你在梦中早已品味过这灵魂之饮。然而,梦境毕竟是梦境,现实毕竟是现实。在现实生活中,你不喝酥油茶,就不知藏家生活的温馨;不饮青稞酒,就不知藏胞情谊的浓烈。她们表演的酥油茶茶艺有十二道程序。

2.动作说明及解说词

(1)尼玛东升　动作:将装有各种配料的碗、碟,置于托盘摆上桌子,并将盖着的黄绸由东向西缓缓揭开,叠好黄绸放在茶盘下。

解说:尼玛,是藏语太阳的意思。清晨,当太阳从东方冉冉升起,美丽的藏族姑娘就开始打制酥油茶,迎来新的一天,准备迎接贵客的到来。

(2)宝瓶聚羽　动作:将各种配料分别舀到三个碗中(雅茶、盐放一碗;酥油放一碗;奶粉、鸡蛋、核桃仁、花生、芝麻放另一只碗)。

解说:藏族把孔雀羽毛视为圣洁之物,打酥油茶的八种配料是藏民族生活必需品,是圣洁的,配料聚于碗中,称宝瓶聚羽。

(3)贡嘎泉水　动作:将水烧开。

解说:贡嘎,是藏语至高无上、洁白无瑕的神山,冰雪覆盖的贡嘎山流出的泉水是神水。用贡嘎泉水制作出的酥油茶,是供奉先贤、款待嘉宾的上乘礼品。

(4)松文相会　动作:把金砖茶和盐放入锅中熬茶。

解说:贡嘎泉水象征藏王松赞干布,雅茶是唐代文成公主带到西藏的,金砖茶象征文成公主。雅茶、贡嘎泉水融合在一起,即寓指藏王和公主相会,象征着汉藏民族的大团结。

（5）卓玛祝福　动作:用瓢不停地扬茶汤,搅拌。

解说:卓玛是藏族女神。美丽的藏族姑娘,不停地扬茶汤,是女神在为尊贵的客人祈祷和祝福,祝福贵宾吉祥如意。

（6）度姆甘露　动作:将熬好的茶水缓缓倒入打浆桶。

解说:度姆是藏民族传说中的观音菩萨。将熬好的茶注入打浆桶,即熬出的茶是观音洒向人间的甘露,是非常珍贵的。

（7）强巴卓玛　动作:将酥油放入打浆桶。

解说:强巴,是藏区的男神,也指康巴汉子;美丽的藏族姑娘,是卓玛女神的化身。雅茶、酥油、盐汇于一起,水、茶、酥油交融,是神奇、美好的食品融为一体。

（8）珠姆献艺　动作:舒缓、优美,先由下而上,再由上而下地打茶。

解说:珠姆是藏民族历史上大英雄格萨尔王的妻子,她美丽能干,由她打制酥油茶,表示藏胞对客人的崇高敬意。

（9）八宝吉祥　动作:将奶粉、鸡蛋、核桃仁、花生仁、芝麻放入打浆桶,然后继续打茶。

解说:酥油茶,由雅茶、酥油、盐、奶粉、鸡蛋、核桃仁、花生、芝麻八种配料融合而成,喝了这种茶,客人就会顺心、健康、吉祥如意。

（10）金瓶迎露　动作:将打好的酥油茶分别倒入两只金酥油茶壶中。

解说:经过打制并高度融合的酥油茶,就像甘露,香醇可口,清神益脑,滋神强身。置于珍贵的金壶中,这是度姆的甘露进入金壶。

（11）天女沐露　动作:将金壶的酥油茶分别倒入木盘中的八只酥油茶碗。

藏族茶具:锡制盏托

解说:天女,是藏民族传说中的美丽的藏族姑娘,她不仅漂亮善良,而且长生不老。天女把精心打制的酥油茶洒向人间,献给宾客。

(12)金康三宝 动作:由美丽的藏族姑娘揣着盛茶的托盘,缓缓走向宾客。其余姑娘分别送茶到客人面前,祝扎西德勒。

解说:金,是指雅安市生产的民族团结牌"金尖"砖茶;康,是来自康定茶马古道;三宝,是指藏族尊崇的佛祖、观音、护法神。金康"三宝",喻义用来自雅安、康定茶马古道的酥油茶给尊敬的来宾祝福,相当于藏语的扎西德勒!

"六如"禅茶茶艺

1.禅茶简介

中国茶道自创始之日起,便与佛教有着千丝万缕的联系,其中僧俗双方都津津乐道的是"茶禅一味",在当今茶文化复兴之时,禅茶茶艺又成了众多茶人喜闻乐见的茶艺节目。

禅(梵语 Dhyana)若直译成汉语是"静虑"之意,是指专心一意,排除一切干扰,以静坐的方式去领悟佛法真谛。达摩祖师一苇度江,在嵩山少林寺面壁九年,就是静虑的典范,他开创了中国佛教禅宗。禅宗的特点是"不立文字,教外别传,直指心性,见性成佛"。一句"直指心性,见性成佛"把禅变成了生动活泼,不拘形式,洒脱自在,但求在日常生活中明心见性的平凡生活琐事。

我们在学习禅茶时,首先应当立足于去把握禅的精神实质,即"平常心是道"。所谓"平常心"是指无造作,无是非,无取舍,无断常,无凡,无圣之心。无造作、无取舍、无是非是心态平静的表现;无圣、无凡、无断常是众生平等的表现。

禅茶茶艺的基本特征是在茶艺中融入了禅机或通过茶艺程序来启迪人心的慧根,昭示佛理,这样就形成了禅茶的两种不同风格的表现形式。其一

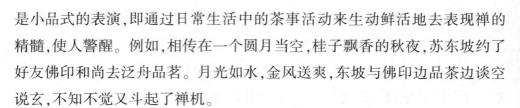

是小品式的表演,即通过日常生活中的茶事活动来生动鲜活地去表现禅的精髓,使人警醒。例如,相传在一个圆月当空,桂子飘香的秋夜,苏东坡约了好友佛印和尚去泛舟品茗。月光如水,金风送爽,东坡与佛印边品茶边谈空说玄,不知不觉又斗起了禅机。

东坡问佛印道:"和尚,你看我坐在月光下像个什么?"

佛印答:"居士像一尊大佛。"

言毕,佛印也反问东坡:"居士看贫僧坐在月光下像什么?"

东坡瞧了佛印一眼,看他身穿缁衣,在夜色中更显得黑暗,便说:"我看你像一堆牛粪!"

佛印微微一笑,提起茶壶为东坡斟上茶,连声说:"喝茶!喝茶!"东坡认为佛印已无言可对,只好请他喝茶,于是仰天大笑。

回家后,东坡越回想越得意,他迫不及待地告诉苏小妹说:"小妹,为兄今日斗禅机总算赢了佛印那和尚了。"苏小妹十分惊奇,她深知自己的哥哥论文章学识均能赢佛印,独独对禅的理解比佛印大师尚差一筹。于是问道:"不知哥哥是如何赢的?"东坡讲述了两人在船上的对话后,特别强调说:"终了他无言以对,只好连连请我喝茶。"东坡言毕,苏小妹笑得前仰后合,并说:"哥哥你这次输得更惨了!"东坡大惑不解,问道:"此话怎讲?"苏小妹说:"佛印大师心中有佛,他看世界万物都是佛,看你自然也像大佛。而你看大师像一堆牛粪,只能说明你心中满是牛粪。佛印大师请你喝茶是讥讽你心中不洁,让你快去用茶水清洗。"听了苏小妹的一席话,东坡恍然大悟,从此,更加爱茶并努力通过品茗来涤净胸中凡尘。

再如,经过"乌台诗案"的打击后,苏东坡觉得自己已悟透了佛法,并且已能达到心定神宁,不为外部刺激所动的境界,于是他赋偈一首:

> 稽首云中天,毫光照大千。八风吹不动,端坐紫金莲。

紫金莲是指佛堂中的莲花宝座,只有佛和菩萨才有资格端坐在莲花宝座上。"八风不动"是佛教用语,意指喜怒哀乐、名利荣辱等世俗之风对于得道高僧已不再有影响。苏东坡写好诗后,越看越得意,于是特遣书童送诗过江去,请佛印雅正。佛印读后一笑,提笔在诗笺上批了两个字便将原稿退还。

苏东坡

东坡本以为自己的知心好友一定会对他"八风吹不动,端坐紫金莲"的境界大加赞赏,他急不可耐地从书童手中接过佛印批过的诗稿,只见佛印在上面批的两个字是:"放屁!"东坡阅罢不由得火从心头起,怒向胆边生。他想佛印是他的至交,过去斗禅机常常输给佛印,那还可以理解。如今佛印竟然连他写的诗文也看不起了,并且骂他"放屁!""是可忍,孰不可忍。"于是,东坡立刻乘船过江,到金山寺去找佛印理论。船到金山寺码头,不待停稳,东坡便跳下船直奔佛印的禅房,只见佛印正在悠然自得地独自品茶。

东坡怒气冲冲地责问佛印:"愧你还是个出家人,愧你还是我的至交好友,赠诗给你,你即使不认同,也不该用脏话骂我!"

佛印满脸堆笑,一边若无其事地为东坡斟茶,一边问他:"我骂你什么?"

东坡抖着手中的诗稿道:"这白纸黑字,明写着嘛,你骂我放屁!"

佛印听了哈哈大笑,笑得连口中的茶都喷了满地。

东坡更生气了,说:"贼秃,你笑什么?"

佛印心平气和地说:"你诗中不是讲'八风吹不动'吗?怎么会被一屁打过江来呢?"

东坡一听,恍然大悟,才知佛印是在考验他的定力,顿时惭愧不已,并连称"多谢指教!"事后东坡与佛印相交日深,经常在一起通过品茶来提高他们的修养。

类似这样的故事不胜枚举,搬上舞台就是"禅茶"。因为有慧根、有悟性的人看了之后必有所得。从这个角度来讲,禅茶正如《续指月录》中赵州从谂禅师的诗所言:

> 春风吹落碧桃花,一片流经十万家。
>
> 谁在画楼沽酒处,相邀来吃赵州茶。

桃花开有禅,流水有禅,沽酒有禅,吃茶也有禅,禅在日常生活之中。我们在编创和表演禅茶时千万要注意,不可故弄玄虚,不要脱离现实生活,用一些观众看不懂、自己也说不清的东西去蒙人。

禅茶的另一种表现方式是中规中矩,每一道程序都紧扣一个佛典或昭示一条佛理,让参与者透过严格的礼仪和程序,去领悟规矩背后鲜活的禅的精神,下面介绍的"六如禅茶",即属于这一类型的禅茶。

2.茶具组合

炭炉一个,陶制水壶一把,兔毫盏若干个,水盂一个,有持手的泡壶一把,香炉一个,香三支,木鱼一个,磬一个,茶道具一套,茶巾一条,佛乐磁带一盒,铁观音13~15克。

3.基本程序

(1)礼佛——焚香合掌　　　　(2)调息——达摩面壁

(3)煮水——丹霞烧佛　　　　(4)候汤——法海听潮

(5)洗杯——法轮常转　　　　(6)烫壶——香汤浴佛

(7)赏茶——佛祖拈花　　　　(8)投茶——菩萨入狱

(9)冲水——漫天法雨　　　　(10)洗茶——万流归宗

（11）泡茶——涵盖乾坤　　（12）分茶——偃溪水声

（13）敬茶——普度众生　　（14）闻香——五气朝元

（15）观色——曹溪观水　　（16）品茶——随波逐浪

（17）回味——圆通妙觉　　（18）谢茶——再吃茶去

4.解说词

　　禅茶属于宗教茶艺。自古有"茶禅一味"之说,禅茶中自有禅机。六如禅茶的每道程序都源自佛典,启迪佛性,昭示佛理。禅茶茶艺是最适合用于修身养性、强身健体的茶艺,六如禅茶茶艺共十八道程序,希望大家能放下世俗的烦恼,抛去功利之心,以平和虚静之心,来领略"茶禅一味"的真谛。

　　（1）礼佛:焚香合掌　　同时播放《赞佛曲》《心经》《戒定真香》《三皈依》等梵乐或梵唱,让幽雅、庄严、平和的佛乐声,像一只温柔的手,把我们的心牵引到虚无缥缈的境界,使我们烦躁不宁的心平静下来。

　　（2）调息:达摩面壁　　达摩面壁是指禅宗初祖菩提达摩在嵩山少林寺面壁坐禅的故事。面壁时助手可伴随着佛乐,有节奏地敲打木鱼和磬,进一步营造祥和肃穆的气氛,主泡者应指导客人随着佛乐静坐调息,静坐的姿势以佛门七支坐法为最好。

　　所谓七支坐法,就是指在静坐时肢体应注意七个要点:

　　其一,双足跏趺,也称为双盘足,如果不能双盘亦可用单盘。左足放在右足上面,叫作如意坐。右足放在左足上,叫作金刚坐。

　　其二,脊梁直竖,使背脊的每个骨节都如盘珠子迭竖在一起一样,使肌肉放松。

　　其三,左右两手环结在丹田的下面,平放在胯骨部分,两手手心向上,把右手背平放在左手心上面,两个大拇指轻轻相抵,这叫"结手印",也叫作"三昧印"或"定印"。

　　其四,左右双肩稍微张开,使其平整适度,不可沉肩弯背。

　　其五,头正,后脑稍微向后收放,前颚内收而不低头。

　　其六,双目似闭还开,视若无睹,目光可定在座前7、8尺处。

其七,舌头轻微舔抵上腭,面部微带笑容,全身神经与肌肉都自然放松。在佛乐中保持这种静坐的姿势约10分钟。静坐时应配有坐垫,厚约两三寸。如果配有椅子,亦可正襟危坐。

(3)煮水:丹霞烧佛　在调息静坐的过程中,一名助手开始生火烧水,称之为"丹霞烧佛"。

丹霞烧佛典出于《祖堂集》卷四。据记载丹,霞天然禅师于惠林寺遇到天寒,就把佛像劈了烧火取暖,寺中主人讥讽他,禅师说:"我焚佛尸寻求舍利子(即佛骨)。"主人说:"这是木头的,哪有什么舍利子。"禅师说:"既然是这样,我烧的是木头,为什么还责怪我呢?"于是寺主无言以对。"丹霞烧佛"时要注意观察火相,从燃烧的火焰中去感悟人生的短促以及生命的辉煌。

(4)候汤:法海听潮　佛教认为"一粒粟中藏世界,半升铛内煮山川"。从小中可以见大,从煮水候汤听水的初沸、鼎沸声中,我们能产生"法海潮音,随机普应"的感悟。

(5)洗杯:法轮常转　法轮常转典出于《五灯会元》卷二十。径山宝印禅师云:"世尊初成正觉于鹿野苑中,转四谛法轮,陈如比丘最初悟道。"法轮喻指佛法,而佛法就在日常平凡的生活琐事之中。洗杯时眼前转的是杯子,心中动的是佛法,洗杯的目的是使茶杯洁净无尘,礼佛修身的目的是使心中洁净无尘,在洗杯时或许可因杯转而心动悟道。

(6)烫壶:香汤浴佛　佛教最大的节日有两天:一是四月初八的佛诞日,二是七月十五的自恣日,这两天都叫作"佛欢喜日"。在佛诞日要举行"浴佛法会",僧侣及信徒们要用香汤沐浴太子像(即释迦牟尼佛像)。我们用开水烫洗茶壶称之为"香汤浴佛",表示佛无处不在,亦表明"即心即佛"。

(7)赏茶:佛祖拈花　佛祖拈花微笑典出于《五灯会元》卷一。世尊曰:"吾有正法眼藏,涅槃妙心,实相无相,微妙法门,不立文字,教外别传,付嘱摩柯迦叶"。我们借助"佛祖拈花"这道程序,向客人展示茶叶。

(8)投茶:菩萨入狱　地藏王是佛教四大菩萨之一。据佛典记载:为了救度众生,救度鬼魂,地藏王菩萨表示:"地狱中只要还有一个鬼,我永不成佛"，"我不下地狱，谁下地狱？"。投茶入壶，如菩萨入狱，赴汤蹈火，泡出的茶水可振万民精神，如菩萨救度众生，在这里茶性与佛理是相通的。

慧能大师

（9）冲水：漫天法雨　佛法无边，润泽众生，泡茶冲水如漫天法雨普降，使人如"醍醐灌顶"，由迷达悟。壶中升起的热气如慈云氤氲，使人如坐春风，心发善念。

（10）洗茶：万流归宗　五台山著名的金阁寺有一副对联："一尘不染清净地，万善同归般若门。"

茶本洁净仍然要洗，追求的是一尘不染。佛教传到中国后，一花开五叶，千佛万神各门各派追求的都是大悟大彻。"万流归宗"，归的都是般若之门。般若是梵语音译词，即无量智慧，具有智慧便可成佛。

（11）泡茶：涵盖乾坤　涵盖乾坤典出于《五灯会元》卷十八，惠泉禅师："昔日云门有三句，谓涵盖乾坤句，截断众流句，随波逐浪句"。这三句是云门宗的三要义，涵盖乾坤意谓真如佛性处处存在，包容一切，万事万物无不

507

是真如妙体,在小小的茶壶中也蕴藏博大精深的佛理和禅机。

（12）分茶:偃溪水声　偃溪水声典出于《景德传灯录》卷十八。据载,有人问师备禅师:"学人初入禅林,请大师指点门径。"师备禅师说:"你听到偃溪流水声了吗?"来人答:"听到。"师备便告诉他:"这就是你悟道的入门途径。"禅茶茶艺讲究:壶中尽是三千功德水,分茶细听偃溪流水声。斟茶之声亦如偃溪水声,可启人心智,警醒心性,助人悟道。

（13）敬茶:普度众生　禅宗六祖慧能有偈云:"佛法在世间,不离世间觉,离世求菩萨,恰似觅兔角。"菩萨是梵语的略称,全称应为菩提萨埵。菩提是觉悟,萨埵是有情。所以菩萨是上求大悟大觉——成佛;下求有情——普度众生。敬茶意在以茶为媒体,使客人从茶的苦涩中品出人生百味,达到大彻大悟,得到大智大慧,故称之为"普度众生"。

（14）闻香:五气朝元　"三花聚顶,五气朝元"是佛教修身养性的最高境界,五气朝元即做深呼吸,尽量多吸入茶的香气,并使茶香直达颅门,反复数次,很益于健康。

（15）观色:曹溪观水　曹溪是地名,在广东曲江区双峰山下。唐仪凤二年(公元676年),六祖慧能住持曹溪宝林寺,此后曹溪被历代禅者视为禅宗祖庭。曹溪水喻指禅法。

（16）品茶:随波逐浪　随波逐浪典出于《五灯会元》卷十五,是"云门三句"中的第三句。云门宗接引学人的一个原则,即随缘接物,随波逐浪,应病与药。品茶也是这样应随缘接物,去自由自在地体悟茶中百味,对苦涩不厌憎,对甘爽不偏爱,只有这样品茶才能心性闲适,旷达洒脱,才能从茶水中品悟出禅机佛理。

（17）回味:圆通妙觉　圆通妙觉即大悟大彻。品了茶后,对前边的十六道程序,再细细回味,便会:"有感即通,千杯茶映千杯月;圆通妙觉,万里云托万里天。"乾隆皇帝登上五台山菩萨顶时,曾写过一联:"性相真如华海水,圆通妙觉法轮铃。"这是他登山的体会,我们稍做改动:"性相真如杯中水,圆通妙觉烹茶声。"即是品禅茶的绝妙感受。佛法佛理就在日常最平凡的生活琐事之中,佛性真如就在我们自身的心底。

（18）谢茶：再吃茶去 饮罢了茶要谢茶，谢茶是为了相约再品茶，正所谓"茶禅一味"。茶要常饮，禅要常参，性要常养，身要常修。中国佛教协会会长赵朴初先生讲得最好："七碗受至味，一壶得真趣，空持百千偈，不如吃茶去！"让我们相约再吃茶去。

蒙顶山智矩寺禅茶

相传宋代高僧禅惠，在蒙顶山智矩寺修行悟道，著成《蒙山施食仪规》，并以"茶禅一味"之理，造就"禅茶技艺"用以待客。智矩寺禅茶技艺中凝聚着禅惠大师禅学思想的精髓，但这一技艺却在清末失传。直到2002年底，由现在蒙顶山智矩寺业主杨奇与欧阳崇正、张强、蒋召义等茶友，查阅了大量文史资料，经过数月挖掘整理，才创作成功。

智矩寺禅茶茶技分为单人十八式与双人禅茶技艺八式两种，因限于篇幅，在此仅把双人八式介绍给读者。

第一式：三花聚顶。

三花聚顶佛缘开，至真至诚面如来。五气朝元灵山路，夹道菩提扫祸灾。

第二式：涤尽凡尘。

初生之我本善心，迷津迷途染凡尘。茶禅一味沐甘露，水月身心通体明。

第三式：见性成佛。

所能俱泯见品性，花开花落本无心。雁踪水影飘然逝，我是真我我是真。

第四式：灵山说法。

拈花说法聚灵山，佛祖禅指口无言。仙神罗汉丹田静，无法是法界三千。

第五式：文殊现身。

春有百花秋有月，夏有凉风冬有雪。若无闲事挂心头，便是人间好

509

时节。

第六式:缘起缘灭。

有缘逢缘度时空,命蹇事乖大不同。日行中天西沉降,破解机宜踏长风。

第七式:两腋清风。

五盏六杯候茶禅,清风习习两腋间。轻身欲上重霄九,惟防高处不胜寒。

第八式:茶禅一味。

茶道禅心义相同,静气和谐汇圆通。清心寡欲真本性,人世沧桑自然中。

最后祝愿大家:淡泊明志,志在四方;平安是福,福及众生;快乐健康,健康长寿;茶禅一味,一味平生。

武夷留春茶茶艺

1.武夷留春茶简介

武夷山是道教名山,是道家三十六洞天中的第十六洞天,称为升真元化洞天。相传唐朝吕洞宾曾在武夷山修炼过,宋代道教南宗五祖之首白玉蟾,在武夷山修炼了几十年,留下了碧霄洞、止止庵等遗迹,同时也为后人留下了延年益寿的"玉蟾神功"。

道教是我国土生土长的宗教,它有一个显著的特征,即非常重视生命的价值,强调贵生、乐生、养生,追求通过顺应自然的修炼达到长生。对于品茶,白玉蟾在《咏茶》一词中写得非常明白:"汲新泉,烹活火,试将来。放下兔毫瓯子,滋味舌端回。唤醒青州从事,战退睡魔百万,梦不到阳台。两腋清风起,我欲上蓬莱。"从词中可见白玉蟾在品茗时怡然自得、飘然欲仙的酣畅神态。道家正是在品茗的烹乐中去追求延年益寿,甚至羽化升天的。

武夷留春茶茶艺是笔者根据吕洞宾《秘传正阳真人灵宝毕法》等养生

真诀,结合"玉蟾神功",把道家玄奥的丹道之术与茶的保健功效相结合而创编的修身养性、强身健体的茶艺,这套茶艺共十八道程序。

武夷留春茶

2.茶具组合

每人炭火炉一个,小水壶一把,三才杯(盖碗)一副,品茗杯一个,圆形双层瓷茶盘一个,茶巾一条,乌龙茶5~7克。

3.基本程序

(1)静心——抱元守一　　(2)候汤——调和五行

(3)烫盏——烫杯温鼎　　(4)投茶——瑞草入瓯

(5)摇茶——灵丹受热　　(6)干闻——采气调息

(7)开汤——倾注玉液　　(8)刮沫——风吹浮云

(9)洗茶——雨润仙草　　(10)烫杯——仙子沐淋

(11)二冲——再注甘露　　(12)闷茶——乾坤交泰

(13)闻香——餐霞服气　　(14)斟茶——玉池水涨

(15)赏色——春色无边　　(16)品茶——涤心洗髓

(17)回味——金液还丹　　(18)谢茶——归根复命

4.解说词

第一道:"抱元守一"　茶须静品,性须静养。道教养生的基本要领是"清静无为,清心寡欲"。老子认为:"清静为天下正","清其心源,静其气海,则道自来居"。抱元守一是道教静心养气之法,也称为抱元神,守真一。抱元则气不散,守一则神不出。这道程序是品茗前的静功。

第二道:"调和五行"　这是指烧水候汤。古代茶人认为烧水候汤是金、木、水、火、土相生相克达到调和。火炉置于地上故从土;炉内有木炭故从木;木炭燃烧故从火;炉上放着水壶,壶是金属所制,故从金;壶内有水故从水。候汤就是等待水沸腾,这个过程是炉中五行调和的过程,同时也是人体内五行调和的的过程。

第三道:"烫杯温鼎"　道家无论修炼内丹还是外丹,都把炼器称为炉鼎。在泡茶之前,我们先烫洗三才杯(亦称茶瓯),使其提高温度,故称为烫杯温鼎。

第四道:"瑞草入瓯"　古人把茶称为"瑞草魁",把茶叶放进杯中称之为瑞草入瓯。

第五道:"灵丹受热"　这道程序是盖上杯盖后,将杯子用力上下摇动九下,使热杯中的干茶均匀升温,以利于香气的散发。

第六道:"采气调息"　即开杯闻干茶的茶香,这在道教称之为"吐纳"。闻的时候应深呼吸,并注意调理体内的气息。吐出体内的浊气,吸进茶的香气,如此反复三次,每次呼气后都咽下一口津液,这样可合肾气,养元气,长真气,久而久之必使人色泽丰美,肌肤光润。

第七道:"倾注玉液"　即开汤泡茶。

第八道:"风吹浮云"　即用杯盖轻轻地刮去冲水时泛起的白色泡沫,使杯中的茶汤更加洁净。

第九道:"雨润仙草"　即洗茶,洗茶时动作必须要快,冲入开水摇动盖杯三下后,即将头泡茶水用于洗杯。不可浸泡太久,否则,会使茶中的营养物质过多流失。

第十道：“仙子沐淋” 即用洗茶的汤水来烫洗品茗杯。

第十一道：“再注甘露” 即向三才杯中第二次冲入开水。

第十二道：“乾坤交泰” 即盖杯闷茶三分钟。本套茶艺所用的盖杯称为“三才杯”，杯盖代表天，杯托代表地，当中的杯子代表人。在道家学说中，天是乾，地是坤，盖上杯盖称之为乾坤交泰，这样才能化育出茶的精华。

第十三道：“餐霞服气” 即开杯闻茶香。揭盖时应将杯盖后沿下压，使前沿翘起，天地人三才不可分离。在杯身与杯盖之间掀开的缝隙中，水蒸气带着茶香氤氲上升，如云霞升腾。这一次闻香不仅可用鼻子深闻，亦可用口大口地吸入蒸汽和香气，这如同道家早晨练功时餐霞服气，以天地间精纯的真气来调养自身的真元，达到练气合神，练神合道，强身健体的目的。

第十四道：“玉池水涨” 即向品茗杯中斟茶，同时再咽下口中的津液。在“餐霞服气”时，茶香会使您满口生津。道家养生理论认为，这是在闻香调息时肾气与心气相合，故能太极生液。这口中的甘津中有真气，真气中有真水，吞咽而下名曰交媾龙虎，经常吞服可以滋养真元，延年益寿。所以这道程序就叫作“玉池水涨”。

第十五道：“春色无边” 即鉴赏汤色。文武之道，一张一弛。在餐霞服气和玉池水涨这两道要刻意调息的程序后，要完全放松一下自己，进一步达到心闲意适，以利于品出茶的真味。

第十六道：“涤心洗髓” 即品茶。道家品茶不是为了解渴，也不是为了娱乐，而是为了修身养性。品茶既可澡雪心灵，又可以涤净体内新陈代谢所产生的污物，所以称之为涤心洗髓。

第十七道：“金液还丹” 这道程序是巩固并加强品茶的功效。品过茶后口有余甘、齿有余香、舌下生津、神清气爽。这时仍应静坐不动，低头曲颈，以舌尖抵上腭，自有清甘之液源源而生，味若甘泉，上彻顶门，下通百脉，鼻中自会闻到一种真香，舌端亦生出一股奇味，口中之津不漱而咽，下还丹田，道家名曰“金液还丹”。吕洞宾有诀曰：“识取五行根蒂，方知春夏秋冬，时饮琼浆数盏，醉归月殿遨游。”口诀的大意是养生须知五行相生相克之理，做到四时有序。琼浆即口中甘津，月殿即丹田，“数盏”及“醉归”均为多吞咽之意。武夷留春茶艺以茶为媒介,通过三次吞咽津液,按照道教以液养气,以气养神,以神养精的原理,达到精、气、神俱旺的养生强身目的,使人延缓衰老,青春常驻,故名为《留春茶》。

第十八道:"归根复命" 老子在《道德经》中讲:"夫物芸芸,各复归于其根。归根曰静,静曰复命。"这道程序即清洗茶具,结束茶事。

清代宫廷茶艺

1.宫廷茶艺概述

大唐时期陆羽始创了中国茶道,同时,也正是从唐朝开始,有了比较翔实可靠的宫廷茶艺的记载。在历史的发展过程中,珍奇的物质财富和优雅的精神财富虽然是由人民大众创造的,但却往往为最高统治者所优先享用,茶文化也不例外,早在唐朝就有了"天子须尝阳羡茶,百草不敢先开花"的说法,可见唐代宫廷中的用茶就已相当普遍。诸如帝王清饮、宫中斗茶、清明盛宴、祭天拜神、王子公主婚嫁、殿试内廷赏赐、接待外国使节、供养三宝等都十分讲究茶礼程序。

到了两宋,宫廷茶艺发展到了登峰造极的地步。宋朝的赵匡胤就有饮茶癖好,在他的带动和影响下,宋代宫廷中斗茶之风极大地推动了宋代茶叶生产和茶艺的发展。宋徽宗赵佶也是个茶道专家和茶艺大师,在大观年间,他御笔亲书了《茶论》二十篇,后人称之为《大观茶论》。据宋徽宗的权臣蔡京在《延福宫曲宴记》中记载,宣和二年(公元1120年)徽宗赐宴,并亲自表演分茶。先是令近侍取来釉色青黑、饰有银光细纹、状如兔毫的建盏,然后烫盏、量茶、受汤、搅动、击拂,不一会儿汤花浮于盏面,呈疏星朗月之状,珠玑磊落,十分好看。接着,徽宗十分得意地把茶分赐给诸臣,得到赐茶的大臣们接过茶后都顿首谢恩。蔡京所记述的整个场面既庄严肃穆,又清丽高雅。从他的记述中,我们可以看出宋代宫廷茶艺已达到了相当高的水平。

到了清朝,康熙和乾隆也都非常爱茶。清代宫廷茶艺更接近我们今天

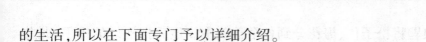

的生活,所以在下面专门予以详细介绍。

2.三清茶茶艺

"三清茶"是以贡茶为主,佐以梅花、松子仁、佛手冲泡而成的香茶。乾隆皇帝很喜爱"三清茶",并常用三清茶恩赐群臣品饮,意在训导臣下,为官要清廉,为政要清明,为人要清白。

现在,我们抛开封建王朝的政治色彩不谈,本着"古为今用"的原则来发掘三清茶茶艺,也还是很有趣味的。

(1)原料辅料　龙井茶、梅花、松子仁、佛手。

(2)茶具组合　九龙三才杯一套(皇帝专用),景德镇粉彩描金三才杯六套(群臣用),镀金小匙一把,小银匙六把,锡茶罐一个(内装龙井茶),小银罐(或精细小瓷碗)三个,托胎漆托盘二个(其中一个向皇帝献茶用),炭火炉(竹炉)一个,陶水壶一把。

(3)基本程序

①调茶——武文火候斟酌间

②敬茶——三清香茗奉君前

③赐茶——赐茶愿臣心似水

④品茶——清茶味中悟清廉

"三清茶"茶艺,可以参考历史文献编排成话剧的形式,用于舞台演出,也可以在基本保留古风要义的基础上进行再创作,使之适用于普通茶艺馆的待客之道。本套茶艺比较适用于茶艺馆。

(4)解说词

①调茶——武文火候斟酌间　调茶由专职宫女进行,三清茶是以乾隆皇帝最爱喝的狮峰龙井为主料,佐以梅花、松子仁和佛手。梅花香清、形美、性高洁,它的五个花瓣象征五福,也预示着当年五谷丰登。松子仁洁白如玉、清香爽口,松树长寿,不怕严寒,象征着事业永远兴旺。佛手与"福寿"谐音,象征着福寿双全。现在由一位宫女将佛手切成丝投入细瓷壶中,冲入沸水至 1/3 壶时停五分钟,再投入龙井茶,然后冲水至壶满。与此同时,另

515

一位宫女用银匙将松子仁、梅花分到各个盖碗中。最后把泡好的佛手、龙井茶冲人各杯中。这道程序要特别注意掌握火候,乾隆皇帝在《竹炉精舍烹茶作》一诗中强调:"武文火候斟酌间",所以,本道程序特以此诗句为名。

②敬茶——三清香茶奉君前　宫女调好茶后,应由主管太监把皇帝专用的九龙杯放入托盘,双手托过头顶,以跪姿敬奉给"皇帝"。

③赐茶——赐茶愿臣心似水　当"皇帝"接过所奉的香茗之后,自己首先掀盖小啜一口,然后宣喻宫女赐茶。乾隆在《三清茶联句》的序言中讲得很明白,他说"共曰臣心似水,和心脾诗句同真",乾隆赐三清茶的目的是希望满朝文武都心清如水,做一个清官。

④品茶——清茶味中悟清廉　品饮三清茶主要目的不是祈求"五福齐享""福寿双全",而是重在从龙井的清醇,梅花的清韵,松子和佛手的清香中,去细细品悟一个"清"字,在日常生活中时时注意澡雪自己清纯的心性,培养自己清高的人格。

3.太后三道茶茶艺

从清代嘉庆二十五年(公元1820年)开始,寿康宫又增设茶膳房,专掌太后、太妃日常茶膳。茶膳房设三等侍卫总领一名(武职正五品),拜唐阿11名,承应长2名,承应人12名,茶役4名。到了慈禧太后掌权之后,她更是极尽奢侈挥霍之能事,在品茶方面玩出了一些独特的花样。这套太后三道茶茶艺是根据徐珂的《清稗类钞》以及慈禧最宠信的贴身女官德龄所著的《御香缥缈录》编排而成的。

(1)主料辅料　君山银针(或普洱茶)、红茶、金银花、玫瑰花、珍珠粉、冰糖。

消食健胃茶一般用君山银针或普洱茶,而服食珍珠粉和安神茶一般用红茶。

(2)茶具组合　慈禧饮茶用的茶具特别珍贵。据载"宫中茗碗,以黄金为托,白玉为碗,黄金为盖",托盘为银盘,筷子为金筷,匙为金匙。在表演时可用其他质地精美的茶具代替。

（3）基本程序　①消食健胃茶，②美容养颜珍珠茶，③安神养身茶。

（4）解说词

"春风杨柳万千条，六亿神州尽舜尧"，新中国建立之后，人民当家做了主人。过去帝王将相生活中的一些科学而合理的部分，如今的老百姓也有权充分享受，这可谓是"旧时王谢堂前燕，飞入寻常百姓家"。

清代茶叶瓶

小姐们，先生们，今天就请各位嘉宾，在我们这小小的茶艺馆中，来品饮曾主宰同治、光绪两朝军国大事，统治了中国长达48年之久的慈禧太后最爱喝的三道茶。在这里，我要郑重说明的是，这三道茶艺虽是模拟，但除了茶具不及慈禧当年所用的那么华贵之外，其他的一切均有过之而无不及。

第一道：消食健胃茶　清宫女官德龄在《御香缥缈录》中回忆，慈禧的饮茶习惯比较奇特，每次饮茶，喜欢自己加入少许金银茶或玫瑰花。在饮茶时，一个太监先进一杯茶，茶杯是纯白美玉做的，茶托和碗盖都是金的。接着又有一个太监拜上一只银托盘，里面有两只和前一只完全相同的白玉杯子，一只盛金银花，一只盛玫瑰花，杯子旁边还放有一双金筷。两个太监都在太后前面跪下，将茶托举起，于是太后揭开金盖，夹了几朵花放进茶里。好！现在"太监"开始向各位嘉宾献茶并奉上金银花和玫瑰花，请你们像当年的太后一样，揭开杯盖，亲自夹几朵金银茶和玫瑰投入自己的盖碗中，然后再细细品呷，尝一尝这样调制出的茶滋味到底如何？

第二道:珍珠养颜茶　慈禧养颜美容有方,据说直到她古稀高龄去世仍然是面若桃花、肤若处子。慈禧美容养颜的秘方之一就是每隔10天要服一次珍珠养颜茶。德龄对此也有非常细腻的描写:"太监颤巍巍的将一茶匙的珠粉授给太后,太后一接过来,便伸出舌头把那粉倒了上去,其时我们站在旁边当值的人早就给伊整下一盅温茶,只待伊把珠粉倾入口内,便忙着送茶过去,伊也不接茶杯,就在我们手内喝了几口,急急地把珠粉吞下去了。"

现在"太监"正把珍珠粉依次敬奉给各位,今天请大家服食的是浙江产的优质珍珠粉,请大家按照慈禧的做法,把珠粉倾入口内。当值的"宫女"已为你们准备好了温茶,请各位就着好茶服食珍珠粉。

第三道:安神养身茶　据史料记载,慈禧临睡前,必定要喝一杯糖茶,认为这样才能入睡。现在为各位嘉宾献上的便是按照当年宫廷配方调制的糖茶,请慢慢享用。

第五节　舞台茶艺

何谓舞台表演茶艺?它是在现代实用茶艺、古今茶俗、茶礼、茶风等的基础上发展而来的,由一个或几个专门的表演者在舞台上演示的高于生活的一种茶的艺术,它是古今饮茶习俗的艺术再现,有其独特的风格。这种茶艺适合舞台演出,也适合大型聚会,观众较多,影响较大,在推广、普及和提高茶文化方面有实用茶艺无法替代的作用。因此,舞台表演茶艺在茶文化瑰丽多彩的园地里占有重要的地位。

舞台表演茶艺是源于生活的艺术。它首先是生活型的,是生活最本质面貌的反映,并非艺术的虚构,生活的真实是它的灵魂。同时,它又是艺术型的,它提炼生活的典型,在主题的升华,题材的剪裁方面,皆用艺术手段和茶艺形象表现茶之美。理解了这两点,我们就可在学习、表演和创造表演型茶艺时,做到"生活茶艺"和"表演"的和谐统一。如果只有前者(生活原型),则几尺舞台难以驾驭它庞杂而冗长的品饮进程,也难给人以美的享受;

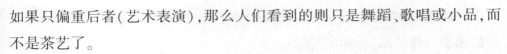

如果只偏重后者(艺术表演),那么人们看到的则只是舞蹈、歌唱或小品,而不是茶艺了。

由于我国地域辽阔,民族众多,饮茶历史悠久,各地的茶风、茶俗、茶艺繁花似锦,因此根据来源不同,我国现代舞台表演茶艺大概分为以下三种类型。

历史型——饮茶之风经过历史的淘洗、生活的筛选,凡有生命力的都保存了下来,且融入了现代文明。而有些饮茶习俗,已不适合现代生活,人们便通过舞台艺术的形式将其更新再现,如宫廷茶艺、陆羽茶艺、宋代点茶茶艺、文士茶茶艺等,皆属于历史型。

民俗型——我国是一个多民族的国家,自古以来,"客来敬茶"是各民族对茶的共同爱好,但各民族都各有自己不同的品茶习俗,就是汉族也"千里不同风,百里不同俗"。在长期的茶事实践中,不少民族和地区都创造出了有独特韵味的民俗茶艺,如藏族的酥油茶、蒙古族的奶茶、白族的三道茶、傣族和拉祜族的竹筒香茶、纳西族的盐巴茶、土家族的擂茶、苗族的油茶以及回族的罐罐茶等。人们将这些民俗茶艺推向舞台,成为民俗舞台表演茶艺。同时,现代人又根据各地茶叶、茶艺的特点,推出龙井茶、碧螺春茶、武夷山工夫茶、安溪工夫茶、潮汕工夫茶等舞台表演型茶艺。这些也可归入民俗型之列。

宗教型——我国的佛教和道教与茶结有很深的缘分,以茶礼佛、以茶祭神、以茶助道、以茶待客、以茶修身……形成了多种茶艺形式。根据宗教的饮茶情况,发展了佛茶茶艺、禅茶茶艺和太极茶艺等。这种宗教茶艺的特点非常注重礼仪,气氛庄严肃穆,茶具古朴,强调修身养性或以茶释道。

在此,有重点地选择几套表演茶艺,以解说词的形式予以简介。

宫廷三清茶茶艺

前言(主持人解说,播放宫廷音乐)

大家好!今天由××茶艺表演队为我们表演"宫廷三清茶茶艺"。

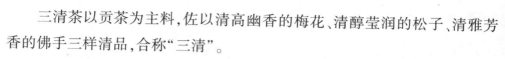

三清茶以贡茶为主料,佐以清高幽香的梅花、清醇莹润的松子、清雅芳香的佛手三样清品,合称"三清"。

"三清茶",据史料记载是当年南宋赵构皇帝在临安恩赐给大臣的。乾隆皇帝也很喜爱"三清茶"。现代人们经反复研究,推出了这套"宫廷三清茶茶艺"。古代皇帝在茶中加梅花、松子、佛手这三样清品招待大臣,自有其特定的宗教和政治意义。梅花寓一种精神,象征五福;松柏四季常青,凌寒不凋,寓意长寿;佛手谐意福寿。这三者都是古代文化中的吉祥物,同时又可入药,有滋补壮体的作用。因此,用"三清茶"敬奉宾客,既赋予其积极的新意义,又寄托了人们对健康、富裕、美好生活的向往。

下面由××茶艺表演队开始给我们表演"三清茶"茶艺。

备器 细瓷壶1把,九龙三才杯(盖碗)1套(皇帝专用),景德镇粉彩描金三才杯(盖碗)6套(群臣用),镀金小匙1把,小银匙6把,锡茶罐1个(内装贡茶龙井),小银罐(或精细小瓷碗)3个,脱胎漆托盘2个(其中一个向皇帝献茶用),炭火炉(筼炉)1个,陶水壶1把。

调茶 调茶由专职宫女进行,"三清茶"是以乾隆皇帝最爱喝的狮峰龙井茶为主料,佐以梅花、松子仁和佛手。现在由一位宫女将佛手切成丝投入细瓷壶中,冲入沸水至1/3壶时,隔3分钟,再投入龙井茶,然后冲水至满壶。与此同时,另一位宫女用银匙将松子仁、梅花分到各个盖碗中。最后把泡好的佛手、龙井茶冲入各杯中。

敬茶 宫女调好茶后,由主管太监把皇帝专用的九龙杯放入托盘,双手托过头顶,以跪姿敬奉"皇帝"(主客)。

赐茶 "皇帝"接过新奉的香茗后,自己首先掀盖小啜一口,然后宣喻宫女赐茶。

品茶 品饮"三清茶"主要目的不仅是祈求"五福齐享","福寿双全",更重要的是从龙井茶的清醇、梅花的清韵、松子和佛手的清香中去细细品悟一个"清"字。

本套茶艺可参考古代宫廷礼仪,以舞台话剧的形式演出,当然也可在茶艺馆里以实用茶艺招待客人。

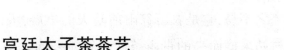

宫廷太子茶茶艺

前言（主持人解说，播放宫廷音乐）

大家好！现在表演的是宫廷太子茶茶艺。早在中国唐宋时期，宫廷之中就非常盛行茶事。到我国清代，皇族饮茶则更为讲究，还专门设了御膳茶房。茶房之中，所用人员之多，授职之高，现代人很难理解。皇帝如此，皇子们自然也不例外，这是太子茶诞生的基础，但真正的太子茶还得从19世纪末期谈起。1890年，俄国太子游历汉口，十分赞赏中国的宁红茶，并赠给"茶盖中华，价甲天下"的奖匾。俄国商人随以每箱100两白银的价格购买宁红茶，并用于宫廷饮品。于是我国的宁红茶精品的名称就变成了太子茶，为太子献茶的程序变成了一种茶道。

太子茶分为七道程序，分别是：焚香净室、超尘脱俗、摆盏净杯、明珠入宫、玉泉催花、云腴献主、评点江山。

下面我们就请××茶艺表演队表演太子茶茶艺。

焚香净室　品茶之前要清除浊气，使空气变得清新。这样品茶，当然才会高雅无比；另一层意思是，茶是神农所赐。有传说"神农尝百草，日遇七十二毒，得茶而解之"。因而品茶要特别恭敬。

超尘脱俗　通俗地说，就是洗尘清心，以求进入另一种精神境界。茶道与气功有着不可分割的渊源。洗尘静心为了使品茶进入意念中的那种精神境界。中国古代气功有"万念皆空，意守丹田"之说，这是气功最起码、最基本的要求。

摆盏净杯　这是一套古典式玉器，名叫"云腴玉壶"。"云腴"指肥大的云，黄庭坚用云腴比做家乡的茶，他的诗句"我家江南摘云腴，落皑霏霏雪不知"。净杯要求将水均匀地从茶杯上洗过，而且要无处不至，这种洗法叫"流云拂月"。然后，摆成"孔雀开屏"的形状，排在最前头的是"孔雀头"，这就是太子的茶杯，其余的则是诸位大臣们的了。

明珠入宫　"明珠"是指太子茶，"入宫"是将茶叶放入杯中。这"明珠"

可是来之不易,它是农历谷雨前晴天的早晨,太阳尚未出的时候,由尚未出嫁的村姑采摘而来的带露茶叶。只能采摘 1 芽 1 叶,称之为"一枪一旗","枪"指芽,"旗"指叶。宋代诗人欧阳修对这种茶有诗句"十斤茶养一两芽"。这种茶经过精心制作之后,用红颜色的丝线缠成中国毛笔笔头的形状,黄庭坚将它称之为"明珠",欧阳修将它称之为"红纱"。泡茶时,解去丝线,取出"明珠",叫作"仙女卸妆"。放茶叶至杯中叫作"孔雀点头"。宫女只能用拇指和食指捏着茶叶,其余三个指头张开成孔雀形。

玉泉催花 "玉泉"是指开水。这种水,要求"活泉",即奔流的泉水,煮水要求三沸:一沸"蟹眼",二沸"鱼眼",切忌三沸"龙眼"。"催花"就是泡上开水。开水要从杯的旁边均匀地慢慢地围绕"明珠"而筛。然后,对准"明珠"将水冲下去,这就是所谓的"游龙戏珠"。最后加盖。

云腴献主 茶到这一步,就可献给主人了。这时候,宫女们轻轻地揭开茶杯盖子。奇迹发生了,"明珠"居然变成了一朵盛开的花。这里,细观茶水,呈金红色,称之为"金汤"。只要用嘴轻轻地一吹,茶水立即掀起一层微波,金鳞片片,璀璨夺目。

评点江山 即品茶。"评点"是品,"江山"分别是指水和茶质。大家如果有机会遇上这种茶,会感到满口流香,神清目明,好像身体用仙露滋润,轻松爽快,有飘然欲仙之感。这就是"太子茶"!

文士茶茶艺

前言(主持人解说,播放民族音乐,古筝演奏)

文士茶是对古时文人雅士的饮茶习惯加以整理而得来,它属汉族的盖碗泡法,所用茶具为盖碗,茶叶为高档绿茶。茶艺小姐所穿服饰为江南妇女的传统服装——罗裙。这种服装古朴大方,它给人以汉族年轻妇女的成熟美。

文士茶的艺术特色是意境高雅,凡而不俗。它给人以高山流水、巧遇知音的艺术享受。在表演上追求的是汤清、气清、心清、境雅、器雅、人雅的儒

士境界。

　　下面我们请××茶艺表演队表演文士茶。

　　备器　三才杯(白瓷盖碗)若干只,木制托盘1个,开水壶、酒精炉1套(或随手泡1套),青瓷茶荷1个,茶道组1套,茶巾1条,茶叶罐1个(内装高级绿茶)。

　　焚香　焚香喻义1位少妇手拈3炷细香默默祷告,这是在供奉茶神陆羽。

　　涤器　品茶的过程是茶人澡雪自己心灵的过程,烹茶涤器,不仅是洗净茶具上的尘埃,更重要的是在净化提升茶人的灵魂。

　　赏茶　由主泡人打开茶叶罐,用茶匙拨茶入茶荷,由2位助泡人托盘端于客人面前,用双手奉上,稍欠身,供客人鉴赏茶叶,并由解说人解说茶叶名称、特征、产地。

　　投茶(置茶)　主泡人用茶匙将茶叶拨入三才杯中,每杯3~5克茶叶。投茶时,可遵照五行学说按金、木、水、火、土五个方位一一投入,不违背茶的圣洁特性,以祈求茶带给人类更多的幸福。

　　洗茶　这道程序是洗茶、润茶,向杯中倾入温度适当的开水,用水量为茶杯容量的1/4或1/5,迅速放下水壶,提杯按逆时针方向转动数圈,并尽快将水倒出,以免泡久了造成茶中的养分流失。

　　冲泡　提壶冲水入杯,通常用"凤凰三点头"法冲泡,即主泡人(茶艺小姐)将茶壶连续三下高提低放,此动作完毕,一盏茶即注满七成,这种特殊的手法叫"凤凰三点头",表示对来客的崇敬之意。

　　献茗　由两位副泡人(茶艺小姐)托放置茶杯盘向几位主要来宾(专家、领导、长辈等)敬献香茗,面带微笑,双手欠身奉茶,并说"请品茶!"

　　收具　敬茶后,根据情况可由助泡人再给贵宾加水1~2次,主泡人将其他茶具收起,然后3位表演者退台谢幕。

佛茶茶艺

前言(主持人解说,佛门音乐)

各位嘉宾,大家好! 今天我们请来了××茶艺表演队为我们表演佛茶茶艺。

佛门尚茶古已有之。陆羽在《茶经》中就有两晋时僧人饮茶的记载。到了唐朝,随着佛教禅宗的盛行,佛门尚茶、嗜茶之风则更加普及。在幽静、雅致、清寂、古朴的禅堂里,寺僧受传统文化的影响,佛文化与茶文化相结合,形成了"茶禅一体"的"茶礼规范"。

佛茶就是根据我国古代的佛门茶事整理而成的。

跑禅　现在,茶艺小姐为您展现的是佛茶的手印。每一种手姿都是一种语言,它反映的是茶与佛、佛与僧的关系。

佛门主张明心见性,见性成佛,提倡"一念著悟",即众生是佛的"顿悟"之见。以酽茶两三碗,代替"持戒""坐禅",启您悟道,亦可体验另一番"冷暖自知"的内心感受。

拜香　拜香是香道的一种。日本的香道就是由我国佛教的佛茶拜香传入。拜香既是一种礼法,同时也是一种手法。三拜香表达了佛在心中的思想。

献器　在古代,献器又称供器。中国古茶道有个基本法则,要求原器、原法、原汁、原味。所谓原器,指的是各个时期各个流派,茶道在茶器的选择上各不相同。佛茶追求的是回归自然的境界,因此在茶器的选择上也追求朴实无华的风格。

涤器　所谓涤器,就是用沸水将茶盏洗涤干净,同时起到受热升温的效果,这样盛其茶才会又香又远。

净手　以表达洁净之意,同时也表示对来宾的尊重。

擦拭　把杯具擦拭干净。

投茶　早在20世纪80年代初,我国由广州、北京等地开始了饮用"袋泡茶"。其实,早在古代,我国佛教的佛茶就开始使用袋泡,有所不同的是,当时选用的是来自民间的麻布,牵起麻布四个角,包好茶叶,意在包容四方,普度众生。所选用的茶叶,也是僧人自种的粗茶。所谓"粗茶淡饭"一词,正是由此而来的。

煎茶 煎茶的时间,按古代的天象所计,即现代的时间1分左右。煎茶时进行匀盏,匀盏时要用双手四指,指不压沿,柔柔地旋动。

点茶 点茶时,要水流如注,一点三回,越细越长越好,不能间断。这也告诫了我们普通人应该过着那种细水长流的好日子。

敬茶 祝我们今天在座的各位嘉宾,养生有道,身体健康,福寿同存!阿弥陀佛!

太极茶茶艺

前言(主持人解说,音乐)

据史料所载,茶的最初价值为药用,之后,经过千百年的演变,茶才渐渐以品饮为主,流行于今。那么,中国的茶道表演其源头在哪里?据当今所发现的史料记载,最早的还是出现于我国南北朝时期道家的太极茶。史料曰:"茶,始于道教,北朝关令尹喜,首献老子茗……后用于斋醮供祭之事。"

我国古代道教以得道成仙为修行的最高目标和最高境界。因此,以神仙炼养之事为精华的道教神仙炼养谱系中,其茶道文化也不例外。按道教《制太极茶秘方》精心煎制的太极茶,于道教斋法的手诀、分灯、禹步等炼养礼

太极茶

仪为一体,仙方、仙术、仙舞、仙乐,一如古代诗人张元凯所描写的那样:"宫女如花满道场,时闻杂佩响琳琅,玉龙蟠钏擎仙表,金凤句鞋踏斗罡。"其势十分的美妙、辉煌。

现在我们就把这古今中外茶道的源头艺术,原器、原法、原汁、原味地奉献给大家!

分灯 分灯是太极茶的一个表演程序。意在以阴阳之理,唤得日月星

辰同来助养。

献器 茶台上已经供放的有根据古代资料复制的太极炉和太极壶,以及石壶、石盏、石盂、配方瓶等茶器。首先要抹额。在古代,炼茶之前,要用手蘸上彩色的泥土抹在面额上。现在我们仅有表示之意。

涤器 道家常以石为穴,喜用石床、石凳、石灶、石碗。因此,用来盛茶之器也以石为主。

投茶 主要配方由人参、绞股蓝、野菊花等多种材料合炼而成,配方与配方之间的比例,配方与水的比例以及炼茶的时间都必须十分讲究。

投水 唐代茶圣陆羽曾将煮茶之水分为三等:"山水上、江水中、井水下。"太极茶一般都由道家选自道观周边的山涧泉水煮茗。

炼茶 炼茶时所表达的是道教的手诀,每一种手姿都是一种语言,它传递的是茶与道、道与仙的关系。

献茶 让我们把这充溢着仙方、仙术、仙舞、仙乐的奇妙太极茶献给各位嘉宾品尝,并祝各位嘉宾养生有道,身体健康,福寿同存!

第六节　茶艺欣赏

茶艺的欣赏,实际上是将个人的主观感受融入茶艺表演及品茶的过程中,得到一种审美体验和感悟。同样一场茶艺活动,不同的人会有不同的认识和看法,这与人们的鉴赏能力、审美能力、对茶文化的了解、选择的角度以及心态等,都有着密切的联系。懂得欣赏,才能获得充分的艺术享受。

茶艺欣赏的内容

中华茶艺涉及的内容十分广泛,不同的人在欣赏时会选择不同的角度。概括起来,茶艺欣赏的内容主要包括以下几个方面。

第一,观色。茶的种类很多,不同的茶,颜色有较大的区别。绿、白、红作为颜色,只是单调的色彩,本身并不具备审美价值,茶的颜色只有经过品茶者的联想而表现为一种艺术形象时,才能给人以美感。观色一般从三个方面进行:干茶的颜色、茶汤的颜色、叶底的颜色。

绿茶颜色有三绿:干色绿、汤色绿、叶底绿。嫩度好的绿茶色泽绿润起霜,芽锋显露,汤色黄绿明亮,叶底嫩绿多芽。苏州碧螺春满身披毫,银白隐翠,汤色碧绿清澈,叶底嫩绿明亮。投茶入杯,尽沉杯底,可以欣赏到"雪浪喷珠,春染杯底,绿满晶宫"三种奇观。

白茶叶背多白毫或银毫,叶面黛绿,有青天白地之称,又因白茶采制中要把鲜叶经长时间萎凋,叶色渐变而成"绿叶红筋",故有"红装素裹"之誉。

乌龙茶干色褐绿如铁,叶底"绿腹红点""绿叶红镶边",可谓巧夺天工。最著名的如福建的安溪铁观音、武夷山茶等。

第二,闻香。唐宋之时,制茶为了增加香味,多掺入香料。蔡襄《茶录》中说:"入贡者,微以龙脑和膏,欲助其香。"文人品茶,重茶之自然真香。杂香料者,香气浓重而浊;茶之自然真香,香气轻淡而清。香气浓重,宜于麻木之俗鼻;而香气轻淡者,宜于灵嗅之独感。

茶香的种类繁多,茶叶产地不同,品种不同,制作方法不同,茶叶鲜嫩程度不同,香味就有很大的区别。不同的茶香赋予茶叶不同的风格,形成不同的风韵。

武夷岩茶是青茶之上品,味甘醇而香气馥郁。张源《茶录》称其曰:"香有真香,有兰香,有清香,有纯香。表里如一,曰纯香;不生不熟,曰清香;火候均匀,曰兰香;雨前神具,曰真香,更有含香、漏香、浮香、问香。此皆不正之气。"品赏岩茶,能感到"活色生香,舌本常留甘尽日,齿颊留芳,沁人心脾,香味两绝,如梅斯馥兰馨",或"香气馥郁具幽兰之胜,锐则浓长,清则幽远,味浓醇厚,鲜滑回甘,有味轻醍醐,香薄兰芷之感",正符合武夷岩茶的"品具岩骨花香之胜"的传世标准。

第三,品味。品茶不仅要注意茶的色泽、香气,还要注意茶的味道。要得茶之真趣,还要在品味上下功夫。所以宋徽宗说:"夫茶以味为上。"从人的味觉而言,茶的基本味道不外乎甘苦两种,陆羽曾说:"啜苦咽甘,茶也。"

但若要品味,还必须找到基本感觉之外的感受,以增添品茗的美感。

品茶不同于喝茶。喝茶如牛饮是满足人的生理需求,只能带来生理上的快感,无法体验到茶的真味。品茶重在品,而不在止渴,细细品,徐徐啜,慢慢体验茶的独特韵味,从而获得一种精神上的享受,进而进入"临风一啜心自省,此意莫与他人传"的美妙境界。

不同类型的茶,滋味不同,品饮时的感受也有很大的差异。绿茶滋味浓厚鲜爽,始觉苦涩,继而回味甘甜,犹如口含橄榄,余味不绝,先苦后甜,就像一首颇具生活哲理的诗歌;红茶醇和甜厚,味中有香,香中带甜,具有温暖、柔和的感觉;白茶性清凉,甜醇爽口,有清凉解热之效,在炎炎夏日饮上一杯,顿觉精神振奋,疲劳顿消;花茶浓醇芬芳,既有醇厚甘美的茶味,又有芬芳清雅的花香,品之顿觉如临春风,如步花丛。

茶味是茶的精灵所在,精华之凝聚,只可意会,不可言传。要真正领略名茶的风味,品尝其真味,还必须要反复品赏,仔细体味,积累丰富的品茶经验,练出特别的感觉,同时还要有与茶性相通的灵犀,这是一种综合的修养。只有练出较好的品味功夫,才有可能达到茶艺的一种较高的境界。黄庭坚《茶词》中说:"味浓香永。醉乡路,成佳境。恰如灯下故人,万里归来对影。口不能言,心下快活自省。"这不能不说是品茶的一种境界,这是一种超然的精神享受。

第四,赏形。品质好的茶叶,要求色、香、味、形俱佳,欣赏茶艺,对茶叶形状的鉴赏,也是一个重要组成部分。赏形,一般从两个方面来考虑,即干茶的形状和叶底的形状。

不同的茶叶,由于采摘的鲜叶不同、制作工艺上的差异,也就使得干茶的形状和叶底千姿百态。条形茶条索紧结圆浑有锋苗,匀齐完整;扁形茶扁平、光滑、尖削、挺直;螺形茶条索纤细,卷曲似螺,均匀柔嫩;针形茶细紧圆直,满披银毫;珠形茶颗粒圆实,细圆完整。

茶叶的形状争奇斗艳,巧夺天工,一叶茶,都像精工制作的艺术珍品,有的纤细如雀舌,有的含苞似鸟嘴,有的挺直赛松针,有的卷曲成螺,有的浑圆似珠,更有的以造型独特而名扬天下。

西湖龙井绿中显黄，呈糙米色，香郁味醇，茶形如一枚碗钉，扁平挺秀，光滑匀齐。泡在杯中，嫩匀成朵，一旗一枪，交错相映，芽芽直立，栩栩如生，汤清明亮，滋味甘鲜，令人赏心悦目，情趣盎然。

太平猴魁是烘青绿茶中的极品，有"刀枪云集""龙飞凤舞"的特色。具有香高持久、耐泡的特点，冲泡三四次滋味不减，兰香犹存。每朵茶都是两叶抱一芽，芽藏而不露，有"两刀夹一枪"之说。成茶挺立，呈两头尖，不散不翘不卷边，魁伟匀整，手掂沉重，掷盘有声。入杯冲泡，开展徐缓，芽叶成朵，或悬或沉，叶影水光，相映成趣。香气高爽，带有明显的兰花香，味浓鲜醇，回味无穷。

第五，茶名。茶叶的命名，往往有一定的历史渊源，受一定的人文地理条件以及茶叶的色、香、味、形的影响。自古道，名山名寺出名茶，名种名树出名茶，名人名家出名茶，名山名水衬名茶，名师名技成名茶。茶叶命名的艺术效果，往往能引起人们的联想，给人以美的享受。

我国现有名茶的命名特点，可以归纳为以下几个方面：①表达名茶的品质特点，从茶叶的品种、造型、色泽、滋味、香气等方面来考虑。如莫干黄芽、三杯香、白毫银针、铁观音等。②显示地方特色，有强烈的地方、区域特征。如信阳毛尖、西湖龙井、武夷岩茶、祁门红茶、六安瓜片、黄山毛峰、安化松针等。③表示文化特色，暗示文化史实和历史背景，如文君绿茶、普陀佛茶、碧螺春等。④借物喻名，如遂昌银猴、竹筒香茶、敬亭雪绿、天柱剑毫等。

茶叶命名中，常用到以下一些字。如银（银针、银毫、银钩）峰（毛峰、云峰、剑峰、碧峰）、毫（白毫、曲毫、春毫、剑毫、碧毫）、春（春露、春芽、迎春）、尖（毛尖、云尖、雾尖、谷尖）、绿（碧绿、翠绿、雪绿、云绿、毫绿）、翠（翠芽、云翠、翠片、翠香）、雪（雪芽、雪莲、雪蕊、雪青、绿雪）、云（云雾、云针、云尖、云片、白云）、叶（竹叶、玉叶、银叶）、针（银针、松针）等。

第六，器具。茶艺表演要想获得良好的艺术效果，就必须对品饮的各个环节进行精益求精的追求，使之成为一个和谐、完美的艺术整体。茶具是茶艺的必备之器，对茶具的讲究，也是必然的。但在实际生活当中，我们主要讲究的是茶具的实用价值、茶具与茶叶的匹配、茶具本身的配套以及与品茶

环境的和谐统一。

对茶具的鉴赏,可以从不同的角度进行,包括种类、质地、产地、年代、大小、轻重、厚薄、形式、花色、颜色、光泽、声音、书法、图画、釉质、配套等方面,是一种综合性的艺术。因为人对艺术的要求及审美能力的不同,对茶具的欣赏也有所区别。有的人喜欢素朴的风格,有的人喜欢华丽的风格,有的人喜欢简洁的茶具,有的人喜欢繁琐的茶具,只能因人、因境、因茶而异。只要能给人以美的享受,只要能使茶艺技巧淋漓尽致地发挥,只要能使自己的心迹得以充分地表露,只要能把主宾带入理想的意境,都可以说是上好的茶具。

第七,环境。唐代诗人钱起的《与赵莒茶宴》诗,描写了竹下饮茶的优美环境与情趣:

> 竹下忘言对紫茶,全胜羽客醉流霞。
> 尘心洗尽兴难尽,一树蝉声片影斜。

迷人的紫笋茶,可以洗尽尘心,而不能洗尽雅兴,在一树蝉声中主客一直饮到夕阳西下。

品茶要得到美的享受,使精神境界升华到高尚的艺术境界,对环境的要求也是非常高的。在这里重点强调的是景和物,包括茶室的格调、布局、装饰以及琴、棋、书、画、花草、灯光、音响、清静等内容。只有这些因素有机组合,才能形成良好的茶艺环境。

不同的人,在不同的条件下,对品茶环境的要求也有所不同。家庭品茶,只能在有限的空间寻找适宜的位置。窗户、阳光、茶几、台椅、盆花、藤蔓植物的相互映衬,令人赏心悦目,加上花香四溢,则更使人心旷神怡。碧叶绿荫,使人顿感轻松愉快,在品茶中透着亲情和敬意。文人相聚,松风明月,又逢雅洁高士,自有包含宇宙的胸怀和气氛。禅宗修行,要的是苦寂,在苦寂中求得精神的超脱而普度众生,因而禅宗的品茗环境重清重静,重素重俭。而茶艺馆则因地处东西南北,受当地风土人情的制约,表现出不同的地域特色以及经营者的兴致所在。

《茶疏》中指出了饮茶时,不宜近"阴室、厨房、市喧、小儿啼、野性人、童奴相哄、酷热斋舍"。

总之,对品茶环境的讲究,是构成茶艺的重要环节,其中体现了中国古代哲学中"天人合一"的观念,即人与人,人与茶,人与自然万物是和谐一体的。所谓物我两忘,栖神物外,心心相印,其实都是说的一种人与自然、人与人和谐统一的最高境界。茶艺欣赏与品茶作为一种艺术修养,也往往是以主客体的相合统一作为最高境界。因此,对环境的选择,是圆满完成茶艺活动的必要条件。

第八,人物。说到底,人才是茶艺活动的主体,处于主导地位,人的因素直接决定着品赏的效果。人物主体作用发挥得好,可以弥补其他方面的不足,同样能达到完美。相反,人物主体作用发挥不好,则会直接导致茶艺活动的逊色,甚至失败。这里有两个因素,一是茶友的选择,一是茶艺师的表现。

同时,对品茶的人数,古人也很讲究。明代陈继儒的《岩栖幽事》中说:"一人得神,二人得趣,三人得味,七八人曰名施茶。"明代张源的《茶录》也说:"独啜曰神,二客曰胜,三四曰趣,五六曰泛,七八曰施。"他们都认为,饮茶者越多,则离品茶真趣就越远。

我国传统茶艺活动中,往往将茶品与人品并列,认为品茶者的修养是决定品茶趣韵的关键。在明代茶人陆树声看来,茶是清高之物,唯有文人雅士与超凡脱俗的逸士高僧,才算是与茶品相融相得,才能品尝到真茶的趣味。欧阳修在《尝新茶》中也提到择人:"泉甘器洁天色好,坐中拣择客亦佳。"

在现代茶艺活动中,尤其在茶艺馆品茶,我们不能不特别强调茶艺师的作用。在一定程度上,可以说是茶艺师在主导着茶艺活动,在调整着现场气氛,甚至宾客的心态。因此,对茶艺师就提出了比较高的要求。一是茶艺师的衣着打扮、仪容仪表、礼仪礼节、言谈举止要与整个环境相协调。二是要求茶艺师要有丰富的茶文化知识、茶艺知识、娴熟的茶艺表演技巧。三是要求茶艺师要掌握有关的服务技巧,灵活地处理临时出现的各种问题,合理调节现场气氛,保持良好的品茗环境。四是茶艺师在表演时,要真正地投入,使自己与茶叶、茶具、环境融为一体,把自己对茶艺的感悟融入茶艺过程中,

把茶艺之美、茶艺的精神真实地展现给宾客。只有这样,才能通过自己优质的服务,使宾客享受到茶艺之情趣,品饮之乐趣,进入到茶艺活动的更高境界之中。

茶艺欣赏的境界

对茶艺的欣赏因为个人的具体情况不同,会呈现出不同的境界,可以从三个层次来认识。

观形——观形是茶艺欣赏中一种比较低的境界。在这种情况下,品茶者注意的是茶艺的一些外在的东西,如动作、过程、介绍、环境布置等内容,了解的只是茶文化表面的内容,这表明还没有真正进入茶艺活动之中。

入神——在这种情况下,品茶者对茶文化及茶艺活动有一定的了解,熟悉茶艺活动的基本过程,对品茶有较深的感受和体悟,能够投入到茶艺活动之中。既注意茶艺外在的东西,又能随着茶艺活动的深入在思想上引起一些反应和变化,并能从中寻找茶艺的真正情趣。

悟道——悟道是茶艺活动中一种较高的境界,它需要有一定的修养和悟性。参加茶艺活动者更注重的是茶艺内在的东西,并能从中得到启发,开阔思路,调整心绪,把茶艺过程作为自我修养的一种过程而全身心地投入,往往能进入忘我的境界,超然物外。在这种情况下,茶艺已完全融入个人的生活、工作当中,从茶叶、茶艺之中受到启迪,进行理性的思考,逐步进入"天人合一"的境界。

我国自古就有"茶禅一味"之说,也是因为品茶要达到把情感、情绪、心境引向宁静、淡泊、深远,引向对人生、对世界、对宇宙的审美感悟。中国历代文人士大夫之所以喜欢在山水中品茶,就是因为更能体验到庄子的"真我",禅的"瞬刻永恒",在大自然与茶艺的融合中,忘怀得失,摆脱利害,从而获得生命的力量和生活的情趣。

第七节　泡茶四要

泡茶技术包括四大要素:茶叶用量(置茶量)、泡茶水温,冲泡时间和冲泡次数。

置茶量

泡茶技术的第一要素就是茶叶用量,也就是每一杯或每壶茶水需置茶多少最宜。由于茶类及饮茶习惯、爱好不尽相同,不可能要求每人都按照统一的标准去做,但是,一般而言,标准置茶量是以 1 克茶叶搭配 50 毫升的水。现代评茶师品茶就是按此标准:3 克茶叶对 150 毫升水,冲泡 5 分钟。

如果使用功夫泡茶法冲半发酵之乌龙茶,一般置茶量如下:

生茶(发酵最轻):茶叶置放量为紫砂壶的 2/3 或 3/4,如条形包种或阿里山茶等;

半熟茶(发酵轻):茶叶置放量为紫砂壶的 1/2 或 2/3,如台湾冻顶乌龙或高山茶;

熟茶(发酵较重):茶叶置放量为紫砂壶的 1/3 或 1/2,如东方美人或大红袍等;

上述置茶量为一般性标准,品茗时,则依个人习惯酌情增减,具体原则为:①习惯品浓茶者,置茶量稍加,反之则稍减。②优等茶叶,置茶量稍减,反之则增加。③用茶量多,浸泡时间应相对缩短,同时增加冲泡次数。

泡茶水温

所谓泡茶水温,是指将水烧开之后,再让其冷却到所需的温度。若是无菌的生水,只要烧到所需的水温就可以了。一般来说,泡茶水温的高低,与茶中可溶于水的浸出物的浸出速度相关。水温愈高,浸出速度愈快,在相同的冲泡时间内,茶汤的滋味也就愈浓。反之,水温愈低,浸出速度愈慢,茶汤的滋味也相对更淡。

古人对泡茶水温就十分讲究,有"三沸"之说:一沸,如蟹眼鱼目,由壶中窜起,有"滴滴"微响时;二沸,待缘边如泉涌,且气泡连珠而出时;三沸,水在壶中如腾波鼓浪。水过"三沸",则认为汤已过老,不能使用。古人特别强调的是泡茶烧水,要大火急沸,不要文火慢煮。以水过"二沸"泡茶最宜,水过"三沸"则水老矣。这些说法对于现代仍有很高的借鉴意义。

至于泡茶水温以多高为宜,则要根据茶叶的老嫩、松紧、大小等情况来确定,粗老、紧实、叶大的茶叶,其冲泡水温要比细嫩、松散、叶碎的茶叶高。具体有三种情况。

第一种情况:低温泡茶,水温在80℃左右。

适合冲泡名优高档绿茶,如龙井、信阳毛尖、碧螺春等。这种水温泡出的茶,汤色清澈,香气纯正,滋味鲜爽,叶底明亮。如水温过高,汤色则易变黄,维生素 C 等有益成分容易遭破坏,而咖啡碱、茶多酚才会很快浸出,使茶汤产生苦涩之味。反之,水温过低,有益成分难以浸出,茶味淡薄。

第二种情况:中温泡茶,水温在90℃左右。

适合冲泡大宗绿茶、花茶、轻发酵乌龙茶及某些烘青类绿茶。这些茶叶尽管对使用中水温的要求上有点差别,但可根据具体情况调整。

第三种情况:高温泡茶,水温在95℃以上。

适合冲泡乌龙茶、普洱茶和沱茶等。由于这些茶原料不细嫩,加之用茶量较大,所以须用沸腾的开水冲泡。至于有些紧压砖茶,则需要先将砖茶敲碎,放在壶中煎煮。

冲泡时间

茶叶的冲泡时间与茶叶的种类、泡茶水温、置茶量和饮茶习惯等都有关系,不可一概而论。

一般而言,茶的滋味是随着冲泡时间延长而逐渐增浓的,以后,随着时间的增加,茶多酚等浸出物含量逐渐增加。因此,为了获取一杯鲜爽甘醇的茶汤,对大宗红、绿茶而言,头泡茶以冲泡后 3 分钟左右饮用为好。至于冲泡乌龙茶,品饮时多用小型紫砂壶,用茶量也较大,因此,第一泡 1 分钟就应该把茶汤倾入杯中,开始品用。自第二泡开始,每次应比前一泡增加 15 秒左右,这样泡出的茶汤比较均匀。

总之,凡用茶量较大,水温偏高,或水量过多,茶叶较细嫩的,冲泡时间可相对缩短;反之,用茶量较小,水温偏低,或水量较少,茶叶较粗老,冲泡时间可相对延长。

冲泡次数

一杯或一壶茶,究竟冲泡多少次最合适呢?据有关专家测定,茶叶中各种有效成分的浸出率是不一样的,最容易浸出的是氨基酸和维生素 C,其次是咖啡碱、茶多酚和可溶性糖等。一般茶叶如绿茶冲泡第一次时,茶中的可溶性物质能浸出 50% 左右;冲泡第二次时能浸出 30% 左右;冲泡第三次时,能浸出约 10%;冲泡第四次时,只能浸出 2%~3%,这时再饮,茶味就类似于白开水了。所以,名优绿茶,通常只能冲泡 2~3 次。至于乌龙茶或大宗红、绿茶可连续冲泡 5~6 次;乌龙茶甚至更多,有"七泡有余香"之说;红茶中的袋泡红碎茶,冲泡一次就行了;白茶、黄茶一般也只能冲泡 2~3 次。

第八节 冲泡程序

冲泡程序

不同的茶类有不同的冲泡方法,即使是同一种茶类也有不同的冲泡方

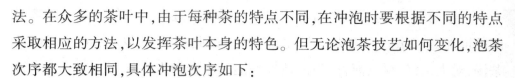

法。在众多的茶叶中,由于每种茶的特点不同,在冲泡时要根据不同的特点采取相应的方法,以发挥茶叶本身的特色。但无论泡茶技艺如何变化,泡茶次序都大致相同,具体冲泡次序如下:

1.清具 清具时用热水冲淋茶壶,包括壶嘴、壶盖,同时烫淋茶杯。然后需要将茶壶、茶杯沥干,这样不但可以清洁饮茶器具,还可以提高茶具温度,使茶叶冲泡后温度相对稳定。

2.置茶 按茶壶或茶杯的大小,用茶匙置一定数量的茶入茶壶或茶杯中。

3.冲泡 当置茶入茶壶或茶杯后,按照茶与水的比例将开水冲入茶壶或茶杯中。冲泡时,除乌龙茶冲水须溢出壶口、壶嘴外,通常以冲水七分满为宜。在民间常用"凤凰三点头"之法,这种方法不但可以表示主人向宾客点头,欢迎致意,还可使茶叶和茶水上下翻动,使茶汤浓度一致。

4.敬茶 敬茶时主人要脸带笑容将茶用茶盘送给客人,如果直接用茶杯奉茶,应避免手指接触杯口。正面上茶时,双手端茶,左手作掌状伸出,以示敬意。如果从客人侧面奉茶,若左侧奉茶,则用左手端杯,右手做请用茶姿势;若右侧奉茶,则用右手端杯,左手作请用茶姿势。这时,客人可用右手手指轻轻敲打桌面,或微微点头,以表谢意。

5.赏茶 如果饮的是高级名茶,茶叶冲泡后,应先观色察形,接着闻香,再嚼汤尝味。尝味时,应让茶汤从舌尖沿舌两侧流到舌根,再回到舌头,反复 2~3 次,以品尝茶汤清香和甘甜。

6.续水 一般当已饮去 2/3 壶的茶汤时,就应续水,如果将茶水全部饮尽时再续水,续水后的茶汤就会淡而无味,续水通常 2~3 次即可。如果还想继续饮茶,应该重新冲泡。

茶与水的用量

行家评茶时通常用的是一种特制的白色加盖有柄的瓷杯。泡茶时,每杯置茶 5 克,冲上沸水 250 毫升,然后加盖,5 分钟后,开始评茶。评茶时,一

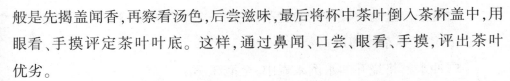

般是先揭盖闻香,再察看汤色,后尝滋味,最后将杯中茶叶倒入茶杯盖中,用眼看、手摸评定茶叶叶底。这样,通过鼻闻、口尝、眼看、手摸,评出茶叶优劣。

家庭泡茶大多是凭经验行事,对茶叶和沸水用量的配比也应酌情而定。一般说来,绿茶、花茶,每克茶叶以冲泡 50~60 毫升沸水为好。通常,一只 200 毫升茶杯,放入 3~4 克茶叶即可。冲泡时,先冲上 1/3 杯沸水,少顷,再冲至七八成满。

茶叶与水的用量之比,还与茶的种类有关。如果冲泡乌龙茶、普洱茶,用茶量应高出大宗红、绿茶一倍以上。特别是冲泡乌龙茶,应先把乌龙茶冲泡在一只小壶内,再将壶内的茶汤倾入容量仅为 4 毫升的小茶杯内。这时,茶叶用量要比大宗茶增加一倍以上,而沸水的冲泡量却要减少 50%。

另外,用茶量的多少,还要因人而异。如果饮茶人是体力劳动者,可以适当加大用茶量,泡上一杯浓茶汤;如果饮茶者是脑力劳动者,或无嗜茶习惯的人,可以适当少放一些茶叶,泡上一杯清香醇和的茶汤;如果不知道饮茶者的爱好,而又初次相识,可泡上一杯浓淡适中的茶汤。

冲泡方式

1.传统式泡法

传统式泡法的特色在于道具简单、泡法自由,并不十分苛求形式及道具,这是目前流行在国内的一种泡茶法。因为在工商业社会中,凡事讲求效率及简朴,故此种泡法非常适宜大众。

(1)备用具、备茶、备水　这是最简单也是最普遍的装备。水壶用酒精灯只是求雅致,一般都是用插电式,或是用小斯灯。泡茶的人右手的器具,随泡茶的增添,最省事的只是带一个茶叶罐。

(2)烫壶　将热水冲入壶中至溢满为止。

(3)倒水　将烫壶的水倒净,可以顺注口而出,也可以从壶口倒出。

（4）置茶　这是比较讲究的置茶，先放一个漏斗在壶口上，然后倒入，自由一点的用手抓茶叶即可。

（5）冲水　将烧开的水倒入壶中，至泡沫满溢出壶口。

（6）烫杯　烫杯的作用有二：一为保持茶汤的温度，不至于冷却太快；二为利用烫杯的时间来计量茶汤的浓度。

（7）倒茶　接受茶汤的器具，桌上的叫公道杯，通称茶海。有了这种器具，才不会你淡我浓，极不均匀，因为茶汤先倒较淡，后倒较浓。

不用公道杯的倒法是先提着壶沿着茶池轻点一圈，意在刮去水滴和摇动茶汤使茶汤均匀，称"关公巡城"。戏称关公巡城是因为一般壶都是红色，刚从池中提出，热气腾腾，有如关兵之威风凛凛，带云长巡弋，故戏称之。摇动只是使茶汤稍为中和，浓淡平均就要靠倒杯的技巧，不能一次倒满，如有二杯，则来回倒壶盖；如有四杯，可分成四次，依次倒1/4，这种倒法，也有人戏称"韩信点兵"。

（8）分杯　将茶海的茶汤倒大小杯，以八分满为宜。

（9）奉茶　自由取用，饮后归位。

（10）去渣　一般饮茶，茶过三巡得宜，泡过三次后，即去渣。这个动作是在客人离去后才做的。若是换另一种茶，应备用另一把壶，但是若享用品质较高的茶，可至尽才去渣。

（11）还原　客人离去后，去渣洗杯洗壶，一切归位，以备下次再用。

2.宜兴式茶具泡法

宜兴式泡法是陆羽茶艺中心所整理并提倡的一种新式泡法，此种泡法容纳融合各地的泡法，然后研究出一套合乎逻辑的流畅泡法，并自创使用的茶具，讲究用水的温度是其最大的特点。特别必须附加说明的是这种泡法较适合泡高级包种茶、轻火类的茶，焙火重的使用这套泡法，时间必须自己缩短。

（1）赏茶　用来赏茶的器具叫茶荷，取其清新脱俗之意。宜兴式将以手抓茶的方式改进，而由茶罐直接倒茶入荷，荷同样具备了引茶入壶的功用。

（2）温壶　以半壶热水将壶身温热后,倒于茶池。

（3）置茶　将茶荷的茶叶倒入壶中,量为壶之 1/2(标准 4 杯宜兴壶,约 10 克左右,是一两的 1/4)。

（4）温润泡　倒水入壶至满,盖上壶盖后立即倒掉,目的是让茶叶吸收温度和湿度,处于含苞待放的状态,时间越短越好。

（5）温盅　温润泡的水倒入茶盅,将茶盅温热。

（6）第一泡　将适温的热水冲入壶中,计时 1 分钟。

（7）淋壶　淋壶并备洗杯水。

（8）洗杯　将茶杯倒置于茶池中旋转,烫热后取出,置于茶盘中。

（9）倒温盅水　将温盅的水倒掉。

（10）干壶　将茶壶底部在茶巾上蘸一下,拭去壶底水滴。

（11）倒茶　将茶壶中浓度恰当之茶汤倒于茶盅内。

（12）倒杯　再持茶盅倒入杯中达八分满。

（13）去渣、倒渣　去渣第一动作,先漂洗壶盖,然后挖茶渣入孔。

（14）洗壶　冲水半壶以冲洗余渣,将余渣倒入池中。

（15）拨出壶垫、倒水　用渣匙拨出壶垫,倒掉池水。

（16）还原　宜兴式自创茶车,各种茶具用完后,可收藏其中,甚至茶渣也可贮存。

宜兴式泡法时间	宜兴式泡法温度
第一泡:1 分钟	绿茶类:70℃
第二泡:1 分 15 秒	清茶类(冻顶、文山、松柏常青、白毫乌龙):80~85℃
第三泡:1 分 40 秒	铁观音、武夷茶类:90~95℃
第四泡:2 分 15 秒	

3.潮州式泡法

潮州位于韩江下游,居民饮茶功夫细腻,久负盛名,很多喝茶的故事及传说都来自古老的潮州。

这类泡茶法,都有师承,不可随意传授,在茶艺蓬勃发展的今天,应是技艺重现以广为流传的时刻,故仍慎为介绍。下面所介绍的,或已夹杂其他流派或仅是台派潮州式。

潮州式泡法的特点是针对较粗制的茶,虽是价格不高的粗制茶,泡出来的风味却不止如此。它所讲究的是一气呵成,在泡茶过程中,绝不讲话,避免任何干扰,精、气、神三者是其要求的境界。对于茶具的选用,动作的利落,时间的计算,茶汤的变化,都有极其严格的标准。日本茶道仅讲究器具,很难望其项背。

(1)备茶　泡者端坐,大刀金马,静气凝神,右边大腿放包壶用巾;左边大腿上放擦杯白巾,桌面上放两块方巾,中间放中深茶池,壶宜用吸水性较强,音频较低者,壶盖绑细链,能自由旋转最佳,盅宜用较大的,杯数视客人人数而定。

(2)温壶、温盅　用沸流的水烫壶,视其表面水分蒸散即倒入盅内,盅(公道杯)内水不倒掉。

(3)干壶　潮式干壶有特殊意义,一般高级茶用湿温润,潮式则用于温润,亦即干烘。先持壶在大腿布上拍打,水滴尽了之后,轻轻甩壶,像摇扇般手腕必须放软,直到壶中水分完全滴尽为止。

(4)置茶　潮式置茶,以手抓茶,试其干燥程度,以定烘茶长短,茶量置壶的八分满。

(5)烘茶　置茶入壶后,不是就火炉烘烤,而应以水温烘烤,烘烤能使粗制的陈茶,霉味消失,有新鲜感,香味上扬,滋味迅速溢出。烘茶的时间,视抓茶的感觉而定,若未受潮,不烘也可,若已受潮,则一烘再烘。

(6)洗杯　在烘茶时以茶盅水倒水杯中。

(7)冲水　烘茶后,把壶从池中提起,用壶布包起,摇动以便壶内温度配合均匀,然后放入池中冲水。

(8)摇壶　冲水满后,迅速提起,置于桌面巾上,按住气孔,快速左右摇晃,若第一泡摇四下,第二泡、第三泡顺序减一,其用意也是在于使茶中浸出物浸出量均匀。

(9)倒茶　按住壶孔摇晃后,随即倒茶入盅。

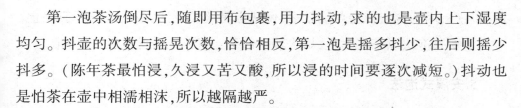

第一泡茶汤倒尽后,随即用布包裹,用力抖动,求的也是壶内上下湿度均匀。抖壶的次数与摇晃次数,恰恰相反,第一泡是摇多抖少,往后则摇少抖多。(陈年茶最怕浸,久浸又苦又酸,所以浸的时间要逐次减短。)抖动也是怕茶在壶中相濡相沫,所以越隔越严。

潮州式以三泡为止,其要求的尺度是三泡水的茶汤浓淡必须一致,所以泡者在泡茶过程中绝不能分神,至三泡完成,才如释重负,方与客人分杯品茗。

4.诏安式泡法

诏安在福建省南端,濒临阮溪西南,适合泡焙浓酽的茶,其特色在于用纸方巾分出茶形以及洗杯的讲究。

(1)备茶具 壶倾斜45度的位置,布巾折叠整齐,纸巾放在泡者习惯位置,茶盘放在壶的正前方。

(2)整茶形 诏安式泡茶之泥壶不用有过滤网,而用单孔壶,不能用牙嘴通流,因用的都是陈年茶,碎渣多,所以要整形,将茶置纸巾上,折合轻抖,粗细自然分开。整理完茶形,将茶叶置于桌上,请客人鉴赏。

(3)热壶热盖 一般泡法,壶盖可以连接邦壶壶身,诏安式泡法不顾壶盖,烫壶时,盖斜置壶口,连盖一起烫。

(4)置茶 烫壶水倒掉后,盖放杯上,等壶身一干,即可置茶。

(5)冲水 泡沫满壶口为止。

(6)洗杯 诏安式所用茶杯为蛋壳杯,极薄极轻,洗杯时排放在小盘中央。每杯注水1/3,洗杯时双手迅速将前面两杯水倒入后两杯,中指托杯底,拇指拨动,食指控制平衡,在杯上洗杯,动作必须利落灵巧、运用自如,泡茶水平如何,可从洗杯动作断定。

诏安式以洗杯来计量茶汤浓度,第一泡以双手洗一遍,第二泡以双手洗一来回,第三泡则以单手洗一循环,主人喝的留在最后。水溢杯后用中指擦掉一小部分水,食指、拇指挟杯倒掉。

(7)倒茶 这种泡法在倒茶时应特别注意,轻斟慢倒,不缓不急,第一杯

541

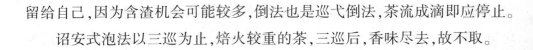

留给自己,因为含渣机会可能较多,倒法也是巡弋倒法,茶流成滴即应停止。

诏安式泡法以三巡为止,焙火较重的茶,三巡后,香味尽去,故不取。

5.安溪式泡法

安溪在福建省南安县西、濒蓝溪北岸,北武夷、南安溪,产茶自古著名。安溪式的泡法,适用于铁观音、武夷茶之类的轻火茶。

安溪式泡法,重香、重甘、重纯,茶汤九泡,以三泡为一阶段。第一阶段闻其香气高否,第二阶段尝其滋味醇否,第三阶段察颜色变否。所以有口诀曰:"一二三香气高,四五六甘渐增,七八九品茶纯。"

这类泡法能使茶的原形毕露,是泡茶的另一种固定方式。

(1)用具

(2)备茶具　茶壶的要求与诏安式相同,安溪式泡法以烘茶为先,另备闻香高杯。

(3)温壶、温杯　温壶与潮式无异,置茶仍以手抓,但温杯时须里外皆烫。

(4)置茶　置茶量半壶。

(5)烘茶　与潮式相比,时间较短,因高级茶一般保存都较好。

(6)冲水　冲水后约呼五口气的时间即可倒茶(利用这时间将温杯水倒回池中)。

(7)倒茶　不用茶盅,而以点兵方式直接倒入高杯中,第一泡倒1/3,第二泡再倒1/3,第三泡倒满。

(8)闻香　将空杯及高杯一齐放置在客人面前,若无闻香习惯,则暗示其倒换另一闻香杯。

(9)抖壶　第一泡与第二泡之间,用布包裹,用力摇三次,以下泡与泡之间皆三次,九泡共要二十七次。

茶汤倒出后的抖壶是要使内外温度均匀,开水冲入后的不摇晃是为使浸出物增多,与潮式在摇晃的意义上恰好相反,因为泡的茶品质一高一低之故。

安溪式泡法,在杯与壶的选配上,必须自己斟酌搭配,方能称心如意。

第九节　冲泡方法

冲泡不同的茶叶,要使用不同的茶具,冲泡方法也不相同。但是有几个环节却是绝大多数茶叶冲泡过程中要共同做到的,其要求大体相同,介绍如下:

赏茶:包括观色、赏形、闻香。从茶叶罐中取出茶叶放在白色瓷质的赏茶盘中。

备用:根据茶叶品种准备合适的茶具。

洁具:将茶具用清水冲洗干净。

烧水:用随手泡或水壶将水烧开。

温壶(杯):用开水注入茶壶、茶杯(盏)中,以提高壶、杯(盏)的温度,同时使茶具得到再次清洁。

置茶:将待冲泡的茶叶置入壶或杯中。

冲泡:将温度适宜的开水注入壶或杯中,如果冲泡重发酵或茶形紧结的茶类时,如红茶、乌龙茶等,第一次冲水数秒钟即将茶汤倒掉,称之为温润泡(也称洗茶),即让茶叶有一个舒展的过程。

分茶:冲泡好的茶汤倒入茶杯中饮用。采用循环倾注法,一般以茶汤入杯七分满为标准。若分三杯茶汤,那么,第一杯先注 1/3,第二杯注 2/3,第三杯注七分满,再依二、一顺序将其余二杯注满。

茶的冲泡过程大致如此,具体到不同的茶叶和茶具,其冲泡方法各有特点,不尽相同,但是一些冲泡动作如持壶的手法,却大体一致。持壶手法有提梁烧水壶持壶方法和紫砂壶持壶方法两种。

手提提梁烧水壶倒水时,如果以单手持壶,可以左(右)手四指并拢,轻握提梁,拇指从提梁上方抵住,再提壶倒水。也可以左(右)手四指并拢,掌心朝上穿过提梁下方,轻抬拇指从提梁上方按住。如果用双手持壶,可以左

（右）手轻握提梁，将壶提起，另一只手五指并拢，中指抵住盖钮，再提壶倒水。

紫砂壶持壶方法有多种。可以单手持壶，右手食指钩住壶把，拇指从壶把上方按住，中指抵住壶把下方，提壶倒水。也可以以单手持壶，右手中指和拇指捏住壶把，食指伸直抵住盖钮，但要注意不要堵住盖钮上的气孔。如果习惯用双手持壶，可右手食指钩住壶把，拇指从壶把上方按住，中指抵住壶把下方，左手中指轻轻抵住盖钮倒水。

如果是紫砂提梁壶，可单手持壶，用右手四指握提梁的后半部，拇指轻抵盖钮倒水。还可以双手持壶，右手轻握提梁，将壶提起，左手五指并拢，中指抵住盖钮。

掌握正常的持壶方法，既可以避免在泡茶的过程中烫手，又可以让人看起来轻松、美观和大方。

如前所说，不同的茶类，有不同的冲泡方法，而即使是同类茶叶，由于原料老嫩的不同，也有不同的冲泡方法。也就是说，在众多的茶叶品种中，由于每种茶的特点不同，或重香，或重味，或重形，或重色，或兼而有之，这就要求泡茶有不同的侧重点，并采取相应的方法，以发挥茶叶本身的特色。

品饮绿茶香

绿茶在我国非常流行，特别是在江浙一带，人们大多喜欢龙井、碧螺春等名茶和高级眉茶，在饮用时，也十分讲究茶具的洁净和用水的质量。

作为人们普遍爱饮的茶类绿茶的饮法随茶品、地区的不同而不同，且丰富多彩、各具特色。

1.壶泡法

壶泡法适用于冲泡中低档绿茶，这类茶叶中多纤维素，耐冲泡，茶味也较浓。相应地，壶泡法一般不宜泡饮细嫩的名茶，因为茶壶中水太多，不易降温，会焖熟茶叶，使茶叶失去清鲜香味。

中華茶道

壶泡法中的茶壶一般选用紫砂壶或瓷壶,泡茶前,先将茶壶和茶杯洗净。

取适量的茶叶放入壶中,茶量依据壶的大小和品饮人的习惯来定。

紫砂壶壶式

用90℃~100℃的沸水高冲入壶,至满,盖好壶盖,3~5分钟后即可酌入杯中品饮。

一般来说,来客敬茶是我国各族人民共同的礼节,敬客一般选用杯泡法较为正式。但是,低级茶叶及绿茶末多适用壶泡法,这样不仅便于茶汤与茶渣分离,饮用起来也方便很多。

此外,饮茶人多时,用壶泡法较好,因为目的不在欣赏茶趣,而在解渴。

2.玻璃杯泡法

玻璃杯泡饮法适用于品饮细嫩的名贵绿茶,以便于充分观察茶叶在水

中的舒展、变化过程,欣赏茶叶的品质特色。

（1）赏茶

泡饮之前,要先赏茶,赏茶包括欣赏干茶的色、香、形。

首先从茶叶罐中取出茶叶放在白色瓷质的赏茶盘中,白色瓷质的赏茶盘可更加衬托出茶叶的翠绿色,显现出茶叶的形状。

在白色瓷质赏茶盘中先察看茶叶色泽,再干嗅茶中香气,最后观看茶叶形态,茶叶因品种不同形态也会不同。

通过这些步骤,可以先充分领略各种名茶地域性的天然风韵,故称为"赏茶"。

（2）洁具

用沸水烫洗一遍准备好的干净的玻璃杯,既可使茶杯一尘不染,同时又起到温杯的作用。温杯后,将杯中的水倒出。

（3）置茶

用茶匙把2~3克的茶叶投放到玻璃杯中。

（4）冲泡

泡茶的具体操作,可视茶条的松紧不同,分别采用"上投""中投"冲泡法。

①上投法

冲泡外形紧结重实的名茶,如龙井、碧螺春、都匀毛尖、蒙顶甘露、庐山云雾、福建莲蕊、凌云白毫、涌溪火青、高桥银峰、苍山雪绿等,都可用上投法。

洗净茶杯后,先将85℃~90℃的开水冲入杯中,然后取茶投入,一般不须加盖,茶叶便会自动徐徐下沉,但有先有后,有的直线下沉,有的上下沉浮后降至杯底。干茶吸收水分后会逐渐展开叶片,现出一芽一叶或二叶,芽似枪、剑,叶如旗。

此时汤面水气夹杂着茶香缕缕上升,趁热嗅闻茶汤香气,令人心旷神怡。

②中投法

冲泡茶条松展的名茶,如六安瓜片、黄山毛峰、太平猴魁等,最好选用中投法,此法可使茶叶浮于汤面不易下沉。

在欣赏完干茶后,往玻璃杯中冲入 90℃ 的开水至杯容量的 1/3 处,取出茶放入茶杯,稍停 2 分钟,待干茶吸水伸展后再冲水至满,此时茶叶或飘舞下沉,或游移浮动,别具茶趣。

(5)湿赏

茶泡好以后,观察茶汤的颜色,或黄绿碧清,或乳白微绿,或淡绿微黄,各不相同。隔杯透视,还可见到茶汤中有细细茸毫沉浮游动、闪闪发光。茶叶细嫩多毫,汤中散毫就多,此乃嫩茶特色。这个过程称为湿赏茶汤。

(6)品茶

待茶汤凉至适口,即可品尝茶汤滋味。品尝时,宜小口品啜、缓慢吞咽,以便让茶汤与舌头味蕾充分接触,细细领略名茶的风韵。

▲　品茶

此时舌与鼻并用,可从茶汤中品出嫩茶香气,饮后顿觉沁人心脾。此谓一开茶,着重品尝茶的头开鲜味与茶香。

饮至杯中茶汤尚余 1/3 水量时，再续加水，谓之二开茶。如若泡饮茶叶肥壮的名茶，二开茶汤味正浓，饮后回甘，余味无穷，齿颊留香，身心舒畅。

饮至三开，茶味已淡，续水再饮就会显得淡薄无味了。

3.瓷杯泡饮法

瓷杯泡饮法适用于泡饮中高档绿茶，如一、二级炒青、珠茶、烘青、晒青之类，重在适口、品味或解渴，使用的瓷茶杯一般为盖碗或盖杯。但泡饮细嫩名茶，如用不透明的白瓷杯，便不能透视茶在杯中变化的全貌，不能充分领略汤中茶趣，是此法的一大不足。

瓷茶杯的保温性能比玻璃茶杯强，对于较粗老的茶叶，持久的高温能使茶叶中的有效成分更容易浸出，从而得到滋味浓厚的茶汤。

瓷杯泡饮法其实是人们最常用的日常泡饮法，在冲泡前，一般先赏茶、清洁茶具。

瓷杯泡饮法可采取中投法或下投法。在瓷杯中放入干茶 2～3 克，以95℃～100℃初开沸水高冲入杯冲泡，每杯注水量 200 毫升。盖上杯盖，以防香气散逸，保持水温，以利茶身开展，加速下沉杯底，待 3～5 分钟后开盖。然后可以嗅茶香、尝茶味，视茶汤浓淡程度，饮至三开即可。

虽然瓷杯泡饮法十分方便，但是，这种泡法的缺点是：如水温过高，容易烫熟茶叶，水温较低则难以泡出茶叶汁液，而且因水量多，往往一时喝不完，使茶叶浸泡过久，茶汤变冷，色、香、味均受影响。

4.其他冲泡法

不同地区的人们有不同的泡茶方式，在不同的喜好和习惯的泡茶方式中，体味着饮茶带来的健康生活。

（1）饮茶嚼渣法

饮茶嚼渣法历史悠久，《清稗类钞》中便有记述："湘人于茶，不惟饮其汁，辄并茶叶而咀嚼之。人家有客至，必烹茶，若就壶斟之以奉客，为不敬，客去，启茶碗之盖，中无所有，盖茶叶已入腹矣。"

名贵绿茶饮完后留下的茶渣十分鲜嫩，弃之可惜，有些地区的人们便将茶渣咀嚼吞食，以充分吸收茶中营养物质，此举虽觉不雅，但实则有益。今天湖南的一些地方仍有这种嚼食茶渣的风俗习惯。

当然，如果茶叶偏老、纤维质已经老化，就不宜嚼食了。

（2）薄荷糖茶烹饮法

薄荷糖茶煮饮法是我国古人传袭下来的一种饮茶方式，在烹煮时通常加入薄荷、糖等香料和调味品共煮。

熬煮薄荷糖茶有一套专用茶具，包括金属（铜质镀银）或搪瓷茶壶、小玻璃茶杯、高脚茶盘、木炭火炉、开水壶等。

煮茶时，先洗净茶具，取茶 25~30 克入壶，冲入温水，盖好壶盖，摇晃数下，再将茶水倒出弃之，谓之"洗茶"——洗去茶中沾染的浮尘。之后，加水入壶，随同放入相当 8 块方糖量的白糖，加 3 片新鲜薄荷叶入壶，与茶共煮。

在炭炉上煮沸约 5~8 分钟后成浓厚茶汤，将茶汤倒入数个小玻璃杯中。

备一空杯，将杯中茶汤提高冲兑入空杯，反复倒兑数次，充分调匀茶汤。此时只见茶汤色泽黄褐，上浮许多泡沫，通常认为泡沫愈多，茶质愈好。

待茶温降至适口时即可慢慢品饮。第一杯茶被称为头杯茶，茶汁粘重，茶味浓厚甘甜而且爽口好喝。

煮二杯茶时给壶中再加上和第一次一样多的水、糖、薄荷，熬煮的时间稍延长一两分钟。

饮完之后，再煮三开。煮过三次后，就可将茶壶中的茶渣倒出。

薄荷糖茶是中国绿茶在国外最有代表性的饮用方法。绿茶和薄荷都有清凉作用，非常适合在炎热干燥的沙漠气候中生活的人们。

（3）单开泡饮法

单开泡饮法指茶叶只泡一开，在泡饮时滤掉茶渣，只留茶汤，然后在浓茶汤中加入白糖，有的还加牛奶、柠檬之类，如此调兑后再饮用。

单开泡饮法适用于袋装茶。袋装茶内装茶末，一开便能充分泡出茶汁，使用起来也十分方便，受到越来越多的年轻人的欢迎。

（4）热水瓶焖茶法

热水瓶焖茶法就是将茶放入热水瓶中，焖好后再倒出饮用。此法虽简单方便，但却不是十分可取，因为茶在瓶中高温长焖，茶叶往往会焖得烂熟，失去其固有的清香茶味。

（5）少数民族饮茶法

少数民族饮茶法有多种形式："煮饮法"是将茶倒入壶中慢煮后倒汁饮用；"熬饮法"是将茶倒入壶中熬成浓汁，再兑开水饮用；"烤饮法"是将青茶倒入瓦罐内干烤起泡、透发茶香，然后冲水饮汁；"擂饮法"是将青茶入锅加油炒燥，放入擂钵，与芝麻、花生、黄豆等食品共同擂成细末，入锅煮沸后即可饮用，这是中国古饮法之一，其茶汤风味独特，至今在西南各省山区仍很流行。

5.碧螺春茶艺（上投法）

"洞庭无处不飞翠，碧螺春香万里醉。"太湖洞庭山所产的碧螺春集吴越山水的灵气和精华于一身，是我国历史上的贡茶，也是我国的十大名茶之一。

器皿选择

（1）玻璃杯

（2）白瓷赏茶盘或茶荷

（3）茶席

（4）可加热玻璃壶和酒精炉

（5）茶巾

（6）洗涤盘

（7）茶道具

烫杯——仙子沐浴

◀ 回旋烫杯

▲ 飞溅甘霖

　　冲泡碧螺春只能用80℃左右的开水。所以,在烫洗了茶杯之后,不用盖
上壶盖,而是敞着壶,让壶中的开水随着水汽的蒸发而自然降温。

赏茶——碧螺亮相

▲　碧螺亮相

◀　碧螺丰姿

　　碧螺春有"四绝"——形美、色艳、香浓、味醇,赏茶是欣赏它的第一绝——形美,其外形条索纤细,卷曲成螺,满身披毫,银白隐翠,娇巧可爱。

注水——雨涨秋池

家庭经典藏书——

中華茶道

▼　雨涨秋池

水倒七分满 ▶

　　唐代李商隐就有"巴山夜雨涨秋池"的诗句,而所谓的"雨涨秋池",就是向玻璃杯中注水,水只宜注到七分满,剩下三分。

投茶——飞雪飘扬

投茶

　　用茶导将茶荷里的碧螺春依次拨到已冲了水的玻璃杯中去。

　　满身披毫、银白隐翠的碧螺春如雪花纷纷扬扬地飘落到杯中,吸收水分后即向下沉,瞬时间白云翻滚,雪花翻飞,有如飞雪飘扬。

待汤——春染碧水

春染碧水

▼ 回旋染色

　　碧螺春沉入水中后,杯中的热水溶解了茶里的营养物质,茶汤逐渐变为绿色,整个茶杯成了一池碧潭。

闻香——绿水溢香

▲ 喜闻幽香

　　杯中可见碧绿的茶芽和茶水,氤氲的蒸汽又使得茶香四溢、清香袭人。看着碧绿清澈的茶汤、嫩绿明亮的茶芽,闻着碧螺春独特的天然花果香,真可谓是一种享受。

赏茶——鉴赏茶汤

▲ 回旋观色

◀ 银毫闪烁

碧螺春的茶汤淡绿清澈,银毫闪烁如飞雪飘扬。

品茶——共品香茗

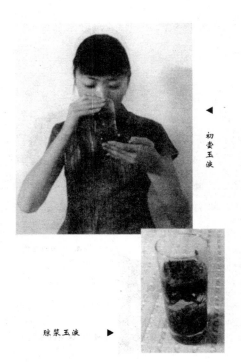

◀ 初尝玉液

琼浆玉液 ▶

　　品饮碧螺春应趁热连续细品。

　　头一口如尝玄玉之膏、云华之液,其色淡、香幽,且汤味鲜雅;二啜时茶汤更绿、茶香更浓、滋味更醇,并有舌口回甘、满口生津之感;品第三口茶时,能更多地感到碧螺春茶所传递的太湖春天般的气息和洞庭山盎然的生机。

6.黄山毛峰茶艺(中投法)

黄山毛峰是中国十大名茶之一,每年清明、谷雨时,选摘初展的肥壮嫩芽,以手工炒制而成。

特级黄山毛峰成茶形似雀舌,白毫显露,色似象牙;冲泡后,清香高长,汤色清澈,滋味鲜浓,醇厚甘甜;叶底嫩黄,肥壮成朵。

器皿选择

(1)玻璃杯

(2)白瓷赏茶盘或茶荷

(3)茶席

(4)可加热玻璃壶和酒精炉

(5)茶巾

(6)洗涤盘

(7)茶道具

烫杯——温杯烫盏

将热水倒入杯中

回旋烫杯 ▶

用热水温暖茶杯,既可以清洁茶具,又可以提高茶杯的温度。

赏茶——黄山峰景

品鉴毛峰 ▲

▲ 黄山毛峰

黄山毛峰采制十分精细,制成的毛峰茶外形细扁微曲,状如雀舌;茶芽肥壮、均匀、整齐、多毫,色泽嫩绿微黄而且油润,俗称"象牙色"。

涤杯——飞澈甘霖

飞澈甘霖

　　用左手托住杯底,右手拿杯,从左到右由杯底至杯口逐渐回旋一周,然后将杯中的水倒出,经过热水浸润后的茶杯犹如珍宝一般光彩夺目。

倒水——峰降甘露

▲　峰降甘露

水倒 1/4　▶

冲泡黄山毛峰采用中投法,将热水倒入杯中,约占茶杯的1/4。

中華茶道

投茶——执权投茶

▲　　分别投茶

执权投茶　▶

用茶匙把茶荷或赏茶盘中的茶拨入茶杯中,茶与水的比例约为 1:50。

温润泡——回旋毛峰

◀ 回旋毛峰

▼ 温润泡

　　轻轻摇动杯身,加速茶与水的充分融合,促使茶汤均匀。泡茶用水十分讲究,古人云:"山水上,江水中,井水下。"而现代的人们则多选用清洌的山泉、矿泉或纯净水来泡茶。泡茶的水温也因茶而异,冲泡黄山毛峰选用85℃~90℃的热水最为适宜。

二道水——悬壶高冲

凤凰三点头 ▶

悬壶高冲 ▼

◀ 凤凰三点头

　　在冲水时使水壶有节奏地下倾上提反复 3 次而水流不间断,这种冲水的技法称为"凤凰三点头",这其中也蕴含了主人待客三鞠躬的礼仪。高冲可以促使茶叶在杯中上下翻动,促使茶汤均匀。

观茶——水中豪杰

▼ 戏水毛峰

观茶 ▲

水中豪杰 ▶

　　黄山毛峰品质优异,是中国十大名茶之一,冲泡好的黄山毛峰芽叶饱满,色泽嫩绿微黄。

闻香——喜闻幽香

▲　喜闻幽香

　　黄山毛峰的香气清新高长,犹如置身于风景秀美的黄山仙境。轻轻摇动杯身,茶香慢慢飘来,细心品味,令人神清气爽。

赏汤——鉴赏茶汤

鉴赏茶汤　▶

黄山毛峰汤色清澈明亮，双手托杯，缓缓转动杯身，可观赏到茶汤色泽
及茶叶在茶汤中舒展起伏的状态。

品茶——共品香茗

▲　共品香茗

　　黄山毛峰滋味鲜浓、醇厚，回味甘甜。邀友人同品佳茗，共话茶趣，将是
十分惬意之事。

7.龙井茶艺(下投法)

"上有天堂,下有苏杭",西湖龙井是素有"人间天堂"之称的杭州市的名贵特产。

清代嗜茶皇帝乾隆品饮了龙井茶之后,曾写诗赞道:"龙井新茶龙井泉,一家风味称烹煎。寸芽生自烂石上,时节焙成谷雨前。何必凤团夸御茗,聊因雀舌润心莲。"

器皿选择

(1)玻璃茶杯

(2)白瓷赏茶盘或茶荷

(3)茶席

(4)可加热玻璃壶和酒精炉

(5)茶巾

(6)洗涤盘

(7)茶道具

烫杯——冰心涤凡尘

▲　　热水烫杯

　　茶是至清至洁、天涵地育的灵物,泡茶要求所用的器皿也必须至清至洁。

　　烫杯即用开水烫洗一遍本来就是干净的玻璃杯,做到茶杯冰清玉洁、一尘不染。

听泉——水泉汤琳琅

◀ 回旋出水

　　用左手托住杯底,右手拿杯,从左到右回旋一周,将水倒出,温杯之水叮叮咚咚落入洗涤盘中。

投茶——清宫迎佳人

清宫迎佳人

　　苏东坡有诗云:"戏作小诗君勿笑,从来佳茗似佳人。"诗人把高级茶比喻成让人一见倾心的绝代佳人。

　　用茶匙把茶叶投入到冰清玉洁的玻璃杯中,茶与水的比例约为1∶50。

润茶——甘露润莲心

◀ 温润泡

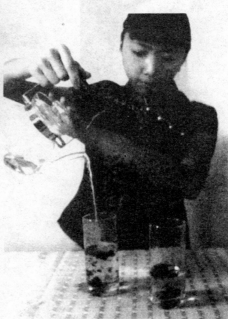

水倒1/3 ▶

温润泡

旋转着向杯中注入约 1/3~1/4 容量的热水,起到润茶的作用。

冲水——凤凰三点头

▲　凤凰三点头

▲　茶在杯中翻滚

▲　悬壶高冲

冲泡龙井也讲究高冲水。

高冲可使茶叶在杯中翻滚，并使茶汤均匀。

奉茶——观音捧玉瓶

◀ 捧于胸前

▲ 双手递茶

◀ 右手请茶

　　双手捧茶托盘,端至胸前,从胸前递出,放到客人面前,最后伸出右手,
表示"请用茶"。

赏茶——春波舞旗枪

▲ 龙舞春波

◀ 龙井风采

　　在热水的浸泡下,龙井茶的茶芽慢慢地舒展开来,尖尖的茶芽如枪,展开的叶片如旗。一芽一叶的称之为"旗枪",一芽两叶的称之为"雀舌",直直的茶芽称为"针",弯曲的茶芽称为"眉",卷曲的茶芽称为"螺"。

闻茶——慧心悟茶香

▲ 慧心悟茶香

　　龙井茶色绿、形美、香郁、味醇,品饮时要一看、二闻、三品味。

　　龙井茶的香郁如兰而胜于兰,闻茶香时,必须细细地去体味,用心灵去领悟和感受龙井的气息。

品茶——淡中品至味

品茗茶香 ◀

龙井茶 ▶

　　品饮龙井极有讲究,清代茶人陆次之说:"龙井茶,真者甘香而不洌,啜之淡然,似乎无味,饮过之后,觉有一种太和之气,弥沦于齿颊之间,此无味之味,乃至味也。"

　　品饮龙井时会感觉甘醇润喉、齿颊留香、回味无穷。

泡杯好红茶

红茶冲泡时选择圆弧形的茶壶可让茶叶充分舒张。当煮沸的热水冲入茶壶,茶叶会在壶中上下跳动,时而浮起,时而沉降,在经过充分的浸泡后,红茶可释放出其特有的甘、涩味及浓郁的喉韵。

1.用茶壶冲泡纯红茶

在茶叶的选择上,冲泡纯红的茶叶要有轻微的涩味,并且要具有一定的刺激性。

冲泡步骤

(1)将新鲜的水放入烧水壶内煮至沸腾;

(2)将茶壶和茶杯温热;

(3)取适量红茶茶叶置于茶壶内;

(4)将沸腾的热水倒入茶壶,要一气呵成,之后盖上壶盖;

(5)焖约3~4分钟;

(6)用茶匙轻轻搅拌;

(7)注入茶杯即可。

冲泡出来的茶有微涩的口感,这很正常,也是纯红茶茶叶的共同特征。如果涩味过强,则可以在下一次冲泡时减少茶叶的投入量。

如果味道、香气及涩味太淡,可以逐渐给茶叶加量,直至找到适合自己口味的分量为止。

2.用茶壶冲泡奶茶

因为牛奶会压住部分茶香,所以茶汤最好稍微泡浓一些。

冲泡步骤

(1)将新鲜的水放入烧水壶中加热至沸腾;

(2)将茶杯和茶壶温热;

中华茶道

（3）取出适量茶叶置于壶中；

（4）将沸水注入壶中，盖上壶盖；

（5）约焖3分钟；

（6）用茶匙轻轻搅拌；

（7）注入茶杯；

（8）取适量牛奶注入杯中。

若奶茶的茶味太浓，应该是牛奶加得不够，添加一些牛奶即可。若能再加些砂糖的话，更能增添红茶的风味。

冲泡奶茶有两种加入牛奶的方式：

先放牛奶。先在杯中放入事先估好分量的牛奶，接着再注入红茶。因为先将牛奶置于杯中，牛奶会在杯壁形成保护膜，这样就可以防止茶垢的产生。

后放牛奶。先倒入红茶，再将适量的牛奶注入杯中，这样不仅可以让人欣赏到茶色，还可以通过先啜饮红茶来验证茶叶的特色和浓度，以便掌握牛奶的分量。这也是人们冲泡奶茶时最常用的加入牛奶的方法。

3.红茶包的冲泡

1896年，英国的A.V.史密斯先生为用纱布包裹一匙茶叶冲泡的方式申请了专利。这种冲泡方式由于茶叶渣处理简单和实用而受到人们的欢迎。

茶包对于忙碌的现代人而言是相当方便的，而且茶包中的茶叶多采用叶片较细小的茶叶，以便在最短的时间内能萃取出茶叶的味道与香气。

用茶包冲泡出来的红茶的味道不可能与前面提到的红茶相提并论，但是，只要肯花心思，还是可以冲泡出香醇味美又便利的红茶的。

冲泡步骤

（1）在已经温过的杯中注入9分满的热水；

（2）将1袋茶包顺着杯壁轻轻滑入杯中，盖上杯盖，约焖2分钟；

（3）抽出茶包时，务必让它在杯中摇晃几下，以便让红茶的浓度散布均匀。

冲泡茶包时,先将茶包置于杯中,接着再倒热水的做法是不对的,因为这样茶包里的空气会使茶包浮在上面,茶叶的味道和香气就无法完全释放出来。正确的冲泡方法是先倒热水,再放入茶包。

4.祁门工夫的冲泡

祁门工夫红茶与闽红、宁红齐名。国外将它与印度大吉岭红茶、斯里兰卡乌瓦的季节茶并称为世界三大高香茶。

祁门工夫红茶条索紧秀,锋苗好,色泽并非人们常说的红色,而是乌黑润泽。它是中国传统工夫红茶中的珍品,以"香高、味醇、形美、色艳"四绝驰名于世。

红茶性温和,收敛性差,易于交融,因此通常用于调饮。祁门工夫红茶同样适于调饮,但清饮更能领略其特殊的"祁门香"香气,以及领略其独特的内质、隽永的回味和明艳的汤色。

器皿选择

(1)瓷质茶壶

(2)青花或白瓷茶杯

(3)白瓷赏茶盘或茶荷

(4)茶巾

(5)茶匙

(6)茶盘

(7)热水壶及酒精炉

冲泡步骤

(1)温壶杯。将初沸之水注入瓷壶及杯中,为壶、杯升温。

(2)拨茶。用茶匙将茶荷或赏茶盘中的红茶轻轻拨入壶中。

(3)悬壶高冲。悬壶高冲是冲泡红茶的关键,100℃的水温正好适宜冲泡。高冲可以让茶叶在水的冲击下充分浸润,以利于红茶色、香、味的充分发挥。

(4)分杯。用循环斟茶法,将壶中之茶均匀地分入每一杯中,使杯中之茶的色、味一致。

（5）闻香。祁门工夫红茶是世界公认的三大高香茶之一，其香浓郁高长，有"茶中英豪""群芳最"之誉。祁门工夫红茶的香气甜润中蕴藏着一股兰花之香，可谓是香中有味、味中有香。

（6）观赏。祁门工夫红茶的汤色红艳，杯沿有一道明显的"金圈"，茶汤的明亮度和颜色表明红茶的发酵程度和茶汤的鲜爽度。

（7）品味。闻香观色后即可缓啜慢饮。祁门工夫红茶味道鲜爽、浓醇，回味绵长，与红碎茶浓强的刺激性口感有所不同。红茶通常可冲泡三次，三次的口感各不相同，细饮慢品，可体味茶之真味，得到茶之真趣。

最爱普洱茶

在众多的茶类中，普洱茶除了品质独特外，还以饮法独特、功效奇妙而著称。品饮普洱茶，分泡饮和煮饮两种基本方法。品饮普洱散茶，多采用泡饮方法，泡饮普洱茶，又以定点冲泡法为上。

1.冲泡普洱茶的准备

正确的冲泡方法能充分展现普洱茶的茶性、茶美，使饮者达到陶冶情操、愉悦身心、养生延年的目的。

冲泡普洱茶是一门艺术，它富有个性，且富于创造和变化，而不是一种一成不变的定式。

（1）准备茶具

冲泡普洱茶可以使用紫砂壶、瓷盖碗或瓷壶三种茶具，其中以宜兴紫砂壶为首选。紫砂壶的良好透气性和吸附作用有利于提高普洱茶的醇度及茶汤的亮度。

陈年普洱茶（陈化期在 20 年以上）和熟普洱茶宜使用紫砂壶冲泡，以减少陈茶中的杂味。选壶时最好选用续温力强、稍大些的壶，可以比泡乌龙茶的壶大两三倍；紫砂壶宜厚壁，茶壶盖口比例不要太大，否则茶壶续温力不强,容易使几泡之间的茶汤口味上有较大差异;茶壶宜出水流畅,沸水冲入壶中如不能马上倒出,也会影响口味;壶腹以圆球形的为佳,这样便于茶叶在较宽大的空间里舒展,茶汤的滋味会更圆润。

瓷茶壶适合用来冲泡香气细嫩、酸涩度不高、苦味不重的普洱茶,如嫩沱茶、云尖一类。但由于瓷器不及紫砂壶的续温能力,所以用瓷器冲泡出来的茶汤较之用紫砂壶冲泡出来的茶汤在口感上有所差异。但饮用者如果想品尝普洱茶的原味,瓷茶壶则是上选。

山中泉

饮用陈放年份在 5 年以下的近年普洱茶,宜使用盖碗冲泡。这是因为盖碗开口大,降温快,可以减轻茶汤的苦涩。

(2)普洱茶用水

关于水与茶的关系,古人有许多精辟的观点,如"无水不可与论茶","茶性必发于水,八分之茶,遇十分之水,茶亦十分;八分之水,试十分之茶,

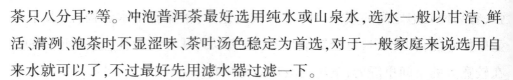

茶只八分耳"等。冲泡普洱茶最好选用纯水或山泉水,选水一般以甘洁、鲜活、清冽、泡茶时不显涩味、茶叶汤色稳定为首选,对于一般家庭来说选用自来水就可以了,不过最好先用滤水器过滤一下。

无论选用哪种水,煮水的时候都不能让水一直沸腾,因为这样会使水中含氧量太少,泡出来的茶汤缺乏活性。

2.普洱茶冲泡技术

要泡出一杯好茶,好茶叶、好水、好茶具以及好的泡茶技术缺一不可,其中泡茶技术又包括茶叶用量、泡茶水温和冲泡时间三个要素。

(1)了解茶叶

普洱茶有散茶、紧压茶之分,两大类茶品又分很多等级,同时还有新茶、陈茶及干仓、湿仓之属。因此外表看起来都一样的普洱茶,冲泡之后口感会大相径庭。因此,在冲泡普洱茶之前,首先要了解冲泡之茶是生品或熟品,是新茶或陈茶,是紧压类或散茶类,再依实际情况做准备。

(2)茶叶用量

泡茶时的茶叶用量并无统一的标准,主要根据茶叶种类、茶具大小以及个人的饮用习惯而定。如冲泡一般红、绿茶,每杯放 3 克左右的干茶,加入沸水 150~200 毫升;泡饮普洱茶时,每杯放 5~10 克茶叶。

在西藏、新疆、青海和内蒙古等少数民族地区,人们以肉食为主,当地又缺少蔬菜,因此茶叶成为生理调节的必需品。当地的人们普遍喜饮浓茶,并在茶中加糖、加乳或加盐,故茶叶用量较多。

(3)泡茶水温

不同种类的茶对于水温有不同的要求。

泡饮普洱茶、沱茶时,由于每次用茶量较多,而且因茶叶较粗老,必须用100℃的滚开水冲泡,有时为了保持和提高水温,还要在冲泡前用开水烫热茶具,冲泡后在壶外浇淋开水。少数民族饮用砖茶,则要将砖茶敲碎,放在锅中熬煮。但是在冲泡芽茶普洱时,水温过高很可能造成儿茶素大量溶解而产生涩味,所以,此时冲入的沸水应细水高冲,让温度下降。如果冲泡的普洱茶档次较高,原料以嫩芽为主,且白毫明显,则不宜采用一般冲泡普洱茶的方法,而是要用冲泡绿茶的方法,避免高温将细嫩茶芽烫熟成为"菜茶"。对于其他嫩芽较少的普洱茶,一般要尽量提高温度,以将茶叶原有的香醇味泡出来,之后的冲泡则要在一定温度范围之内进行。

一般说来,泡茶水温与茶叶中有效物质在水中的溶解度呈正相关,水温愈高,溶解度愈大,茶汤就愈浓;反之,水温愈低,溶解度愈小,茶汤就愈淡,60℃温水的浸出量只相当于100℃沸水浸出量的45%~65%。

(4)冲泡时间

冲泡时间和次数与茶叶种类、泡茶水温、用茶数量和饮茶习惯等都有关系。

品饮普洱茶、沱茶多用小型紫砂壶,用茶量较多,第一泡1分钟就要倒出来,第二泡比第一泡增加15秒,第三泡1分40秒,第四泡2分15秒。也就是说从第二泡开始要逐渐增加冲泡时间,这样前后的茶汤浓度才比较均匀,但在具体操作的过程中又会有不同的情况,这些在下文会有涉及。

3.冲泡陈年普洱

(1)备茶

由于普洱茶越陈越香的品质不同于其他茶类,因此备茶的工序就比较重要了。普洱紧压茶呈饼形、砖块、圆碗状,最好在冲泡之前1~2周内将其拆散、拨开,让茶透气。如果想缩短普洱紧压茶的陈化时间,也可以将新购的茶饼拆散,用原包装纸包裹,储入紫砂罐中,放在通风良好之处,并定期翻动。对于密封较严的小包装散茶,饮用之前也应让其透透气,经过这样处理后再冲泡饮用,品质会优于现解块、现开封的茶。

(2)第一泡

第一泡称为"温润泡"。先往壶里注入沸水至茶壶的一半,迅速上下左右摇晃一下茶壶,把水倒出。这样既可以达到洗茶的目的,又能使茶叶得到初步的滋润、舒展。

大多数普洱茶都是隔年甚至数年后饮用的,储藏的时间越久,就越容易沉积脱落的茶粉和尘埃,通过洗茶可以洗尘润茶。

但是有些人不主张洗茶,认为第一泡的茶汤乃精华之所在,其滋味非以后几泡所能比。当然,这种见解也就是仁者见仁、智者见智了。

(3)第二泡

第一泡的水要倒干,然后用沸腾的开水注入茶壶,才能开始第二泡。

如果冲泡的是陈年普洱,第二泡时不要打开壶盖,将茶壶静置一会儿,再进行第三泡;如果闻到些许涩味、酸味等杂味,可在出汤之后,开盖大约半分钟到 1 分钟,再将壶盖盖上静置。

第二泡中停壶静置的步骤比较重要,对这段时间的控制意在设定壶内水温,因为只有温度适宜,茶汤才会显出真味。具体浸泡时间要视茶量而定,茶叶放得多,浸茶时间就要相应缩短;如果茶量太多、温度太高,第二泡之后应立即冲下一泡。

一般而言,无杂味的茶的浸泡时间在 20～40 秒。紧压茶如砖、饼、沱茶的浸泡时间可以短些,普洱散茶的时间则稍长,但都不宜浸泡过久。当然,冲泡者可依个人喜好,通过变化浸泡时间来调整茶汤的浓淡。

不同的普洱茶品,其生熟、陈期长短、茶性强弱均有所差别,要掌握好浸泡时间,除了平时多积累外,还可由个人口感要求做调整。

(4)第三泡

第二泡浸茶时间结束后,即可冲入第三泡沸水,第三泡并不要求很高的温度。

第三泡的浸泡时间大约为 1 分钟,可以倒出茶汤查看,如果颜色不够浓,就再等一会儿,不过出茶之前,要将壶稍微摇晃一下。

普洱茶茶汤若呈透亮的深枣红色,上面浮有一层雾,雾黏,吹之不散,且茶汤不酸,则是难得的好茶。

之后的几泡过程大致与第三泡相同。

(5)最后一泡

在所有的茶类中,普洱茶是冲泡次数最多的,可反复冲泡至颜色变淡、味道变淡。陈年普洱茶可冲泡的次数较近代普洱茶少,一般为 7 泡左右;新制或陈年不久的普洱茶,有些可冲至 20 泡。但是冲泡的次数不是绝对的,冲泡过程中,如果浓度不够,或者味道不足,就可以认定此泡为最后一泡了。

如果冲泡的是陈年普洱茶,在最后一泡茶汤倒出之后,不要着急清理茶渣,可以用滚烫沸水低冲入壶,之后盖上壶盖,将壶静置一旁。待茶壶温度降至室温时倒出茶汤饮之,或许还能品味到熬普洱茶才有的味道。如果浓度控制得当,此一泡仍不失为好茶。

4.冲泡近年普洱

虽然一些人认为未经陈化的生普洱茶茶性异常强烈,只有经多年储放,待茶性渐趋温和时方可饮用,但是在我国云南茶区,绝大多数当地人都喝新的生普洱茶,而且这种饮茶习惯已延续千年。陈年普洱茶的等待是一个漫长的过程,因此喝陈年普洱茶不是一般大众的选择,而新制生普洱茶中的苦涩是可以通过冲泡手法控制的,且苦能马上回甘,涩能立刻生津,苦涩对人有益,其茶汤亦清爽明朗。

由于制茶技术改进,20 世纪 70 年代初以后云南很多茶厂都生产熟普洱茶,或使用生、熟搭配制茶,使得很多茶品一出厂即可品饮。虽然熟普洱茶失去了生茶的收敛性,但茶汤水质软而顺,滋味醇和,汤色红浓,耐冲泡,作为饮品已经足够。

冲泡近年普洱茶需降温处理,这是与冲泡陈年普洱茶的主要区别。

首先,冲泡时宜选用瓷盖碗。因为盖碗开口大,降温快,茶汤不致太苦涩。

第一泡的步骤与冲泡陈年普洱茶的第一泡一样,第二泡时,沸水冲入盖碗之后,立刻将茶汤倒入准备好的公道杯中,再从公道杯倒入另一个公道杯,然后再倒回盖碗。这样经过三次降温后,盖上盖,等候片刻。

第二泡出茶时要全部倒出,如果品不到新普洱该有的气味,则是温度降得太低了,因此可以将三次降温改成一次或两次。

5.紫砂壶冲泡陈年普洱

陈年普洱茶的冲泡用紫砂壶比较合适,要注意的就是温度,水温越高越好。

好的陈年普洱茶泡法不用太考究,怎么好喝就怎么泡,浓有浓的味道,淡有淡的雅韵。老茶就像阅历丰富的老者,为人处事老到圆滑。

器皿选择

(1)紫砂茶具

(2)公道杯

(3)茶海

(4)白瓷赏茶盘或茶荷

(5)茶巾

(6)电热壶

涤具温壶

◄ 热水涤壶

► 热水温杯

　　将热水壶中的热水倒在壶上或杯中，主要起到温壶、温杯的作用，同时还可以涤具。

赏茶

仙子捧茶 ◀

赏茶 ▶

　　将陈年普洱置于白瓷赏茶盘或茶荷中,观赏它的外形,鉴别它的品种和年代。

投茶

▶

投茶

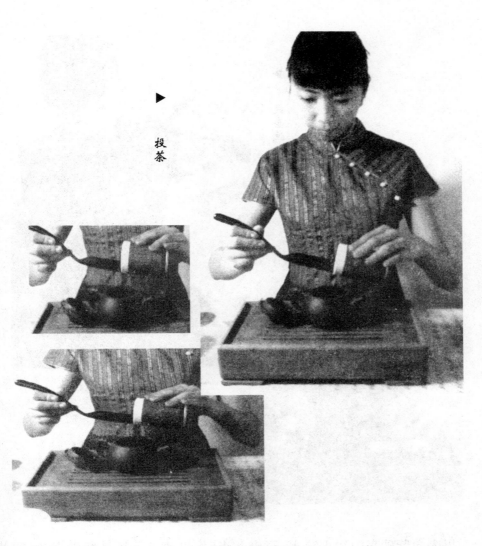

用茶匙将普洱茶小心拨入紫砂壶中。

中華茶道

润茶

▶ 提壶注水

◀ 摇壶

　　提壶向紫砂壶中注入沸水,至壶一半时,迅速上下摇晃紫砂壶,唤醒茶叶,并快速将茶汤倒入茶海中。

冲茶

第二泡注水 ◀

第二泡出宫 ▶

　　冲茶时要根据茶叶的年限来控制冲泡的时间，第一泡的水倒干后即可开始第二泡，待到第二泡茶汤冲泡出香味为佳，浸茶的时间结束后即可冲入第三泡的沸水。

分茶

过滤到公道杯

▼ 敬茶

◀ 公道杯分茶

　将壶中的茶汤倒出时,要先过滤一下再滤进公道杯中,之后经由公道杯均匀分配到小茶杯中。

品茶

▲ 品茶三口饮

　　一杯普洱茶分三口品饮,第一口茶汤进入口中,稍停片刻,细细感受茶的醇度;第二口入口体会普洱茶的润滑和甘厚;第三口便可领略到普洱茶的陈樟之韵。

6.盖碗茶杯冲泡近年普洱

由于盖碗清雅的风格最能反映出普洱茶色彩的美,并可以自由地欣赏普洱茶汤的色泽变化,故盖碗杯成为现代茶艺最常用的冲泡器皿。

器皿选择

(1)盖碗

(2)白瓷或紫砂茶杯

(3)公道杯

(4)茶海

(5)白瓷赏茶盘或茶荷

(6)茶巾

(7)电热壶

烫碗温杯

◀ 准备茶具

▼ 温碗烫杯

将热水壶中的热水倒入盖碗或杯中,目的在于温碗、温杯,以便冲泡时更易激发茶香,同时还可以起到涤具的作用。

鉴茶

▲　白瓷赏茶盘上的普洱茶

将普洱茶置于白瓷赏茶盘或茶荷中，赏其外形，闻其香味。

投茶

投茶

均匀地投茶

用茶匙将普洱茶小心拨入盖碗中。

润茶

▶ 提壶注水

◀ 唤醒茶叶

　　提壶向盖碗中注入沸水,迅速回旋转动盖碗,唤醒茶叶,并快速将茶汤倒入茶海中。

冲茶

▲　候汤

▲　二泡

▲　出香

　　控制好冲泡普洱茶的时间非常重要。在第一泡的水倒干后就可以开始第二泡,等到第二泡茶汤冲泡出香味后就可以了,第二泡的浸茶时间结束后即可冲入第三泡的沸水。

　　盖碗的保温性不如紫砂壶,因此,冲泡时间要比紫砂壶长一些,具体的时间可以根据实际情况而定。

分茶

分茶 ◀

滤汤 ◀

敬茶 ◀

　　将盖碗中的茶汤倒出时,要先过滤一下再滤进公道杯中,之后经由公道杯均匀分配到小茶杯中。

　　盖碗没有手柄,在倒茶时容易将手烫伤。所以,在滤出茶汤时要小心谨慎,并注意握碗的手法。

品茶

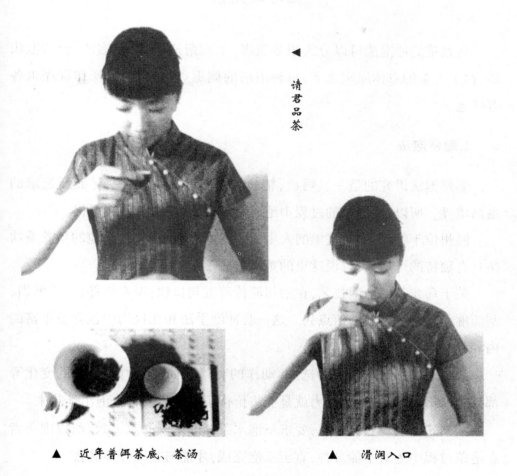

请君品茶

▲ 近年普洱茶底、茶汤　　　▲ 滑润入口

　　一杯普洱茶分三口品饮,第一口茶汤进入口中,稍停片刻,细细感受茶的醇度;第二口入口体会普洱茶的润滑和甘厚;第三口便可领略到普洱茶的陈樟之韵。

倾心乌龙茶

乌龙茶的冲泡法可以分为很多流派,如闽南泡法、潮州泡法、台湾泡法等,在工夫茶的总体原则之下,每种泡法的侧重点均不相同,操作程序也各有特色。

1.潮州泡法

潮州泡法讲究的是一气呵成,精、气、神三者的高度统一是其所追求的最高境界。所以,在泡茶的过程中绝对不能讲话,要避免任何干扰。

潮州位于韩江下游,这里的人生活中离不开饮茶,而且当地的乌龙茶饮法具有独特的风格,可以说这里的茶文化底蕴是相当深厚的。

关于乌龙茶的冲泡技艺,在潮州流传着五句口诀:温壶烫杯,高冲低斟,刮沫淋盖,关公巡城,韩信点兵。这一套冲泡手法和礼仪当中包含着丰富的内涵。

潮州式泡法对于茶具的选用、动作的利落、时间的计算、茶汤的变化等都有极严格的标准,它的魅力就是能将价格不高的粗制茶也泡出佳味来。

潮州式泡法以三泡为止,要求三泡水茶汤的浓淡必须一致,所以泡茶者在泡茶过程中绝对不能分神,直至三泡完成,才能与客人分杯品茗。

冲饮佳茗最好的搭档——山泉

潮州式泡法都有师承，不能随意传授。下面所介绍的已是夹杂了多种流派风格的泡法。

（1）备水

泡茶所用之水，应事先备好。

对于工作繁忙的现代人而言，即使有心外出去寻找好品质的水，实际上也是不太现实的事情，加上现在的环境污染日益严重，所以在外取水更应该慎重。

其实，现代城市中自来水已经达到了泡茶用水的标准，只是冲泡之前应该将其放置于容器中静置一段时间，以挥发掉水中的氯化物，如果用过滤器净化一下会更好。

当然，纯净水也可用来泡茶，滋味较自来水好。但如果用矿泉水泡茶，因为其含有较多的矿物质，泡出的茶汤颜色会比较暗淡，香气也不显。

（2）备器

在冲泡之前，要根据品饮者的人数、所泡茶叶品种来准备泡茶的器具，诸如茶杯、茶壶、茶盘、煮水器、茶荷，以及茶巾、茶匙、茶托等物品。这些准备工作可以统称为备器。茶壶应选用吸水性较强的，一般需要准备两块茶巾，一块擦茶杯，一块用于包壶。

品饮乌龙茶最精致的茶具称为"四宝"，它们分别是玉书、烘炉、孟臣壶和若琛杯。

在传统的工夫茶泡法中，砂铫、红泥火炉、橄榄核炭、羽扇等器具必不可少，但是 20 世纪 70 年代后期，它们逐渐地被煤油炉、酒精灯炉所代替，而现在几乎都改用电热壶或电磁水壶了。这些煮水器十分方便，适应现代人忙碌而快节奏的生活方式，十分省时、省事。

（3）候汤（煮水）

许次纾在《茶疏》中这样叙述道："水一入铫，便须急煮。候有松声，即去盖，以消息其老嫩。蟹眼之后，水有微涛，是为当时。大涛鼎沸，旋呈无声，是为过时，过则汤老而香散，决不堪用。"

《茶说》云："汤者茶之司命，见其沸如鱼目，微微有声，是为一沸。铫缘涌如连珠，是为二沸。腾波鼓浪，是为三沸。一沸太稚，谓之婴儿沸；三沸太老，谓之白寿汤；若水面浮珠，声若松涛，是为二沸，正好之候也。"

识别水的沸腾声十分重要。水装入铫中，以大火急煮，先有"松声"，蟹眼之后水有"微涛"，此时正好是"二沸"，就可以用来冲茶了。微涛之后"大涛鼎沸"，旋即无声，此时水已煮过，"汤老而香散"，已不堪用。

苏东坡诗云："活水仍须活火烹。"活火，意指有炭有焰，火势猛，且可以控制。潮州人煮茶用的绞枳炭绝无烟臭，敲之有声，碎之莹黑，是最上等的燃料。

（4）纳茶

纳茶又叫作"乌龙入宫"，即将茶叶放入壶中。

放茶叶时也有讲究，要将粗细分开，先把最粗的茶叶放在罐底和滴嘴处，再将细末放在中层，最后上面覆上粗叶。这是因为细末是最浓的，多了则茶汤容易发苦，同时也容易塞住滴嘴，分粗细放好，就可以使出茶均匀。潮州泡法置茶时用手抓茶，同时评价茶的干燥程度，以决定烘茶的时间长短。这种置茶方法特别适合条索状的乌龙茶。如果冲泡团状乌龙茶或保存很好的条索状乌龙茶，则依一般的方法，纳入壶中即可。

关于茶叶的用量，对初饮乌龙茶之人，最好只放 1/3 壶干茶，特别是泡饮台湾乌龙，如果放入半壶干茶就会有些苦涩，少了圆润的口感。好茶叶多是嫩芽紧卷，冲泡之后，就会舒展开来，变得很大、很多。所以如果纳茶太多，连水也冲不进去，但是茶叶太少也不行，因为这样茶汤就没有味道了。

（5）冲茶

冲茶即指"高冲低斟"之高冲。高冲不仅可以使开水有力地冲击茶叶，使茶的香味更快挥发，还可以降低沸水入壶的温度，有利于保存茶叶中的维生素 C。

冲茶方式又有"凤凰三点头"之说。即提起盛水器，距茶壶 15 厘米左右向内打圈，水注上下拉降三次，如此将开水倒入壶中。此做法一是利用水注的冲力使茶叶翻转,均匀打湿茶叶,促使其散香;另外将水注上下拉降三次即"凤凰三点头",蕴含着向客人致敬之意,具有传统文化的意义。

冲水之时切忌直冲壶心,如果是用盖碗冲泡,同样忌直冲杯心。

（6）刮沫

开水冲入壶中至满,会浮现一层泡沫,这层泡沫是茶叶表面的不清洁物质,所以要用壶盖轻巧推刮,使泡沫粘到壶盖上。这个做法也叫"洗尽尘缘"。

传统泡法是等待茶壶水满茶沫浮起后,即停止冲水,用壶盖将壶口茶沫轻轻刮去,然后盖定。

现在常用的做法是茶壶水满后继续冲水,称之为"洗茶",茶沫随不断冲入的热水流走,这样就省略了壶盖刮沫的步骤。

（7）播壶

刮沫或洗茶之后,迅速将壶提起,置于茶巾之上,按住气孔,并快速左右摇动。

（8）淋罐

用沸水淋于壶上,谓之淋罐,又叫作"孟臣淋漓"。淋罐的目的是为了提高茶壶温度,避免茶壶吸收热量而降低泡茶的水温,这样做可使茶香充分发挥。

（9）烫杯

在等待茶熟的过程中,可以利用此时间烫杯。烫杯可以使茶汤不会很快冷却,口感也会比较好。

烫杯的做法是将温壶用过的水直接由茶壶倒入茶杯,稍待片刻,用茶夹夹住茶杯边缘,倒去杯内的水,再抹去水滴,将茶杯放回茶盘上。

（10）洒茶

掌握适当的泡茶时间非常重要,一般约2~3分钟。时间太短,茶叶香味不能发挥;时间太长,茶叶泡老了,影响茶的鲜味。

待茶熟,即将壶中茶汤倒入茶海中,然后用茶巾裹壶,以摇壶之法用力上下摇动,以使茶壶内温度均匀。抖壶次数与摇壶次数相反,第一泡摇多抖少,二、三泡摇壶依次逐减,而抖壶则逐次增加。

一泡的时间很重要,稍微久一点就会严重影响第二泡的质量。一泡的茶不喝,因为第一泡主要是洗茶,用来舒展茶叶,为第二泡茶汤色、香、味的发挥作准备。乌龙茶大多条索紧结,茶叶需充分舒展后方出真味。

第一泡的茶汤可用来为第二泡洗杯淋壶,使杯中预留茶香并养壶。

洒茶时有四字口诀:"低、快、匀、尽"。

"低"是"高冲低斟"的"低",即沏茶切不可高,高则香味散失,对客人也极不尊敬。

"快"是为了使香味不散失,并且尽可能地保持茶的热度。

"匀"是指洒茶时,要杯杯轮流洒匀,每杯先倒一半,逐渐轮流加至八成,使每杯茶汤滋味均匀,不可洒了一杯再洒一杯。这是因为茶出色的浓淡前后有所不同,只有转动着轮流洒茶,才能让每位客人都品饮到同样的茶汤。这样茶壶在杯上不断转动洒茶被称为"关公巡城"。

"尽"是指洒茶时,不要让余水留在壶中。一般来说,第一泡还可以在壶中留一点汤,二、三泡切忌留汤。因为壶中一旦有水分,茶就会变苦涩。洒茶时,悬壶于杯上,使茶汤一点一滴都滴干,这一步骤被称为"韩信点兵"。

洒茶时传统的指法是用拇、食、中三指操作。食指轻压壶顶盖珠,中、拇二指紧夹壶后把手。

(11)敬茶

三泡过后,奉茶者才分杯。

按照我国的传统,敬茶要按照从左到右的顺序,先从左边的第一位客人开始敬起。

(12)品茗

品茗时,用右手的拇指和食指端着茶杯的边沿,中指护着杯底,叫"乏尼护宝"或"三龙护鼎",切记无名指和小指要收紧向内,不能指向别人,以表示对人的尊重。

茶入杯中后，先闻香、观色，再品尝。

首先，要趁热闻其香，尤其是品饮有浓郁花香的武夷岩茶和铁观音。闻香时不必把茶杯久置鼻端，而是要慢慢地由远及近，又由近及远，来回往返，闻香之后再慢慢品饮，以达到品茗的最佳境地。

值得注意的是，喝乌龙茶还要讲究"喉底"，即啜茶后舌底回甘的一股奇妙特殊而难以言状的茶韵。

乌龙茶一般泡至五六次后，茶香即尽。最后一巡过后，奉茶者会用茶夹将壶中冲泡过的茶底夹出，放在茶荷内，请客人观赏。

2.安溪式泡法

安溪式泡法适于铁观音、武夷岩茶之类的轻火茶，特点为重香、重甘、重纯。安溪式泡法有口诀曰：一二三香气高；四五六甘渐增；七八九品茶纯。

茶汤九泡，以三泡为一阶段：第一阶段闻其香，第二阶段尝其味，第三阶段察其色。

（1）备器

将泡茶用具准备好。安溪式泡法先烘茶，冲泡过程中需要闻香，因此应准备闻香杯。

（2）温壶、温杯

向壶内冲入沸水，至满而溢。可将壶提起，用茶巾托底微微摇动，从而使壶内的温度均匀。冲淋闻香杯之后，将闻香杯中之水倒入小杯中，进行温杯。

（3）置茶

用茶匙将赏茶盘中的茶叶拨到壶中。

（4）烘茶

用沸水向壶上浇淋，开始烘茶。

（5）冲水

打开壶盖，向内冲入沸水，等待1分钟左右。在等待的时间里将温杯水倒掉。

（6）倒茶

倒茶时，要杯杯轮流洒匀，每杯先倒一半，再逐渐增加。

（7）闻香

奉茶者将闻香杯和小杯成对放置在客人面前，示意客人可以闻香。

闻香时，要将小杯扣在闻香杯上，右手食指按住杯底，大拇指、中指捏住闻香杯，一同提起，然后迅速倒扣，放好小杯，再将闻香杯提起，送于鼻前双手搓动闻香。

（8）抖壶

安溪式泡法第一阶段的第一泡和第二泡之间，用布包壶，上下用力抖三次。以下每次冲泡之前都需抖壶三次，第二、三阶段冲泡亦如此，因此全部冲泡完毕之后应抖壶24次。

3.台湾工夫茶

台湾人泡乌龙茶，与潮汕人的操作程序有所不同。

在台湾，将乌龙茶泡好后，在斟入杯前，要先把茶汤倒入一个公道杯中（公道杯是一种茶具，它的作用是使茶汤的浓度趋于一致），而后再倒入闻香杯。品饮者在品尝之前，将小茶杯紧扣住闻香杯杯口，反转，将闻香杯的茶汤倒入小茶杯中。先闻闻香杯的茶香，再品尝小茶杯中的茶汤。

这与潮汕乌龙茶的冲泡在形式上是完全不同的，但是殊途同归。

在乌龙茶的泡法中，台湾泡法十分方便、简捷；潮州泡法有相当的难度，手势若稍有不当，便会影响品茶的效果。另外，潮汕泡法冲泡程序的艺术美和动作美让人十分陶醉，这也是台湾乌龙茶冲泡法所不能比拟的。

当今全国各大城市的茶艺馆中，"乌龙茶茶艺"是必备的，仿照潮州工夫茶泡法的和按台湾等地的冲泡方法冲泡的都有。但不管冲泡的程序有什么不一样，可以肯定的是，这些泡法都将乌龙茶特有的色、香、味展现出来了，使人们尽享品茗的乐趣。

4.紫砂壶冲泡安溪铁观音

铁观音因有"美如观音重似铁"之说而得"铁观音"之名。优质安溪铁观音的特点是茶条卷曲,壮结,沉重,呈青蒂绿腹蜻蜓头状;色泽鲜润,砂绿显红点,叶表带白霜;汤色金黄,浓艳清澈;香气清冽,郁香持久;滋味浓郁,回味甘醇;叶底肥厚明亮,具绸面光泽,边缘呈朱红色,中间呈墨绿色,有"青蒂、绿腹、红镶边、三节色"之说。

器皿选择

(1)紫砂壶

(2)紫砂茶杯

(3)闻香杯

(4)茶海

(5)白瓷赏茶盘或茶荷

(6)茶匙

(7)电加热壶

(8)茶巾

赏茶——叶酬嘉宾

◀ 赏茶

白瓷赏茶盘上的安溪铁观音 ▶

将安溪铁观音置于白瓷赏茶盘中欣赏。

安溪铁观音的条索卷曲,肥壮圆结,沉重匀整,色泽油亮,红点明显。

烫壶——孟臣静心

▶ 烫壶

◀ 提壶注入沸水到壶中

　　向壶内注入沸水,可将壶提起,用茶巾托住壶底微微摇动,从而使壶内温度均匀。

　　彗孟臣是明代制壶名家,后世之人将上等的紫砂壶都称为"孟臣壶"。

615

温杯——高山流水

温杯 ▶

此步犹如高山流水般,将烫壶时的壶中之水倒入茶杯中,进行温杯。

投茶——乌龙入宫

乌龙入宫

投茶

用茶匙将赏茶盘中的茶叶拨入紫砂壶中。

冲水——芳草回春

◀　上下提拉注水

左右回旋注水　▶

用回旋注水法将沸水注入壶中。

倒茶——分承玉露

▲ 分茶

将壶中冲泡的第一泡茶汤均分倒入闻香杯中。

二冲水——悬壶高冲

◀ 提壶高冲

▶ 水冲至溢

再次向紫砂壶中注入沸水,冲至溢。

中华茶道

刮沫——春风拂面

▲　用壶盖刮去茶沫

用紫砂壶盖刮去壶中水面上的茶沫。

淋壶——涤尽凡尘

▼　　淋壶

▲　　涤尽凡尘

用沸水淋壶，以提升紫砂壶表面的温度。

养壶——内外养身

双手提闻香杯淋壶 ▶

用第一泡倒在闻香杯中的茶汤沐淋壶身,使茶壶内外兼修,也可使观者得到美的享受。

▲　　倒出温杯之水

茶巾擦拭壶底　▶

将品茗杯中第一次倒入的温杯用的水倒出。

再用左手握住茶巾,右手提起紫砂壶轻轻擦拭壶底的水痕。

二泡——芳华殆尽

◀ 关公巡城

▼ 韩信点兵

　　此步有两个重要动作，一是"关公巡城"，二是"韩信点兵"。"关公巡城"是将第二泡茶汤循环分别注入闻香杯中；"韩信点兵"是指将壶里剩余的茶汤平均注入每个闻香杯中，让每一杯茶汤浓淡均匀，每个闻香杯一一点到。

奉茶——敬奉香茗

▲　　敬奉香茗

将盛有冲泡好的茶汤的闻香杯和品茗杯放在托盘上,敬奉给客人品饮。

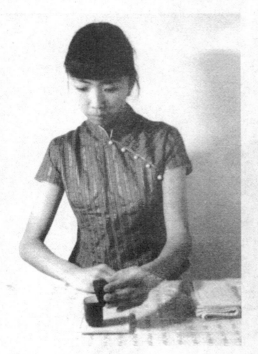

▲ 乾坤倒转

▲ 高屋建瓴

▲ 物转星移

　　此步有三个关键动作，分别是先"乾坤倒转"，再"高屋建瓴"，之后"物转星移"。"乾坤倒转"即指将品茗杯向下翻转；"高屋建瓴"指将翻转的品茗杯扣在闻香杯上；"物转星移"指将扣好的品茗杯和闻香杯一起翻转，变为闻香杯扣在品茗杯之上。

闻香——空谷幽兰

空谷幽兰

▲　闻香

将闻香杯拿起,用手掌来回搓动闻香杯闻茶香。

赏汤——鉴赏汤色

鉴赏汤色

三龙护鼎 ▶

用"三龙护鼎"的指法端起茶汤鉴赏,可见铁观音汤色金黄,醇厚甘鲜。
"三龙护鼎"即指用大拇指和食指端住杯沿,中指托底。

品茶——共品佳茗

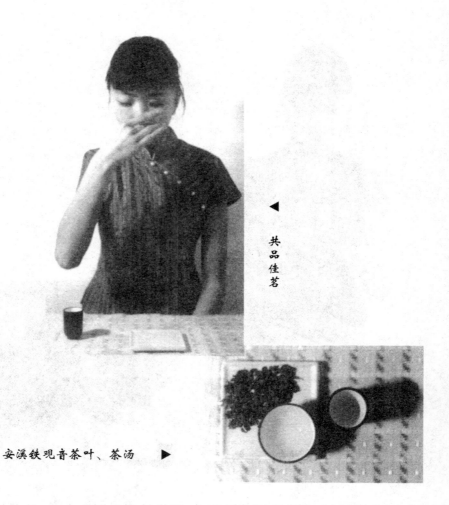

▲ 共品佳茗

安溪铁观音茶叶、茶汤 ▶

　　用"三龙护鼎"的指法端起品茗杯品饮茶汤,可品出铁观音入口回甘带蜜甜,香味馥郁持久,并带有淡淡兰花香。

中華茶道

第十节　茶艺练习

茶巾的手法

1.壶垫的手法

（1）摊开壶巾、铺正。

（2）由下方两角、以双手操作,从中心点斜向左上对折,并使四角都凸出。

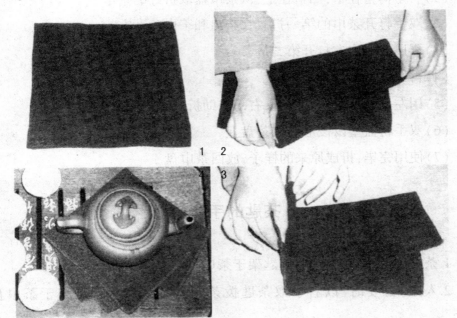

1 2
4 3

壶垫的手法

1.铺平茶巾　2.斜对折　3.再对折　4.折好后垫于壶下

（3）再从中心往左对折,上折左边稍微盖过底折,使四角向上左集中,且不重叠,成花蕾状。

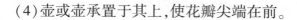

（4）壶或壶承置于其上，使花瓣尖端在前。

2.茶巾的折法

（1）铺正茶巾，由上两角往下两角成对折。

（2）再由下面两角向上对折，上折稍短一些。

（3）由右而左对折，上折稍短些。

（4）再由右而左，对折整齐。

（5）放在茶巾盘，茶巾平面光整的一方向着前面。

3.盅垫折法

持茶盅奉茶时，使用茶巾盘的茶巾折成盅垫。

（1）右手拇指在下，四指在上，从茶巾盘取折好的茶巾。

（2）双手打开茶巾的第一折放在茶盅和茶巾盘下方。

（3）再以右手往右打开第二折。

（4）再双手往下打开第三折。

（5）用左手从左方向右对折，右手辅助折好。

（6）双手将盅垫以棱形放在茶盘上。

（7）使用完毕，折成原来的样子，放回茶巾盘。

茶匙的手法

1.茶礼的开始：以右手取茶匙架于茶巾盘左边。

2.入茶：必要时，以右手取茶匙拨茶入则，拨完放回，仍架于茶巾盘左边。

3.置茶：必要时，以右手取茶匙拨茶入壶，拨完仍架于茶巾盘左边。

4.去渣：右手取茶匙，匙头朝下放入壶中，靠近壶口的地方先挖，再清内壁。挖完茶渣，仍暂置于茶巾盘左边。

5.清渣匙：以右手取茶匙，在茶壶的热汤里漂一下，去掉粘着的茶渣。

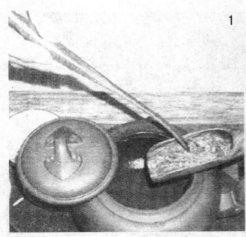
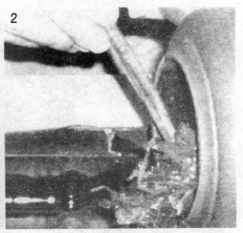

茶匙的手法

1.将茶则中的茶叶倒入壶中时,如有需要,可用右手拿茶匙拨茶

2.去渣的时候注意匙头向下,靠近壶口的地方先挖

6.清茶壶:以右手持茶匙将附着于壶口的茶渣以沾水的方式除去放入茶壶内。壶盖有渣亦同此法处理。

7.收茶渣:拭干茶匙,用右手拿茶匙,交左手,再以右手拿茶巾盘,再将茶匙交右手放回茶则中。

茶则的手法

1.入茶:以右手从茶巾盘前取茶则,交给左手。放入茶叶时,将茶则朝右。放茶叶完毕,以右手放回茶巾盘的前面。必要使用茶匙协助入茶时,以右手取茶则置于热水壶和茶壶之间,再入茶。入完茶如不赏茶,则直接放回茶巾盘前面。

入茶

入茶时应将茶叶倒入茶则中，或者用茶匙拨入，不要用茶则在茶罐中撮

2.赏茶：入完茶，放回茶罐之后，右手从左手上握取茶则，以左手托住则底，转向自己，赏茶。赏茶完毕，再以右手将则口转向主客，拿到泡茶巾前方放好，由主客开始依次取赏。

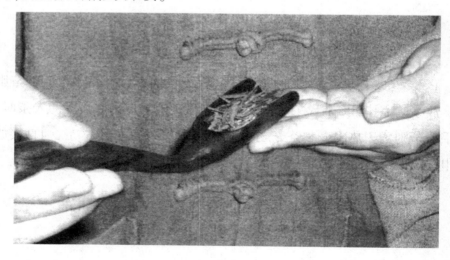

赏茶

奉茶者赏茶

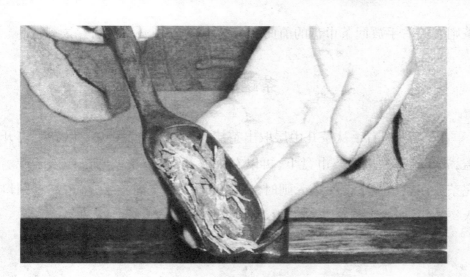

赏茶

请客人赏茶

3.置茶：以右手拿起茶则交到左手，则口高的一方朝壶口上方倒入。用不完的茶，就这样以左手持住倒入茶罐。

置茶

置茶时若茶量较多，可将茶漏放在壶或杯口上，便于倒入

4.清则：右手拿茶巾，左手持茶则往水盂上方擦拭，把茶末清于水盂内，

茶则交给右手放回茶巾盘的前面。

茶罐的手法

1.入茶:用右手从茶几中层取出茶罐,放在茶巾盘下方。以右手打开罐盖,放在茶罐左边的茶巾盘下,再以右手取茶罐往左,朝则口倒入茶叶。入完茶放回茶巾盘下。拨茶入则时,以右手取茶罐交到左手,罐口靠近则口拨入。拨完适量的茶后,仍交给右手放回茶巾盘下方。

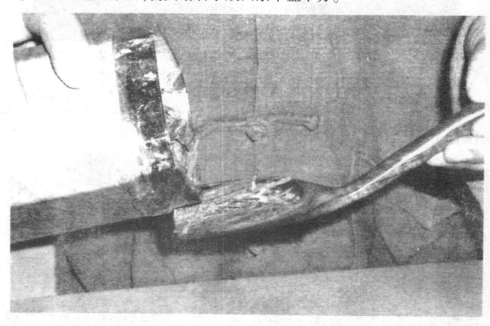

入茶

倒入茶叶手法

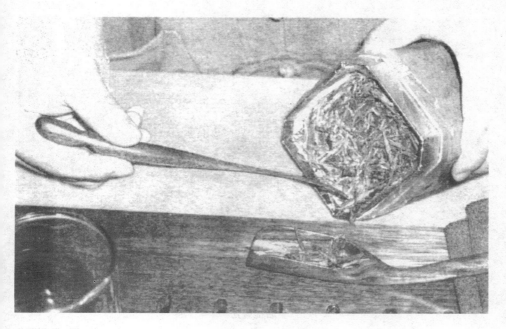

入茶

拨入茶叶手法

2.收茶罐:用右手将茶罐盖盖上,将茶罐放回茶几中层。

3.赏茶罐:右手从茶几中层取出,左手掌托住罐底,拿到泡茶巾前,正面朝向客人放好,由客人依次取赏。

茶壶的手法

1.提壶法

(1)后提壶:以右手拇指、中指从提的上方提起,无名指、小指顶住提的下方,用食指点住茶壶盖钮。

后提壶法

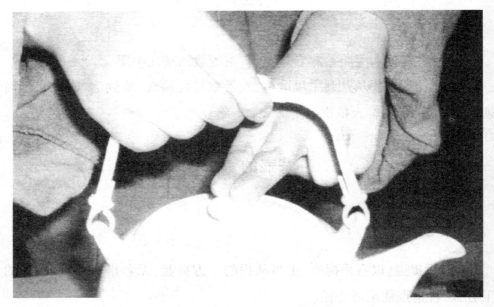

横梁提壶法

（2）横提壶：拇指点住壶盖，其余四指抓住提把，或用右手抓壶把，以左手食指、中指压住盖钮。

（3）飞天壶：拇指点住盖钮，四指抓住提把，或拇指点住盖钮，食指、中指抓住提，无名指、小指顶住提把的下方。还有一种方法是用食指、中指、无名

指抓住提,小指顶住提的下方。配合使用者的手,以容易操作为原则。

(4)提梁壶:以右手抓提的上方或用右手握住提梁后侧,要根据提梁的造型和线条而定,以容易操作为原则。注出茶汤时,左手食指、中指压住盖钮。

(5)环提壶:根据提的宽度,较宽的以食指点住盖钮,拇指在流的左侧,其余三指在右侧抓起。较窄的以食指点住盖钮,拇指在流的左侧,中指在流的右侧,无名指在右侧后面,小指辅助无名指提起。

2.取盖法

以拇指、食指捏住壶钮,根据提的位置,避开壶提,放在盖子上,注意取盖要平稳。

3.盖盖法

拇指、食指捏住壶钮,视提的位置避开壶提,放在盖子上,注意动作要平稳。

4.去渣法

先取盖放在盖置上(如无盖置则放于茶巾上),将壶流朝向前面(提梁壶可以不用),以左手抓住提,在水盂之上翻转适当角度去渣。这时抓提的方法如下:

(1)后提壶:左手拇指在提的上方,食指穿入提圈,抓住茶壶,中指辅助提的下方,无名指、小指靠中指并拢。

(2)横提壶:以握住的方法,左手拇指在上,四指在另侧,将提握在掌心。

(3)飞天壶:左手大拇指在提的上方,食指钩住提的中下方,中指顶提的下方,无名指、小指靠中指并拢。

(4)提梁壶:根据提梁的造型而定,原则上用右手把茶壶拿到水盂上方,左手以拇指在上、四指在下的姿势拿住前方的提翻转,去茶渣后,仍由右手提回。

（5）环提壶：左手拇指在环提内侧，其余四指在外侧拿住。去完渣，放回茶船，转回原来的方向。

去渣法（一）

去渣时后提壶的手法

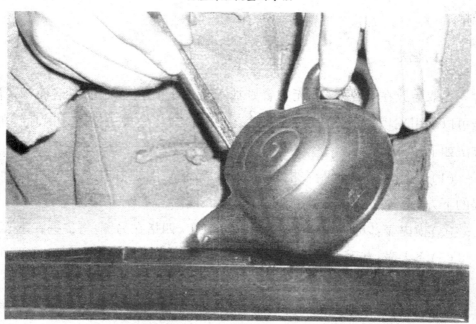

去渣法（二）

去渣时后提壶的手法

5.涮壶法

冲汤:冲入八分满的沸水。

涮壶:将茶壶提到水盂上方,轻轻摇晃,使茶渣浮在汤中,翻转茶壶,倒出渣、水。提壶方法如下:

(1)后提壶:右手拇指在提上方,食指穿进提圈,中指在提的下方,无名指、小指靠近中指。

(2)横提壶:以右手握住壶提,拇指在上,四指在下。

(3)飞天壶:右手拇指在提的上方,食指钩住提的中下方,中指顶住提的下方,无名指,小指轻轻靠拢。

(4)提梁壶:右手拇指在环提内侧,与流相对,食指在外侧夹住,余三指靠拢。

6.赏壶法

连同茶承一起逆时针转两次,使壶提朝前向左边,端到茶巾前,由主客端进,依次取赏。

茶海的手法

1.持海法

(1)壶型海:以茶壶作海,或壶型有滤网的海,手法同茶壶,注汤入海时,根据壶提的不同而手势略有不同。

(2)无盖后提海:右手拇指、食指抓住提的上方,中指顶住壶提的中侧,余二指靠拢。

(3)环提海:有滤网,与环提壶同。

(4)双耳海:右手食指点住盖钮,拇指在流的左侧,剩下三指在右侧。

2.取盖法

同茶壶的手法。

3.盖盖法

同茶壶的手法。

煮水器的手法

1.提壶法

(1)后提壶:左手拇指在提的上方,另四指稳稳地握住壶提,或者五指以抓棍子的方式圈握壶提。

(2)横提壶:以右手握住提,拇指在上,四指在下。以左手食指、中指压住盖钮。

(3)提梁壶:以左手五指握住壶提的上方。

2.注汤法

第一泡可以环绕注汤,往内绕。第二泡以后不绕。

杯子的手法

小杯:以单手的拇指、食指拿住杯缘,其余三指轻轻靠住杯身,饮用时,向口边环转,在空出的一面饮用。

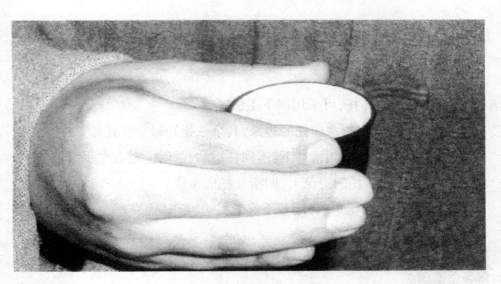

小杯的握法

大杯：以右手握杯，左手托住杯底，冬天可双手捧住杯身。

大杯的捧法

杯托的手法

对于长方形的杯托,可采用以下手法:

1.以左手拇指、食指拿住托的边缘,其余三指轻轻靠住托底。

2.以右手拇指在上,四指在下,连同杯子拿起杯托,放在左手掌心。

3.左手拇指放在托的边缘上,四指在托底拿住。

如果杯托内为圆碟形,可用双手端起托边,奉向品茶者。

杯托的手法

使用长方形杯托奉茶

第十一节　漫话茶馆

茶馆源流

茶馆是国人专门饮茶的场所,也是人们休息娱乐,买卖交易,问讯议事的地方,是我国民俗文化的特产,带有中华民族传统文化的烙印。我国的茶馆由来已久。《广陵耆老传》中曾谈到一个神话故事,"晋元帝时,有老姥每旦独提一器茗,往市鬻之,市人竞买,自旦至夕,其器不减。"虽带有神话色彩,反应的市井状况,与现今的茶摊十分相似。南北朝时,又出现供喝茶住宿的茶寮,这可说是现今茶馆的雏形。而关于茶馆的最早文字记载,则是唐代封演的《封氏闻见记》,其中谈到"自邹、齐、沧、棣,渐至京邑城市,多开店铺,煎茶卖之,不问道俗,投钱取饮。其茶自江淮而来,舟车相继,所在山积,色额甚多。"自唐开元间以后,在许多城市已有煎茶卖茶的店铺,只要投钱即可自取随饮。

宋代,以卖茶为业的茶肆、茶坊已很普遍。反映宋代农民起义的古典名著《水浒传》里,就有王婆开茶坊的记述。作为南宋京城的杭州,据宋人吴自牧《梦粱录》记载:"巷陌街坊,自有提茶壶沿门点茶,或朔望日,如遇凶吉二事,点杯邻里茶水。"专营的茶馆已经遍布全市。在闹市区清河坊一带就有"清乐""八仙"等多家大茶坊,其室内陈设讲究,挂名人书画,插四时鲜花,奏鼓乐曲调。在街头巷尾,还有挑担卖茶的。据范祖述的《杭俗遗风》记载:"杭州有茶司一行,最为便当,每担一副,有锡炉两张,其杯箸、调羹、瓢托、茶盅、茶船、茶碗……无不足用。"

明代,据张岱的《陶庵梦忆》记载:"崇祯癸酉,有好事者开茶馆,泉实玉带,茶实兰雪,汤以旋煮,无老汤。器以时涤,无秽器。其火候、汤候亦时有天合之者。"表明当时茶馆已有进一步发展,讲究经营买卖。对用茶、择水、选器、沏泡、火候等都有一定要求,以招徕茶客。与此同时,京城北京卖大碗茶业兴起,并特此列入三百六十行中的正式行业。

北宋张择端《清明上河图》中反映当时风貌的茶肆

清代,满族八旗子弟饱食终日,无所事事,坐茶馆便成了他们消遣时间的重要形式,因而促使茶馆业更加兴旺,在大江南北,长城内外,大小城镇,茶馆遍布。为此,清人杨迷人戏作打油诗一首:"胡不拉儿(指一种鸟)架手头,镶鞋薄底发如油,闲来无事茶棚坐,逢着人儿唤'呀丢'。"特别是在康熙至乾隆年间,由于"太平父老清闲惯,多在酒楼茶社中",使得茶馆成了上至达官贵人下至贩夫走卒的重要生活场所。

旧时北京的茶馆有各种类型,大致上可以分为:大茶馆、清茶馆、书茶馆、野茶馆和戏茶馆等。大茶馆门面开阔,前堂后院,内部陈设考究,有的茶馆前还有空地,在空地上也置茶桌供茶客品茗、下棋、聊天,有的大茶馆茶饭兼营,有些类似现代广东的茶楼,茶客可以在茶馆内品茶尝点,饮酒吃饭,这类茶馆的字号多冠以"天"字,著名的有"天福、天禄、天泰、天德"等,它们座位宽敞,窗明几净,摆设时尚,茶具雅致,当属上乘;清茶馆是以卖茶为主,专供生意人、手艺人集会,聚谈生意、行情,互通信息及市民百姓进行民间互助储蓄"抓会""摇会"的喝茶场所;书茶馆则具有较浓厚的文化气息,每日两场评书开讲,书前卖茶,兼售茶点、瓜子佐茶,开书后即不卖;野茶馆是设置于乡村野外的小茶坊,泥坯土房、芦苇屋顶、土砌桌椅、砂包茶壶、黄沙茶碗,所沏茶色黑味苦,而饮茶环境则清雅幽静,富田园野趣,空气也清新自然,去野茶馆品茗,自有一份自然天成的情趣;戏茶馆是设有专门的戏台,让茶客喝茶、看戏带小吃的茶馆。

我国饮茶的风尚始于巴蜀,一般而言,四川茶馆在我国也较有代表性。旧时我国最大的茶馆就是四川成都的"华华茶厅",该厅设有三厅四院,座椅千余,十分壮观。成都的茶馆从茶具配置到服务措施均有特色。冲茶用的是长颈铜茶壶,盛茶用的是有托的瓷盖碗,坐的是四川竹椅,泡茶技艺更是技高一筹。据说旧时"锦春楼"茶堂倌周大麻子的冲茶功夫堪称成都茶馆一绝,他右手握着紫铜茶壶,大步流星来到桌边,一叠茶托垫脱手飞出,"咯咯"作响,几旋几转,茶客人手一只。随即"咔咔"作响,每个托垫上已放好一只茶碗,动作十分麻利。接着,人后退一旁,离茶客一米开外立定,提起茶壶,右手臂伸直,"刷、刷、刷"如蜻蜓点水,一圈茶碗,碗碗冲得恰到满处,又无点水溅出碗外。接着,抢步上前,用手指把茶盖一挑,将茶碗盖得严严实实。如此"盖碗茶",具有独特的民间风趣,情趣盎然。

成都旧有很多老茶馆,大多为老年人占据。清晨就有顾客光顾,有的老人一边喝茶,一边还叼着一米长的烟杆。烟头熄了,将打火机掀在地上,似钓鱼似的再行点燃。喝茶时还可旁若无人地朝地上吐口水,且可光着膀子在茶馆内喝,煞是悠闲自在。这种老茶馆内人员复杂,来自五湖四海,一般都互不相识。大家一起摆"龙门阵",茶钱各自付。兴之所至无所不谈,喝完讲完,各奔东西。

成都的老茶馆朴素自然、古色古香,别有一番情趣。茶客一到,茶博士应声而至,主随客便,泡上一壶香茗,经济实惠。店内还不时有刮脸、扦脚、梳辫子等手艺人待客。馆内家具大多为竹椅,也有藤椅,而所用茶具都是四川式"盖碗"。

老成都茶馆喝茶有很浓的人情味,一杯茶可消磨一整天,如中途有事需暂时离开,走时只需将茶盏盖揭开放于座椅上,店家即不会收茶,茶客也不来占座。茶客们在茶馆"泡"多久也无人厌弃,不会遭人白眼。成都的茶馆只是吃茶,不供应饭菜,佐茶也只是瓜子、花生而已。

　　在广州,清代同治至光绪年间,"二厘馆"茶楼已遍及全城,因为茶价仅二厘而已,深受当地劳动大众的欢迎,他们"上茶楼、饮早茶",点上所谓"一盅两件"(一盅茶、两件点心)的茶点,权作早餐。这种生活习惯,可以说为广东人所特有。百岁老茶馆"陶陶居""太如楼""如意楼"等,通常是一日三市,供茶卖点,当然,以早市茶为最盛。

　　在上海,茶馆兴起亦始于清代。开设最早,影响较大的有"一同天""丽水台"等,生意兴隆,从清晨至黄昏,茶客络绎不绝,来休闲"孵茶馆"者众多。当时连出售"开水"的小小"皂虎灶",也每每在狭小的店堂中,摆放几只茶桌、椅子,兼做"茶馆"生意,也具有了茶馆的功能。

上海豫园湖心亭茶楼

　　至今仍负盛名的百年老茶楼"上海豫园老城隍庙湖心亭茶楼",始建于清代乾隆四十九年(公元 1784 年),初为独立门户之小园林,是上海行业公所的活动之地,从咸丰五年(公元 1855 年)起改为茶楼,初名"也是轩",后易名"宛在轩",俗称"湖心亭"。茶楼分上下两层,每层分内堂、外堂。楼下为普通茶堂,其内外茶堂均可两人合饮一壶,可谓经济实惠。内外堂的茶价上下午均有所不同,内堂上午 70 文一位,下午 100 文一位,外堂茶价稍低,上午 60 文一位,下午 70 文一位。如至楼上内堂饮茶,则需每人泡一壶,但在楼上的外堂饮茶也可两人合泡一壶,楼上的茶价,则内外堂均统一为上午 70 文一位,下午 120 文一位。湖心亭茶楼迄今已有二百多年的历史,至今仍为沪上著名茶楼。

　　清末民初，上海的茶楼发展迅猛，成为商人们聚会洽谈生意的重要场所。此时开设的广东茶楼式的茶馆，如"同芳居""怡珍居""大三元""新雅"等，除喝茶品茗外，还兼做营业地盘、游乐场和声色卖笑处。在旧上海的茶馆中还有弹词演唱，看"西洋镜""幻灯片"，打弹子，观珍禽异兽、畸形人体和算命看相测字等，真是五花八门，使人眼花缭乱，反映了十里洋场的形形色色。当时茶馆除在闹市区开设外，也有设在四周环境极为雅致之处，像静安寺附近的"西园"，即坐落在绿树成荫、鲜花环抱之中，并有"阮村八景"供茶客们品茗赏景。

清末民初苏州观前街"松萝"茶庄

　　古城杭州为南宋的京都，茶饮兴于唐而盛于宋，在南宋的杭州饮茶之风自然十分兴盛。当时称为茶肆、茶坊的茶馆遍布于杭城的大街小巷，特别是在名山古刹、风景胜地更是鳞次栉比、数不胜数。除固定的茶馆外，还有流动的车担铺点的"茶摊"和走街串巷提着茶瓶叫卖的"点茶"者，更别具一格的是西湖水面上的"船茶"。旧时西湖上有一种载客的小船，摇船的多为青年妇女，当地人称作"船娘"，小游船布置得干净整洁，搭着白布棚，既可遮阳，又可避雨。舱内摆放一张小方桌和几只椅子，桌上放有茶壶、茶杯。游客上船，船娘便先沏上一壶香茗，然后荡开小船成了一座流动茶馆了。

　　《儒林外史》作者吴敬梓曾在乾隆晚年间来到杭城，对杭州茶馆着墨颇多，如写马二先生步出钱塘门路过圣园寺，上苏堤，入净慈，四上茶馆品茶。

一路上"卖酒的青楼高扬,卖茶的红炭满炉"。在吴山上,"单是卖茶的就有三十多处"。该书虽是小说,不足为证,但清代饮茶之风及茶馆之盛,却并非虚妄。宋代时的杭州茶肆陈设颇为雅致,置四时鲜花,奇松异石,张挂名人字画,文化气息极为浓厚。茶具皆用瓷盘漆托装置,十分讲究。当时尤以地处清河坊的"蒋检阅茶肆"最为著名,向为士大夫们的聚会清谈之所。

在南京,乾隆年间的著名茶馆有鸿福园、春和园等,它们各据一河之胜,临河设馆,人们可以凭栏品茶观景,供应四时茶食,倒也颇有特色。

现在在我国各地,无论城市还是乡镇,随处都可以看到大小不等、档次不一的茶馆或茶摊。一些茶室不仅环境优雅,而且建筑别致,室内装饰典雅,更胜往昔。在这些茶馆之中,新诞生的茶艺馆顺应了现代人文化意识的需要,是古代茶文化与现代文明的结合体。这些茶艺馆装潢摆设极具民族特色,人们在其中不仅可以体验茶文化,清心养性,交流知识,还能得到文化上的熏陶和享受。

现代茶艺馆最初诞生在台湾。20世纪70年代末期,台湾年轻一代的知识分子开始注意茶文化,于1976年创立了第一所茶艺馆,不久又开设了一所中国功夫茶馆,从此,在台湾,茶艺馆像雨后春笋般冒出,仅仅年余就达千余家。这些茶艺馆纯粹地以品茗为主,讲究气氛、装潢,所用茶具充满文化气息,不但设置各类字画、民俗、艺品等物,还提供茶艺知识,供应一些糕点茶食。因此台湾茶业也有了大转折,从当年茶叶90%外销,转为以内销为主了。

继台湾兴起茶艺馆之后,20世纪80年代末90年代初,我国大陆开始出现茶艺馆,如最早的北京老舍茶馆,上海宋园"茶艺馆",广州"国香馆"等,之后全国各地的茶艺馆呈现出百花盛开、异彩纷呈的繁盛景象。特别值得一提的是,中国大陆的茶艺馆不完全是台湾茶艺馆的翻版,与我们茶文化的传统、大陆的思想和经济发展现状等融合得更为紧密。

现代茶馆

我国地域辽阔、民族众多,所谓"千里不同风,百里不同俗",不同地区的茶馆在历史发展过程中,也形成了自己独特的样式。但总的说来,我国当今的茶馆大致可分为四种形式:一是历史悠久的老茶馆,多保存旧时风格,乡土气息浓厚,是普通百姓特别是老年人休憩、安度晚年的天地。二是近年来新开设的茶馆、茶楼、茶艺馆,铺面通常位于现代建筑之中,茶厅内部辅以假山、喷泉、花草、树木,室内陈有鲜花字画,除供茶水外还兼营茶食,主办各种茶会,令人接受茶文化的熏陶,可谓是一种高雅的休息场所,适合高层次的茶客光顾。三是设在交通要道两旁、车船码头、旅游景点等处的流动性茶摊,虽谈不上有什么设施,主要为行人解渴,颇具地方乡土气息。四是露天茶园、棋园茶座,这类茶园紧邻绿地,或坐落于公园清幽处,客人坐的是竹椅或塑料椅子,摆的是折叠小圆桌,用的是瓷或玻璃茶杯,喝的是普通茶叶,人人随意,自在轻松。

京都茶馆

北京是五朝古都,历来是中国的心脏,其茶文化当也集"天下之大成",各种茶馆种类繁多,功用齐全,文化内涵极为深邃。北京的茶馆中大多供应香片花茶,兼售红绿茶,茶具则多为盖碗。馆中备有象棋、谜语等供人消遣。而新兴的高档茶馆则装潢考究,陈设华丽,清一色的红木八仙桌,室内悬挂名人字画,服务小姐身着旗袍。茶客们边品茗边尝京式小吃,同时也可欣赏京剧、曲艺等充满传统文化韵味的节目。

创立于1994年8月的五福茶艺馆,是北京首家茶艺馆,也是北京第一家引进潮州工夫茶和台湾工夫茶的茶艺馆。第一家店坐落于市中心的地安门,随后几年相继开办了多家分店,现已遍布北京市区。茶馆环境布置均极为幽雅,室内装饰是以古典中式风格为主,老木门楼、石板地面、翠竹流水、茶诗屏风,茶情茶韵无处不现,并不时地播放清幽淡雅的背景音乐,呈现一股浓郁的文化气息。五福茶艺馆属南派,南方的饮茶习俗,茶具茶叶与北方不同,服务小姐一律身着中式旗袍。茶馆内供应中高档茶叶,用现代纯净水烹沏。茶客一边品茗一边可欣赏服务小姐潮州工夫茶的茶道表演。茶馆的氛围显得温馨高雅,别具一格,而其"康宁、富贵、好德、长寿、善终"的"五福"所体现出来的文化底蕴,也颇令人玩味。

北京五福茶艺馆

　　老舍茶馆是以人民艺术家老舍先生及其名剧命名的茶馆,始建于1988年,现营业面积1500平方米,室内环境典雅,陈设古朴,漏窗条格、玉雕石栏,顶悬华丽宫灯,壁挂名人字画,满眼清式的桌椅,充满了传统的京式风味。茶馆一侧的廊沿设置专门的雅座。男女服务员身着长衫、旗袍,提壶续水、端送茶点,穿梭不停。在这古香古色的环境里,客人在品茶的同时可以享用各类宫廷细点和应季北京风味小吃,茶馆内的"大碗茶酒家",由名厨主理,有京、晋、鲁三种风味,菜肴种类繁多、口味上乘,且具有地方风味特色,独领京、晋、鲁大菜之风范。在老舍茶馆内,每晚都可欣赏到来自曲艺、戏剧等各界名流的精彩表演,客人如有雅兴,可即兴登台客串。这座东方式的"沙龙",还经常举办琴、棋、书、画和"戏迷乐"等诸多文化活动。自开业以来,老舍茶馆接待了很多中外名人,因此在世界各国享有很高的声誉。老舍茶馆现在已经成为中外宾客来京必游的一处新名胜。身临其境,如同进入一座老北京的民俗博物馆,令人赏心悦目。

　　据说,老舍茶馆是从前门售"二分钱一碗"的北京"大碗茶"起家发展而成的,故至今该茶馆还在"老舍茶馆"的金字牌匾旁立一"老二分"的钢牌,意为不忘"二分一碗的大碗茶"。该馆至今仍在前门设摊售卖"大碗茶",以方便群众。

成都茶馆

成都人喜爱喝茶,茶风普及的程度超过了驰名中外的产茶大省、四川的近邻——云南省。在成都,无论市区、乡镇、闹市、野外,大者茶馆、茶楼,小者茶摊、茶园,比比皆是。而成都人习惯上,将到茶馆饮茶称为"泡茶馆",一个"泡"字,道尽成都人生活心态之悠闲。

在成都,鳞次栉比的高档茶坊、茶楼装潢考究,内部富丽堂皇,摆设均为西洋家具,或采用藤编沙发,藤制茶桌,茶具典雅,席间还播放轻音乐。茶客也以年轻人居多,多为谈情说爱、洽谈生意、业务策划、信息交换等,带有商业色彩,而茶馆气氛也不再似往昔那般闲散、雅致。

成都现今起到和当年老茶馆同等作用的,是各家茶铺和设立在自然环境中的茶园。茶客坐到其中,买一份报纸,泡一杯花茶,一边懒懒洋洋地阅报,一边晒晒太阳。更有掏耳朵、擦皮鞋者穿梭于茶园之中,这样就消磨了一天。

成都地方的喝茶习俗对于茶具的要求也颇为独特,历来用铜茶壶、瓷盖碗、锡茶托,用这一系列茶具泡成的茶,色、香、味、形俱臻上乘,堪称"正宗川味"。正宗成都茶馆为客人注水时采用长嘴铜壶,而长嘴铜壶茶艺也是新老茶馆的一大卖点。表演者手提装满开水的长嘴铜壶,表演"童子拜佛""负荆请罪""贵妃醉酒""苏秦背剑""木兰挽弓"等招式,不见半滴水流到桌面上。

广州茶馆

广州人在家饮茶与潮州人有所不同,一般均用大壶大杯,有客来敬茶也形式简便。茶斟满后,待客人饮完后方再续水。但广州人日常在家中烹茶待客的情况较少,大多热衷于上"茶楼"饮茶,且乐此不疲。广州人上茶楼,要分早、午、夜三茶,其中以饮早茶为多,风气最盛,人数也最多。广州人饮茶不论春夏秋冬,一年四季,从清晨四点多钟起就有众多茶客,陆续至各茶

653

楼门前等开张。全市数百家茶楼常常座无虚席,人满为患。茶客进茶楼后,可自择座位,此时打扮得花枝招展的服务小姐,会在茶楼内笑脸相迎。彬彬有礼的服务小姐会到每一位客人面前"问位点茶",问请客人的人数,要点的茶品、茶点后,一一送上。食客饮茶需壶中加水时,只需将壶盖揭开,自有服务小姐会主动上来续水。广州茶楼的沏茶准则是:"茶规水沸",即茶叶的品质要上乘,泡茶的水要沸。此外,在具体冲泡时,还讲究"高冲低泡",飞泻入壶,且要"茶斟八分",水不能冲满茶杯,以示对客人的礼遇。

成都特有的长嘴壶茶艺

　　广州各大茶楼日常应市的各类点心精美别致、花色繁多,为广州品茶之一大特色。各种叉烧包、猪肠粉、萝卜烧卖、虾饺、糯米鸡等,可谓琳琅满目,数不胜数。食客在品尝各类点心时则都斯文雅致、文质彬彬。随着时代的发展,茶楼装饰也日趋讲究,以庭园式、高楼式、卡座式、宽敞大厅式、精巧房舍式的崭新面貌出现。人们把"上茶楼饮茶"作为交朋结友、消闲遣兴、欢聚家常、相亲择偶、洽谈商务,以及各种各样的社会活动方式和场所。至于在各种场合、在家庭喝茶则更加普遍和习以为常了,茶馆则成为社会活动的主要载体。在广州茶楼内单吃"清茶"而不吃点心,是十分少见的,也颇不受茶楼的欢迎。如真有此等茶客,广州茶楼也有不成文的"净饮双计费"的"惯例",茶价要贵出正常一倍。

广州早茶茶点

在广州专门的品茗场所为茶艺馆,这些茶艺馆不像茶楼、酒家的"饮茶",配合着菜肴、点心,而是专注对茶的细品,追求品茗的美妙境界。茶艺馆向消费者提供了更佳的饮茶氛围,向顾客提供优质名茶,并为茶客提供优质的服务,表演各种冲泡技艺。凡此都集中体现了较强的专业性,因而受到消费者的青睐。广州人还把上茶艺馆品茗视为消闲的高雅享受,是提高生活质量的重要体现。茶艺馆不仅提供品茗茶位,而且在现场展销名茶,办茶艺培训班,结合举办著名书画家作品展览、展销等活动,更经常向茶客推荐名茶、茶制品、茶具,还兼售茶文化书刊、用品、纪念品等。

上海茶馆

上海是个近代工商城市,随着经济的发展,20世纪80年代末开始兴起的上海茶文化热,使传统茶馆重新焕发了生机。以1991年7月宋园茶艺馆开馆为标志,近年来,现代新型的茶文化在上海逐步发展,使得上海现代茶馆的兴盛景象,已超过上海开埠以来任何一个时期。

655

城隍庙九曲桥上的湖心亭茶楼是上海著名的茶楼,迄今已有二百多年的历史。它四面临水,曲桥相通,亭下池内,鱼影可鉴,茶楼的面积虽说不大,却总是高朋满座,茶香四溢。湖心亭茶楼为典型的江南古建筑,有关部门曾拨款重修。亭四周筑有 28 只飞袍翘角,亭内外均绘有人物、花卉、飞禽走兽,无论是泥塑、砖刻,还是绘画都体现了古色古香的风貌。楼上茶堂中摆放着几十张红木桌椅,壁间悬挂有关"碧螺春""龙井"等中华名茶的介绍,并陈设茶书、茶画点缀,梁上悬挂着八角宫灯,整个茶楼的氛围古朴典雅。湖心亭茶楼因地处黄金地段而常常座无虚席。茶客至茶楼,即由服务员送上一把中国纸折扇,扇面上是湖心亭茶楼的简介,另一面是上海交通图,专门圈点出"湖心亭茶楼"在图中的位置。茶品除供应绿茶、红茶、花茶外,还有武夷乌龙茶。茶座设高、中、低档。茶楼的服务员们手提二尺长的长嘴铜茶壶,在离开茶桌一米开外处,即为茶客远距离注水而滴水不漏。为增加茶客的"参与性",也可让茶客自冲自泡、自斟自乐。茶楼内同时供应各种茶食、茶点,像茶豆腐干、茶叶鹌鹑蛋、茶叶小笼包等。茶楼还设有专业茶艺表演队,茶客定期还可欣赏到优美的江南丝竹乐曲。湖心亭茶楼每天吸引着大量中外游客,还曾接待过英国女王伊丽莎白二世等许多国家元首和中外知名人士。小小茶楼已成为上海市接待元首级国宾的特色场所,其知名度蜚声海内外。

上海宋园茶艺馆建于 1991 年 7 月,位于上海闸北区中部,经过三次改扩建,现有面积 3400 平方米,是亚太地区规模最大的茶艺馆。宋园茶艺馆依傍闸北公园,于清水绿荫中微露红楼一角,庭落小园,华面素雅,内部设施古典豪华,分上下两层,装饰得古香古色,内有数十间茶室,兼有大厅展室,还设有颇具规模的茶叶、茶具经营部。宋园茶艺馆为中、老年人品茗休闲的场所,文化层次较高。同时引来了众多的书画家、诗人、民间艺术界人士到宋园雅集,自然地形成了一条文学艺术的沙龙。宋园茶艺馆还推出了茶道献艺、苏州评弹、江南丝竹、戏曲演唱、歌舞表演和自娱自乐等节目,使茶客流连忘返。宋园茶艺馆的餐饮堪称宋园一绝,由名厨精心制作的茶食、茶点、茶餐成为品尝与观赏、风味和趣味相融的佳肴。宋园茶艺馆还经常举办各类书画、工艺美术、名瓷名壶的展销活动,为收藏爱好者提供了观赏与选购均十分理想的场所。

上海黄浦区少年宫"小茶人"茶艺馆成立于1993年,是我国首家少儿茶艺馆,以独特的少儿茶艺表演弘扬优秀民族传统文化。少儿茶艺孕育着生动具体形象的德育教育内容,它融茶科学、茶知识和茶文化为一体,以茶艺、茶礼,对青少年进行美学、伦理学和传统文化教育,丰富了学生的课外文化生活,配合学校的素质教育,提高青少年的文化修养,受到各界的肯定。

杭州茶馆

以"龙井茶虎跑水"著称的杭州,作为我国著名的"茗都",其茶馆的历史源远流长。虽然新中国成立以后杭城茶馆业曾一度低落,但进入20世纪90年代之初,杭城的各式茶馆、茶艺馆、茶楼、茶苑、茶艺中心和茶艺乐园又骤然兴起。在杭州开设的茶艺馆,被人们誉为城市中的一片绿洲,在里面喝茶,不会被干扰,音乐是轻的,说话声也是轻的,宁静与悠闲真正回到你的生活里。丢失的传统正在重新被重视。这些茶馆融园林、古建筑、香茶和美食于一炉,成为杭州茶馆的一大特色——清雅古朴。

拥有天下闻名美景——西子湖的杭州市,其位于风景区的茶室之雅,确非寻常可比,在好茶、好水、环境以及情调方面可谓得天独厚、独占鳌头。这些茶室开设在西湖游览区、庭园景点的山村水边,如中国茶叶博物馆内的茶室、西湖国际茶人村、龙井寺茶室、虎跑茶室、九溪茶室等,多以民居风格建筑,古朴典雅,或配以楹联字画、名人书画、壁画木雕为点缀,具较浓厚的文化氛围,而茶资又适中,为广大市民所喜爱。

另一些茶室以及一些高级宾馆、酒楼、商厦附设的茶座,以西湖为中心,分布于环沿西湖的南山路、湖滨路、北山路上,其装修豪华,设备精良,既有现代风格,又有古典情调,但消费较高,成为名声显赫的"上档次"茶馆、茶艺馆,出入者一般为现代都市时髦男女或商业人士,这些地方也是客商洽谈生意之处。此外,位于杭州植物园、吴山、平湖秋月以及老年公园等处的茶室虽设备简单,不加修饰,但有青山碧水、草地云天、古木相衬,给人以宁静、温馨、悠闲的心境,茶资又较低,顾客以老人为主,营业时间从拂晓到傍晚,基本上都是白天。提供的服务项目不多,只有茶叶开水,或者兼卖些简单的点心,没有什么装饰、音乐,也不用年轻的女性服务员。"嘈杂""不太干净""随便"是这些茶馆的特点,而这些地方是平民百姓、退休职工和上了年纪的居民弈棋、玩牌、品茗的理想场所。

杭州茶楼

台湾茶艺馆

台湾茶艺馆是 20 世纪 70 年代末台湾经济起飞,成为"亚洲四小龙"的时代发展起来的,最早出现于 1977 年,即台北的中国功夫茶馆和高雄的玉葫芦茶馆。1978 年又出现了中国茶馆、郑员外茶艺馆。不久,除了郑员外茶艺馆仍继续经营外,其余都在短期内相继结束营业。直到 1979 年台北贵阳品茶馆、1980 年台北陆羽茶艺中心等开办,茶艺馆开始出现生机。1982 年 9 月 23 日,中华茶艺协会成立,更推动了茶艺馆的发展,茶艺馆如雨后春笋般地在台湾各地开办起来,一度达到兴盛时期,街头茶艺馆的招牌到处可见。但是进入 20 世纪 90 年代,全台湾茶艺馆已呈饱和状态,竞争激烈,经营者纷纷感叹台湾茶艺馆兴盛期已经逝去。台湾的茶艺馆没有一定的格式,大大小小,各式各样,独辟路径各具风貌。就装潢布局、陈列摆设以及所处环境条件等而言,台湾的茶艺馆包括了中国厅堂式茶艺馆、台湾乡土式茶艺馆、庭院式茶艺馆以及唐式茶艺馆。

中国厅堂式茶艺馆的设计,以中国传统的家居厅堂为蓝本,古色古香,典雅清幽,堂内摆设了红木家具,张挂名人字画,陈列古董及工艺品。红木家具也是采用中国传统的桌椅茶几,有的甚至采用八仙桌、骨牌八仙椅、太师椅等。悬挂的字画一般都反映了茶艺馆经营者的爱好,宣传饮茶功效和情趣等。

台湾乡土式茶艺馆在设计上强调乡村田园风格,追求台湾古老的乡土气息,愈乡土愈古老则愈吸引人。这种茶艺馆采用竹木家具,并以牛车轮、蓑衣、老石臼等古拙的民间工艺品装饰。有的经营者甚至直接利用古屋及庭院开设茶艺馆,有的还设计成乡土野趣十足的客栈门面,屋外是花轿、粮车,屋内有古意盎然的修竹、古井、大灶等,服务员身穿凤仙装、店小二装,招待客人。

台湾举办的"无我茶会"

庭院式茶艺馆的设计,令人有"庭院深深深几许"的感觉,有鹅卵石小径,有小桥、流水,有假山、亭台、拱门等,犹如江南一带的庭院,清静悠闲,与烦嚣的闹市隔绝。来到这样的茶艺馆,犹如进入世外桃源,捧起香茶心清神宁,真正享受休闲。现代人崇尚返璞归真,回归大自然,庭院式茶艺馆正符合人们的追求,令人进入"庭有山林趣,胸无尘俗思"的境界。

唐式茶艺馆就现实情况和现代习惯而言,也可以说是日本式茶艺馆。茶艺馆的茶室以榻榻米铺地,以竹帘、屏风、矮墙等作象征性的间隔,与日本和式风味相近。进入这种茶室,先要脱鞋,茶室入口处备有拖鞋,茶室内只备有矮矮的茶桌和坐垫,客人都要席地而坐。

此外,台湾还有古今杂糅式茶艺馆、中西结合式茶艺馆、露天茶艺馆等,茶室、茶座设计别出心裁,五花八门。

香港茶馆

香港于 19 世纪 40 年代初开埠时,只是一个由滨海渔村发展起来的小市镇,1845 年才有简陋的茶楼。设备简陋,供应茶水、点心、大众化饭菜,方便劳苦大众的茶居、茶寮,1846 年香港出现两家名副其实的茶楼,一家是位于威灵顿街的杏花楼,一家是位于皇后大道中的三元楼。这些茶楼陈设比茶居、茶寮稍讲究,分楼上、楼下,高级的茶楼还有三楼。楼下为普通座,楼上为雅座,楼上的茶费要比楼下高一倍。茶楼比起茶居、茶寮来,条件虽有改善,但设备仍较简陋,陈设普通,座位挤塞,桌上摆放开水壶,顾客可以就便自行添水,卖点心的服务员仍将货盘套在颈上,托在胸前叫卖,环境嘈杂拥挤。

香港酒楼的出现晚于茶楼,而最初开设的酒楼一般经营除酒宴外,兼做旅店生意。直到 20 世纪 50 年代中期,有些酒楼开始兼营茶市,同时又有晚饭、雀局(打麻雀牌)、摆酒席等,所以摆酒席的顾客开始放弃茶楼,光顾酒楼。而传统茶楼已失去了竞争力,被时代淘汰,新一代的茶楼和酒楼则经营日趋多元化。时至今日,上茶楼饮茶,已经成为香港普通大众的日常生活节奏,也形成了香港独特的饮食文化。

在香港,凡具有一定规模的茶楼、酒家,通常备有五种茶,即普洱茶、乌龙茶、白茶、花茶、龙井茶。一般都用中低档茶叶,规模比较大的茶楼、酒家或者一些名店老号,还备有若干高级名茶,如铁观音、龙井茶等,供高贵的客人选用,以及应付点名要好茶的顾客。

香港·陆羽茶室内部

　　香港茶楼中的茶点特色,其制作细腻精致,吃食鲜美可口,且外形精巧、种类繁多,并有"小点、中点、大点、特点、顶点"等级别。小点常供应虾饺、烧卖、叉烧包、肉包、粉果、排骨等,一般数量较少,而价格经济。中点有海鲜菜和肠粉等,顶点则属于精美珍贵之点心,有牛百叶、生肠等。茶客进店坐下后,由服务员将点心装盘或置于点心车中推至客人面前。茶客可根据个人所好,随意挑选、品尝,和广州一样,吃完后依据桌上空碟子的形状和数量结账付款。

　　香港雅博茶园于 1989 年创办,又称"香港中国国际茶艺会"。该茶园既是香港茶文化学术研究组织,也是集茶业、旅游、休闲、商贸于一体的经济实体,创办者为香港茶艺界知名人士叶惠民先生。香港雅博茶园位于香粉岭丹竹坑元,占地四十余亩,茶园内设可品茶赏艺的"茶艺馆";种植中华名茶的"茶园";种植龙眼、菠萝、葡萄、荔枝等果树的"果园";备有制条工具,游客可自行制茶的"制茶室";定期举办艺术表演,弘扬中华传统文化的"剧场";储藏中外茶艺书籍、音带、影带、影碟,以做茶艺研究、交流的"图书阁";教授制茶技艺及茶文化的"教育室";陈列销售古今茶具、名茶及相关商品的"展销厅";可由学员实习制作陶瓷茶具的"陶瓷坊"等。还为游客配备了露天休闲茶亭、蒙古包、钓虾池、草庐、烧焙场、蜂场、食品亭等休闲娱乐场所。雅博茶园的创办建设,为广大香港市民去山野品茗,去乡村休闲,返璞归真、回归大自然,提供了理想的场所。

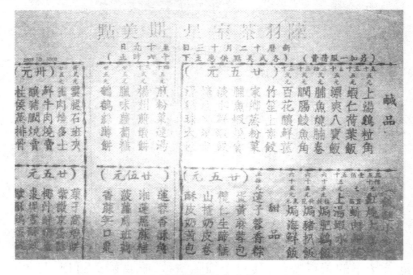

陆羽茶室的点心单

香港陆羽茶室创建于20世纪30年代,是一家具有独特风格,驰名遐迩的茶室。陆羽茶室坐落于香港士丹利街,进入茶室,即可感受到一派古雅和温馨。整间茶室的布置格局就像一间中国传统大宅的模式,大堂深处的红木八仙台上,陈列着古老的摆设,墙上悬挂着张大千等名人的书画作品,陈设古朴,典雅可爱。柚木雕花卡座及古老的吊扇、吊灯、铜痰盂、红木桌椅等,令人流连忘返。陆羽茶室不仅在布局陈设方面保持旧时古朴典雅的风貌,而且经营方式亦尽量保持不变,用传统的川式盖碗待客,以一贯的茶靓及点心用料新鲜、做工精美等特色吸引顾客。陆羽茶室的点心,除了四大台柱——虾饺、粉果、烧卖、叉烧包不变外,其他的每到星期六就更换一次,使顾客可以经常尝新。

泡沫红茶馆

泡沫红茶据说最初在台湾台中市兴起,仿效西洋"鸡尾酒"的调制,以红茶为主要原料,运用花、果、奶、酒等配料,调制成各种五彩缤纷的新奇饮料,品种可达上百种之多。由于该茶调制时能生出泡沫,故称"泡沫红茶"。供应此等茶品的茶店,称为"泡沫红茶店"或"泡沫红茶坊"。这种茶馆因其时尚、现代,又富有浪漫的情调,时下在台湾各大城市均有开设,顾客多以年轻人为主。

这些泡沫红茶坊都注重品茶的环境布置和浪漫都市气息的营造。店堂家具各具特色,表达不同的主题,室内四周张挂精美壁画,配以陈列古书古籍、现代画册、时尚玩具的书橱,点缀以柔色灯光,有的还播放清雅宜人的外国名曲,别有一番情趣。

泡沫红茶坊供应的品种名目繁多、花样百出,可谓琳琅满目。其茶名也起得芳香温馨、情深意蜜,像色彩纷呈的冰红茶"花蝴蝶",以红茶加酒调制成的"情浓意蜜",杯底藏有颗颗"黑珍珠"的珍珠奶茶,以葡萄汁调制的"紫色梦幻",以牛奶调制的"奶红茶",还有用果汁调制的"花果茶",以绿茶调制的泡沫绿茶"绿仙子",用红石榴汁、酸乳、葡萄汁混合调制,盛于高脚玻璃杯中的呈粉红色的"红粉佳人"等,配以西式特色点心食用,食与味几乎完美的统一,令人陶醉。

茶艺馆的经营

茶艺馆的筹备

茶艺馆的筹备涉及方方面面的工作和事务,内容繁杂,要求较高。筹备得当,质量高,就能为以后茶艺馆的经营管理打下良好的基础。

一、选址

好酒也怕巷子深。茶艺馆位置选择是否合适,对茶艺馆经营能否成功起着关键作用。如果位置选择不当,会带来巨大的投资风险,因此在茶艺馆选址时必须慎重,一般要考虑下列主要因素:

第一,建筑结构。要了解建筑的面积、内部结构是否适合开设茶艺馆,是否便于装修,有无卫生间、厨房、安全通道等,对不利因素能否找到有效的补救措施。

第二,商圈。了解周围企事业单位的情况,包括经营状况、人员状况、消费特点等;周围居民的基本情况,包括消费习惯、消费心理、收入、休闲娱乐消费的特点等;了解周围其他服务企业的分布及经营状况,主要了解中高档饭店、酒店等。必要时,可以进行较深入的市场调查,全面了解当地的消费状况,分析投资的可行性。

第三,租金。了解租金的数量、缴纳方法、优惠条件、有无转让费等。因为租金是将来茶艺馆经营成本中最主要的组成部分,所以必须慎重考虑,不能不计后果地轻率做出决定。

第四,水电供应。了解水电供应是否配套、方便,能否满足开馆的正常需要;水电设施的改造是否方便,有无特殊要求;排水状况;水费、电费的价格,收费方式等。

第五,交通状况。交通是否便利,有无足够的停车场地,对停车的要求,交通管理状况等。交通与停车是否便利、安全,往往影响到客源。交通环境不良,没有足够的停车场地,往往会给经营带来一定的困难。

第六,同业经营者。了解在一定范围内茶艺馆的数量、经营状况;了解其他茶艺馆的装饰风格、经营特色、经营策略;整体竞争状况等。周围茶艺馆的经营状况在一定程度上反映出该地域茶艺消费的特点及发展趋势,通过对其他茶艺馆的了解,可以使我们对经营环境有更全面的认识。

第七,政策环境。当地政府及有关管理部门对投资有无优惠政策,在管理上能否提供公平、公正、宽松的竞争环境,有无相关的支持或倾斜政策等,主要了解工商、税务、公安、消防、卫生等部门对服务企业管理的政策法规。

第八,投资预算。要做出一个基本的投资估算,与投资者的资金实力、拟投资数量进行比较。估算项目包括装修费用,购置家具、茶具、茶叶的费用,招聘及培训费用,装饰费用,考察费用,证照办理费用,流动资金,办公费用,前期人员工资,前期房租,其他费用。

第九,效益分析。根据投资估算及开业后日常费用估算,可以做盈亏平衡分析,确定一个保本销售额。这样,根据市场调查所收集的资料及对未来经营状况的预测,对周围其他茶艺馆经营状况的分析,再进行系统的比较,基本可以确定是否值得投资。

另外,还有其他一些需要考虑的因素,如周围的居民环境、房主是否收取押金、有无继续发展的便利条件、市政规划及房产的稳定性、国家的相关政策等。这些因素也会对目前的经营或将来的发展产生影响。

投资者在选址时,往往对多个位置进行考察、比较。这样,就可以把不同地点的相关资料进行归纳整理,然后逐条进行对比分析,找出各个位置的优势和劣势。最后,根据对比结果,结合个人的实际情况做出决定,选择一个较为满意的地点。

二、定位

茶艺馆的定位就是根据茶艺市场的整体发展情况,针对消费者对茶艺的认识、理解、兴趣和偏好,确立具有鲜明个性特点的茶艺馆形象,以区别于其他经营者,从而使自己的茶艺馆在市场竞争中处于有利的位置。定位实际上是要解决为谁服务(即目标顾客),提供什么样的服务(服务内容、档次),以什么方式服务(服务手段、方法)等问题。顾客消费都有特定的兴趣和偏好,不同的人选择标准存在一定的差异,表现在对茶艺馆的选择上就有一定的倾向性。通过定位,确定目标顾客,明确他们选择茶艺馆的标准,就能增强经营管理的针对性,从而更好地吸引顾客,提高茶艺馆的经济效益和社会效益。

对茶艺馆进行定位,可以通过以下几个步骤来进行:①确定市场范围,进行顾客分析。要明确茶艺馆可能影响到的区域,该区域中有哪些主要顾客,其消费特点,习惯等。②确定目标顾客及其选择茶艺馆的标准。在市场范围内的顾客各种各样,一个茶艺馆能影响的只是其中的一种或几种类型。通过对顾客分析,确定本茶艺馆未来重点服务的顾客的类型。在此基础上要准确了解他们选择茶艺馆的标准,他们的消费特点及一些新的要求,作为确定茶艺馆类型、风格、档次、服务项目等内容的重要参考。③与其他茶艺馆进行对比分析。对将来主要竞争对手(与自己确定的目标顾客基本相同

中华茶道

者)进行分析,找出其经营上的优势及存在的问题,使自己在对茶艺馆的定位及经营上能扬长避短,少走弯路,争取主动。④在广泛搜集信息的基础上,根据对目标顾客及竞争对手的分析,结合个人的偏好,为茶艺馆确定一个具有竞争力的形象。定位的内容包括:茶艺馆的类型和档次,茶艺馆的布局及装饰风格,茶艺形式及服务的内容,经营管理的特色,吸引顾客的主要手段等。

三、装饰设计

在对茶艺馆定位以后,就可以进行装修装饰的设计。设计可以自己进行,也可以请专业的设计公司来进行。不论由谁来设计,都要注意以下几个问题:①充分体现定位的特色和要求。设计实际上是定位的具体化,要紧紧围绕定位来进行。②体现茶文化的精神和茶艺的要求,注意强调清新、自然的风格。③要符合目标顾客的心理预期。④要从整体上去考虑,使形式与功能以及各功能区域之间能相协调、相呼应。⑤注重实用性与经济性,量力而行,不要盲目追求高档、豪华,或者标新立异。⑥便于施工。⑦要考虑消费者的主观感受及适宜性,考虑消防安全、方便服务及管理等要求。⑧要充分考察市场,了解其他茶艺馆及有关建筑的风格,以便借鉴其可取之处。

设计是施工的蓝图,一旦开始施工,就难以进行大的改动。如果在施工中感到不满意,进行大的改变,往往会造成较大损失。所以,在设计时,尤其在确定设计方案时,一定要慎重从事。

设计方案确定后,就进入施工阶段。在选择施工队伍时,要选择有一定实力、有信誉的单位,这样才能保证施工质量。在施工中,要加强对施工现场的监督和管理,注意检查工程进度、工程质量、安全等问题,使施工单位能保质保量、按计划完成装修工程。

四、人员招聘与培训

一般情况下,在装修施工开始以后,就要考虑员工招聘与培训问题。招聘可以在确定的开业日期前 40~45 天开始,培训可以在确定的开业日期前20~30 天开始。

(一)招聘

招聘工作的质量直接影响到以后的经营管理工作。招聘质量高，选择的人员合适，不仅有利于提高服务质量，而且还能保证员工队伍的稳定性。选人不当，一方面不利于管理，影响服务水平，另一方面，还会造成较高的人员流动率，增加招聘与培训成本。所以对招聘工作必须给予足够的重视。

1.招聘的准备工作　为了保证招聘工作的顺利进行，并给应聘者留下较好的印象，在招聘开始前必须做好以下准备工作：①设计、印制"应聘人员登记表"。②确定初试、复试的内容、方式。测试的内容包括茶艺知识、社会知识、能力、品质等。方式主要有口试、笔试、现场表演、具体操作等。③确定员工的待遇。包括工资、奖金、福利、假期、食宿等。④招聘负责人及测试人员的确定。⑤测试标准与考核办法的确定。⑥确定初试、复试时间及结果的公布方式。⑦落实面试、考试、表演的场地以及所需物品。

2.员工的来源　①大专院校及职业学校。②职业介绍所或人才交流中心。③朋友介绍、推荐。④广告招聘。广告可以采用媒体广告或招贴广告等形式。广告要讲明招聘岗位、人数、性别、年龄、学历、应准备的个人资料、报名时间、报名地点、联系电话、联系人等内容。

3.招聘的过程

（1）报名　报名要有固定的地点，由专人负责。报名者要填写"应聘人员登记表"，并告知初试时间。

（2）初试　在应聘人员较多时，可以进行初试，淘汰一部分人，以提高复试的质量。有的单位把报名过程就作为初试的过程。初试可以采取口试的方式，通过与应聘者的交流了解其基本情况。测试者对每个应聘人员客观地做出判断。初试结束后，测试者把各自的判断综合在一起，确定参加复试人员的名单。

（3）复试　复试可以采用口试、笔试、具体操作等不同形式。每个测试者都从不同的角度（如语言表达能力、思维反应能力、性格、技能等方面）给应聘者打分。复试结束后，综合各种测试的总体结果，确定录取人员名单。

（4）录取人员名单的公布名单确定以后，以适当的形式公布出来，或直接通知相关人员，同时要确定培训的时间、地点及应注意的事项。

中华茶道

（二）培训

现代茶艺馆对培训工作都给予了高度的重视,并希望通过高质量的培训来提高经营管理水平。

1.培训方式　培训可以采用外部培训和内部培训两种方式,或者两种方式相结合。外部培训要选择正规的、负责任的专业培训单位,如有影响的茶艺馆、茶艺培训学校、茶艺培训班等。内部培训由本茶艺馆具有较高茶艺水平、茶文化知识、经营管理水平的专业人员负责。

2.培训内容　对茶艺员的培训,主要包括以下内容:

（1）茶艺知识　包括茶艺表演的基本步骤、动作要领、讲解内容、面部表情、身体语言等。

（2）茶文化的基本知识　包括茶叶的分类,茶叶与茶艺的历史发展,主要名茶的产地、品质特点、冲泡方法、故事和传说,茶具的基本知识,喝茶的好处,有影响的茶人、茶诗词等。

（3）服务技能　包括茶艺表演、提供服务所需要的各种技能。

（4）服务程序　包括从迎宾、服务、结账、送宾,到顾客投诉的处理等一系列过程的具体步骤和要求。

（5）服务案例　把茶艺服务过程中经常遇到的问题,编成案例,提出切实可行的解决方案供茶艺员学习。

（6）规章制度　包括劳动纪律、仪容仪表的要求、卫生制度、考勤制度、奖惩制度等内容。

（7）人际关系技能　包括处理与同事的关系、上下级关系、与顾客的关系的具体原则、方法和技巧等。

3.时间安排　对茶艺员的培训是实用性很强的培训,所以在时间安排上可以把理论学习与实际操作结合在一起,交叉进行。前期边学习理论边培训茶艺,增加培训的趣味性,后期重点突出服务技能、服务程序、规章制度的培训。最后,可以进行实践性的模拟训练,以增加茶艺员的临场经验。

五、开业准备

开业前的准备工作千头万绪,非常繁杂。概括起来,主要有以下几方面的内容。

(一)物品采购

1.家具　根据茶艺馆的整体布局,确定可以容纳的台位数,据此配置合适数量的家具。

2.茶叶　茶叶的配置要考虑经营需要,品种要全,数量适宜,并兼顾高、中、低几个等级。需要采购的茶叶品种主要包括:

(1)绿茶类　西湖龙井、碧螺春、信阳毛尖、黄山毛峰、六安瓜片、庐山云雾、蒙顶甘露等。

(2)乌龙茶类　铁观音、黄金桂、大红袍、冻顶乌龙、东方美人、凤凰单枞等。

(3)红茶类　祁门红茶、滇红等。

(4)白茶类　白毫银针等。

(5)黄茶类　君山银针等。

(6)黑茶类　普洱等。

(7)花茶类　茉莉花茶、白兰花茶等。

(8)紧压茶类　沱茶、普洱砖茶等。

(9)保健茶类　贡菊、苦丁、玫瑰花蕾、莲心等。

3.茶具　主要包括茶具组合(公道杯、品茗杯、闻香杯、茶道组、茶巾、滤网)、茶船、紫砂壶、电子泡茶机、风炉、玻璃杯等。所需数量根据可容纳的台数及最多可接待的人数来确定。

4.饰品　包括字画、工艺品、窗饰、灯笼、花草、乐器、音响、电视等。

5.茶罐和茶叶筒　茶罐视茶叶品种数量而定,现在市场上茶罐种类很多,可根据茶艺馆的风格选购。茶叶筒一般选用50克装的小筒,可以印制茶艺馆的名称和标志,采购数量可根据销售预测,定购2~3个月所需的量。

6.茶食与茶食碟　茶食可选择黑瓜子、白瓜子、葡萄干、开心果等。茶食碟可根据茶艺馆的风格和个人爱好到市场上选购。

7.其他物品　如报刊杂志和书籍、棋类等。

(二)证照办理

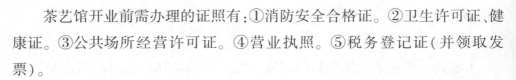

茶艺馆开业前需办理的证照有：①消防安全合格证。②卫生许可证、健康证。③公共场所经营许可证。④营业执照。⑤税务登记证（并领取发票）。

（三）服务定价与茶谱

定价的内容包括：服务价格、茶叶价格、茶点价格等。定价时要充分考虑周围茶艺馆的定价情况，从而使所定价格具有比较强的竞争力。

茶谱的形式多种多样，有仿古式、菜谱式、活页式、单项式等。茶谱的设计要与茶艺馆的风格相适应。

（四）服装定制

不同风格的茶艺馆对服装的要求有所不同，这要视茶艺馆的具体情况而定，大多数茶艺馆是以民族风格的服装为主。

（五）广告宣传

在茶艺馆开业前，要通过多种渠道把开业的消息发布出去，以便引起更多的人的关注。可用的形式多种多样，如报纸广告、电视广告、新闻宣传、条幅、电话通知、人际传播等。

（六）试营业

为了保证正式开业能达到理想的效果，避免出现混乱和意想不到的问题，在开业前2～3天可以进行试营业，试营业的"顾客"一般以亲朋好友为主。通过试营业，一方面可以增加茶艺员的实战经验，增强其信心，另一方面可以发现问题和不足，便于及时改进和调整。试营业要求全体服务人员参加，以实战的标准进行要求，管理人员现场观察、指导，每天营业结束后进行详细的总结，提出改进意见和新的要求。

（七）酬宾活动及开业庆典

为了吸引顾客，扩大影响，在开业初期可以推出酬宾活动，如打折优惠、买一送一、赠送礼品等。活动内容、形式、要求、负责人、宣传等在开业前要全部安排到位。

有的茶艺馆在开业时要举行开业庆典，以制造声势，扩大影响。因为开业庆典影响较大，涉及面广，所以要精心策划，详细安排和布置，以保证万无一失。开业庆典的策划与安排要考虑以下几个方面的内容：①开始时间。②庆典的程序安排。③来宾的联系和确定。④新闻媒体的联系和确定。⑤场地的确定和布置。⑥音响的准备和调试。⑦活动的内容与形式。⑧宣传资料的制作与发放。⑨礼品的制作与发放。⑩来宾与媒体的签到、招待与安排。⑪现场秩序及安全问题。⑫活动负责人的确定，人员的安排与分工，必要的排练等。

茶艺馆的经营管理

现代茶艺馆是服务领域中比较独特的一个行业，它以茶艺和品茗为载体，来满足顾客物质和精神方面的多种需要，具有品茶论艺、休闲娱乐、文化交流、艺术欣赏、商务洽谈、社会交往等多种功能，是一个综合性很强的服务场所。由于它适应了当前的消费趋势和潮流，所以发展迅速。一个茶艺馆要更好地发挥自己的功能，获得竞争优势，就必须结合茶艺行业的特点，加强经营管理，提高服务水平，以优质高效的服务赢得顾客。

一、茶艺馆经营管理的特点和内容

茶艺馆的经营是利用空间场地、设备和一定消费性物质资料，通过人的服务活动来满足顾客的需要，从而实现经济效益和社会效益。茶艺馆的经营管理是一项专业性较强的工作，除了具有一般性服务行业的共同之处，它还有自身的特点和内容。

（一）茶艺馆经营管理的特点

1.文化特色的民族性　茶艺馆表现的是茶艺和茶文化，其服务的内容也代表了中华民族文化精神的内容，可以说，茶艺馆是民族文化的浓缩。随着社会的发展，茶艺馆越来越成为人们社交的重要场所，茶艺馆悬挂的字画、古朴典雅的家具、悠扬的民族音乐、具有民俗特色的挂饰、装饰、风格各异的民族服装、工艺品，再加上各种各样的名茶、引人入胜的茶艺表演，让人在领略茶文化风韵的同时，感受民族文化的丰富内涵。茶艺员也通过语言、形体动作、情感交流等向顾客展示茶文化，诠释中国优秀的民族文化。

2.艺术的综合性　很多茶艺馆在装饰、陈列上，突出某一时代的特征，将该时代各种艺术综合地渗透和融合,充分地展示其艺术魅力。这里不仅有茶艺,还有琴、棋、书、画、诗、词、歌、赋,以及服装、工艺品、食品等,共同营造出一个和谐的艺术氛围。在这样的环境中,就要求从业人员努力学习茶艺和茶文化知识,不断提高艺术修养,通过自己的不断努力来展示民族文化艺术的无穷魅力。

茶艺馆

3.顾客的多样性　从服务对象看,茶艺馆的顾客多种多样。有的人文化素质较高,追求高雅、宁静的环境和艺术享受;有的人是为了社交或商务需要;有的人附庸风雅,追求时髦。去茶馆的人,既有各界名人、海外侨胞、港台同胞,也有国际友人。由于各自的文化素质、兴趣爱好、风俗习惯、品茗动机不同,他们对茶艺服务的要求也就存在一定的区别。这就要求茶艺馆不断提高服务人员的服务技能和服务水平,以更好地满足各种层次顾客的需要。

4.产品的独特性　茶艺馆的核心产品是服务。服务产品具有无形性、随机性、服务的提供与客人消费同时进行、顾客的参与性等特点,使其与有形产品的消费表现出明显的不同。这不仅要求服务人员知识全面、技能娴熟,而且还要独具慧眼,善于观察和分析顾客,了解顾客的真实需求,及时调节现场气氛,表现出服务的灵活性、随机性和亲和性,使顾客与茶艺馆的氛围能融为一体,积极主动地参与到茶艺过程中,更好地理解和接受茶艺馆的服务。

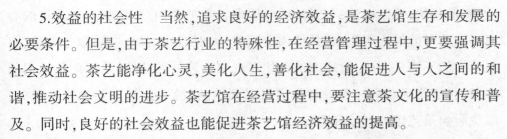

5.效益的社会性 当然,追求良好的经济效益,是茶艺馆生存和发展的必要条件。但是,由于茶艺行业的特殊性,在经营管理过程中,更要强调其社会效益。茶艺能净化心灵,美化人生,善化社会,能促进人与人之间的和谐,推动社会文明的进步。茶艺馆在经营过程中,要注意茶文化的宣传和普及。同时,良好的社会效益也能促进茶艺馆经济效益的提高。

6.经营管理的复杂性 从以上分析可以看出,大多数茶艺馆尽管规模不大,但对其经营管理却提出了较高的要求。茶艺馆的经营管理涉及方方面面,内容繁杂,要想在激烈的市场竞争中发挥茶艺馆的功能,获得良好的经济效益和社会效益,就必须不断提高经营管理水平。

(二)茶艺服务的基本要求

为了更好地体现茶叶的灵性,展示茶艺之美,演绎茶文化的丰富内涵,在进行茶艺服务时就要体现出"礼、雅、柔、美、静"的基本要求。

1.礼 在服务过程中,要注意礼貌、礼仪、礼节,以礼待人,以礼待茶,以礼待器,以礼待己。

2.雅 茶乃大雅之物,尤其在茶艺馆这样的氛围中,服务人员的语言、动作、表情、姿势、手势等要符合雅的要求,努力做到言谈文雅,举止优雅,尽可能地与茶叶、茶艺、茶艺馆的环境相协调,给顾客一种高雅的享受。

3.柔 茶艺员在服务时,动作要柔和,讲话时语调要轻柔、温柔、温和,展现出一种柔和之美。

4.美 主要体现在茶美、器美、境美、人美等方面。茶美,要求茶叶的品质要好,货真价实,并且要通过高超的茶艺把茶叶的各种美感表现出来。器美,要求茶具的选择要与冲泡的茶叶、客人的心理、品茗环境相适应。境美,要求茶室的布置、装饰要协调、清新、干净、整洁,台面、茶具应干净、整洁且无破损等。茶、器、境的美,还要通过人美来带动和升华。人美体现在服装、言谈举止、礼仪礼节、品行、职业道德、服务技能和技巧等方面。

5.静 主要体现在境静、器静、心静等方面。茶艺馆最忌喧闹、喧哗、嘈杂之声,音乐要柔和,交谈声音不能太大。茶艺员在使用茶具时,动作要娴熟、自如、柔和、轻拿轻放,尽可能不使其发出声音,做到动中有静,静中有动,高低起伏,错落有致。心静,就是要求心态平和,心平气和。茶艺员的心态在泡茶时能够表现出来,并传递给顾客,表现不好,就会影响服务质量,引起客人的不满。因此,管理人员要注意观察茶艺员的情绪,及时调整他们的心态,对情绪确实不好且短时间内难以调整的,最好让其不要为顾客服务,以免影响茶艺馆的形象和声誉。

(三)茶艺员礼仪之美

1.茶艺员的人格魅力 一位推销大师说得好:推销自己比推销商品更重要。作为茶艺员,老板并不在乎你今天让客人消费了多少,他更在乎的是客人能否回头再来。一些有远见的茶馆老板,非常留意有多少高层次、高品位的客人是因你而来,因为作为茶人,茶馆老板是儒商,高朋满座是他的追求。茶艺员吸引贵客靠的是自己的人格魅力,那么,怎样做足自己,实现个性化服务呢?

(1)微笑 茶艺员的脸上永远只能有一种表情,那就是微笑。有魅力的微笑,发自内心的得体的微笑,这对体现茶艺员的身价十分重要。茶艺员每天可以对着镜子练微笑,但真诚的微笑发自内心,只有把客人当成了心中的"上帝",微笑才会光彩照人。

(2)语言 茶艺员用语应该是轻声细语。但对不同的客人,茶艺员应主动调整语言表达的速度,对善于言谈的客人,你可以加快语速,或随声附和,或点头示意;对不喜欢言语的客人,你可以放慢语速,增加一些微笑和身体语言,如手势、点头。总之,与客人步调一致,你才会受到欢迎。

(3)交流 茶艺员讲茶艺不要讲得太满,从头到尾都是自己在说,这会使气氛紧张。应该给客人留出空间,引导客人参与进来,除了让客人品茶外,还要让客人开口说话。引出客人话题的方法很多,如赞美客人,评价客人的服饰、气色、优点等,这样可以迅速缩短你和客人之间的距离。

(4)功夫 这是茶艺员的专业,知茶懂茶,知识面广,表演得体等,这是优秀茶艺员的先决条件。

2.茶艺员的慧眼 茶艺员应该有一双洞察力极强的慧眼。客人进入茶室后,从第一眼看到客人开始,60秒内,优秀的茶艺员应该能判断出客人的

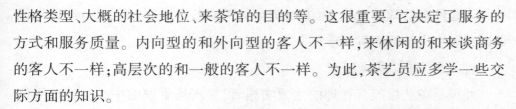

性格类型、大概的社会地位、来茶馆的目的等。这很重要,它决定了服务的方式和服务质量。内向型的和外向型的客人不一样,来休闲的和来谈商务的客人不一样;高层次的和一般的客人不一样。为此,茶艺员应多学一些交际方面的知识。

3.全程服务　茶馆应提倡全程服务,即从客人走进茶馆直到离开茶馆,茶艺员应跟踪服务。从迎客、入室、落座、点茶、茶艺表演、闲聊、送客,茶艺员都应伴随客人左右,除非客人有自己的事(如谈商务、自娱等)。

这里要特别强调的一点是:送客。

送客是茶馆服务的最后一个环节,这个环节是否能善始善终地做足100分,是全程化服务的很重要一步。目前,许多茶馆的做法是,茶艺员送客仅打个招呼就走人,送客出门的差事完全交给了迎宾,这是不恰当的。

送客是茶艺员留给客人"最后的恋情"。之所以这么说,因为这是茶艺员赢得回头客的最后的一个绝活。怎样做好这一环节,建议应从以下几点着手:

(1)话不要太多　如果客人不是有意提问,三句足够了:

"今天您玩得满意吧?"

"希望您对我们的服务提出宝贵的意见。"

"欢迎您下次再来。"

(2)微笑直到客人离去为止　茶艺员的微笑永远要真诚,发自内心。优秀的茶艺员在送客时微笑得更为生动,微笑中包含着一种与客人依依不舍的"恋情",要让客人隐隐约约有这种神会,那简直是服务到家了。

(3)引领客人到大门口　茶艺员应该把客人送出茶馆,并躬身相送。在引路中可以提醒客人注意安全,或有意识提醒客人关注茶馆的环境、饰物等,以便让客人留下更深的印象。

(四)茶艺馆经营管理的主要内容

茶艺馆经营管理的内容,概括起来主要包括:人员岗位职责的确定、日常事务管理、营销管理、现场管理、人事管理、服务管理、品牌管理等。

二、岗位职责

人是经营管理的主体,为了使所有员工能各尽其职,各负其责,首先就要确定各个岗位的职责要求。

(一)经理的岗位职责

经理是茶艺馆经营管理的主要实施者,是现场管理的中心。经理不仅要具有经营管理的能力,而且还要具有丰富的茶艺和茶文化的知识,通晓茶艺馆服务的全部过程和各种细节,要善于培训、指挥和调动员工,能应对各种类型的顾客,具有促进销售的能力。经理的岗位职责主要有:

1.营业前 ①服务现场的检查,包括灯光、室内温度、装饰、商品陈列、家具摆放、卫生状况、台面物品等是否齐备。②检查出勤人数。③检查服务人员的仪容仪表。④召开班前会,总结前一天的工作,提出新的要求,传达领导的指示。⑤掌握员工的情绪。

2.营业中 ①检查服务人员的服务态度和劳动纪律。②了解茶艺馆内的气氛并及时调节。③处理顾客投诉。④处理突发事件。⑤随时了解客人上座情况、订台情况。⑥接待重要的或特殊的客人。⑦处理客人的一些特殊问题,如优惠、购物等。⑧了解顾客的意见和建议。⑨督导服务。

3.营业后 ①进行安全检查,如电器是否已经关好、是否有未熄烟头等。②召开班后会,总结当天工作。③填写营业日志。④填写交班日志。⑤检查有关物品,如家具、电器、茶具等的完好程度,茶叶、茶具、茶点等商品的存量,是否需要领购等。⑥离开茶艺馆前全面巡视检查1次。

4.其他职责 ①组织员工培训,提高员工的茶艺、茶文化知识水平和服务技能。②主持茶艺馆例会。③适时推出促销活动。④茶艺馆的对外宣传。⑤员工招聘、面试。⑥抓好员工队伍建设。熟悉和掌握员工的思想状况、工作表现和业务水平,引导员工树立正确的人生观和道德观。⑦检查各项管理制度的落实情况。⑧建立、健全和不断完善管理制度。⑨对员工的考核和奖惩。⑩对员工进行安全、卫生、消防、法制教育。⑪控制经营成本。⑫控制茶叶、茶具等商品的质量。⑬了解茶叶、茶具市场的行情,不断开辟新的货源渠道。⑭了解其他茶艺馆的经营管理状况,提出必要的对策。⑮重要客户的联系,新客户的开发。

(二)领班的岗位职责

做好经理的助手,对分配的工作按质、按量、按时完成。

发挥带头作用,对自己严格要求,对员工热情帮助。

营业前检查服务现场,发现问题,及时处理。

落实卫生制度,保持工作区域清净整洁。

给服务人员分配工作,确定每个员工的服务区域和范围。

巡视检查服务和劳动纪律,及时发现和处理问题。

注意客人的动态,及时处理客人提出的问题。

处理顾客投诉,确有必要时请示经理解决。

检查服务单据的记录情况。

处理客人遗留物品。

了解客人的意见和建议。

必要时,协助服务。

负责盘点和器具等物品的报损。

检查营业现场的安全状况。

填写营业日志。

填写交班日志。

向经理提出意见和建议。

做好与员工的沟通工作,了解和掌握员工的思想动态。

协助经理做好员工培训工作。

领班之间工作的协调。

认真学习、努力钻研,不断提高知识水平、服务水平和管理能力。

(三)迎宾员的岗位职责

熟悉茶艺馆的设施、服务项目、价格等。

客人来到后热情欢迎,视情况给客人安排台位。

客人离开茶艺馆时与其热情道别。

必要时,协助茶艺员做好台面服务。

(四)茶艺员的岗位职责

接受领班的工作安排。

负责台面的摆设，确定所需物品的齐备和完好无损。

熟悉服务流程，严格按服务程序和标准为顾客服务。

保持服务区域的整齐与清洁。

服务后台面的清理、茶具的清洗。

对客人的适当推销。

遇到客人以亲切的态度打招呼。

必要时，协助其他茶艺员的工作。

处理客人提出的问题，必要时请示领班。

填写服务单据。

认真学习，并积极参加茶艺馆组织的各种培训。

遵守茶艺人员的职业准则和职业道德。

遵守茶艺馆制定的各项规章制度。

客人的遗留物品及时交送吧台。

处理好与其他茶艺员的关系。

完成领导交办的其他工作任务。

（五）吧员的岗位职责

负责管理吧台的物品，制作台账。

负责吧台的卫生。

领取所需物品，保证及时供应。

保存好所有账目、清单、收据、发票等。

吧台物品的盘存。

准确为客人填开发票。

核实消费单据，防止漏单、跑单。

必要时，协助茶艺员的工作。

接受顾客订台，确定台位，并告知迎宾员和领班。

接听电话，并做好电话记录，及时传达重要内容。

客人有关物品的保管。

与财务人员核实账目。

完成领导交办的其他工作任务。

（六）其他人员

茶艺馆的其他工作人员，如仓库保管员、水电工、会计、采购人员、厨师等，其岗位职责视具体工作情况而定。

三、日常事务管理

茶艺馆每天都要遇到大量的事务性问题，对这些问题制定相应的管理制度和规范，有利于管理人员跳出繁琐的杂务，提高管理的效率，同时也为有关人员提供了相应的行为标准。从茶艺馆的角度讲，日常管理的内容主要包括：物品管理、商品管理、采购管理、仓库管理、单据管理、发票管理、吧台管理、财务管理、会议管理、电话管理、对外联络等。

（一）物品管理

这里的物品主要指除对外销售的商品之外的有关物品，如字画、工艺品、乐器、家具、电视机、音响、茶具、装饰品、报刊、杂志、书籍、空调、消防器具等。这些物品非常分散，分布在茶艺馆的各个区域，有的是易损物品，如何使用，如何管理等都会影响到茶艺馆的正常经营活动。对物品的管理和使用要制定出相应的规章制度，内容包括：负责人使用的具体规定、损坏的处理规定、养护的规定与措施等。

（二）商品管理

商品是茶艺馆对顾客销售的有关物品，如茶叶、茶具、书籍等。商品一般都集中陈列或展示，以便客人选购。商品管理制度的内容主要包括：商品陈列的要求、商品定价的要求、调价的规定、损坏的处理、日常的维护、销售奖励等。

（三）采购管理

采购的质量和水平不仅影响到茶艺馆的经营水平，而且也会影响到茶艺馆的服务质量和信誉。因此，对采购工作也必须规范管理，严格要求。采购管理的内容主要包括：①采购人员的基本条件。②采购工作的程序。③缺货处理。④采购后不合适物品的处理。⑤采购人员的责任与奖惩。

⑥采购人员的账务、单据管理。⑦采购人员了解市场行情、开辟新货源渠道的要求。⑧采购人员与供应商关系的处理。⑨采购人员的职业道德要求。

（四）仓库管理

仓库管理制度的内容主要包括：①验收入库的具体规定，入库程序。②仓库单据的保管，台账的制作。③各种物品最低库存量的规定。④申购程序。⑤领料的程序与手续。⑥各种货物（如茶叶、茶具）存放的具体规定。⑦盘存的要求。⑧防潮、防蛀、防鼠、防变质的具体制度。⑨货物账、实不符的处理。⑩仓库的卫生管理。⑪仓库的安全管理。⑫仓库保管员的职业道德要求。

（五）吧台管理

吧台是联系内外、交流信息、接待顾客、处理纠纷、接受意见和建议的重要场所，吧台管理的水平也直接关系到茶艺馆的服务水平和整体形象。吧台管理制度的内容主要包括：

①顾客消费单据的管理规定。②发票填制的要求。③吧台物品的管理规定。④电话使用的规定。⑤顾客订台的处理。⑥顾客的意见、建议、留言的处理。⑦吧台卫生管理。⑧电话留言的处理。⑨吧台物品盘存，物品账、实不符的处理。⑩顾客消费打折的处理。

（六）会议管理

茶艺馆经常召开各种各样的员工会议，如例会、班前会、班后会等。为了提高会议质量，也要形成相应的会议管理制度，如例会的时间、请假及缺席的处理、纪律要求、会议决定的检查落实等，都可以做出相应的规定。

（七）财务管理

财务管理主要涉及会计报表、税务、内部的会计制度、财务制度、工作流程、现金管理、资金运作等，可依据国家的会计准则、税务部门的具体要求，结合企业的实际情况，制定相应的管理制度。

四、现场管理

服务现场是指参与服务的各要素和谐而有机的组合。服务现场主要包括：①服务者；②服务活动；③场所；④设施、材料、用具四个要素。服务者为顾客提供服务,是现场管理的中心;服务活动是顾客消费的主要内容;服务活动的质量影响到顾客对服务的认识和评价;场所提供了服务的空间;设施、材料、用具是服务所必需的物质条件。这四个要素有机结合,使服务现场成为具有生机和活力的统一体。

服务离不开现场,服务质量取决于服务现场。服务现场是服务工作矛盾的焦点,是顾客评价的核心,是展示茶馆形象的窗口。因此,现场管理就成为茶馆管理的核心,而这个核心的"核心"就是人。现场管理也就是围绕为顾客创造良好的消费环境而对服务人员的服务活动和服务过程的管理。现场管理主要围绕三个方面进行,即人的管理、物的管理和环境管理。

(一)服务人员的管理

1.仪容仪表的管理要求

(1)服装　按季节规定统一着装,做到干净、整齐、笔挺,不得穿规定以外的服装上岗;常换洗内衣,保持内衣的干净、整洁;服装上不得挂饰规定以外的饰物;衣袋内不得多装物品;不得戴手链、大耳环等饰品;非工作需要,不得在茶艺馆外穿工装。

(2)个人卫生　上岗前后、不准吃葱、蒜等带有异味的食物;饭后要刷牙,保持口腔清洁;勤理发、洗头,勤剪指甲,指甲内不得有污垢,不染指甲;保持自然发型,不得染发,不能留怪异发型;淡妆上岗,不得使用带有较明显刺激性的化妆品;手部不能涂抹化妆品;患有皮肤类疾病者,要选择用药,勤洗澡,严禁体臭上岗;不准在服务区域剔牙、抠鼻、挖耳;不准随地吐痰;经常洗澡,保持身体清洁。

2.言谈举止的管理要求

(1)站立　站立迎送客人,要毕恭毕敬,收腹挺胸,颔首低眉,双目微俯,面带微笑,双腿不可叉开,身体不能扭斜,头部不可歪斜或高仰。

(2)坐姿　在需要坐下的场合,背要挺直,不含胸,表情温馨,头部不可上仰或低俯,身体不得来回摆动,两腿不要抖动。

(3)行走　步履轻盈,和颜悦色;头不低,收腹挺胸,要从容,不显得匆匆忙忙;空手行走不得倒剪双手或袖手,手臂自然摆动;入室陪同,客人在先,

681

其中女士在前。

（4）看　面向客人,目光间歇地投向客人;不能望天花板,不能直瞧地面,不能无目的地东张西望;禁止凝视、斜视、冷白眼,禁止对客人上下打量、长时间审视。

（5）听　认真倾听,平和地望着客人,视线间歇地与客人接触;对听到的内容,可用微笑、点头应对等做出反应;不能面无表情,心不在焉,不可似听非听,表示厌倦;不能摆手或敲台面来打断客人,更不得不自制地甩袖而去。

（6）交谈　对客人要热情礼貌,有问必答;顾客多时,要分清主次,恰当地进行交谈;说话声音要柔和、悦耳,控制好语调、语速,不得大声说话或大笑;不得表现出不愿与客人交谈,或不应答客人;对客人提出的要求,要尽可能地想办法予以满足;对客人的不满或刁难,要冷静处理,巧妙应对,不得与客人发生冲突,必要时可请领班或经理出面解决。

（7）服务　按茶艺服务的动作标准、程序、规定进行。

（8）其他　无客人时,不能扎堆聊天,不能梳妆打扮,不能大声喧哗;可有组织地进行学习、讨论、练习等,并安排专人做好迎宾工作。

3.礼仪礼节的要求

（1）在接待客人和服务过程中,恰当使用文明服务用语。

（2）不能使用服务禁忌语言。

（3）在服务区域碰到客人要主动打招呼,向客人问好。

（4）对顾客要热情服务,耐心周到,百挑不厌、百问不烦。

（5）递送物品要用双手,轻拿轻放,不急不躁。

（6）不能与客人发生争执、争吵。

（7）不能带情绪上岗,不能带着不悦的情绪接待顾客。

（8）对特殊客人要了解其禁忌,避免引起客人的不快或发生冲突。

（9）尊重客人的习惯,不得议论、模仿、嘲笑客人。

（10）保持愉快的情绪,微笑服务,态度和蔼、亲切。

（11）进入房间要先敲门,经许可方能入内。

（12）同事之间要和谐相处,团结互助,以礼相待。

4.劳动纪律

（1）员工必须按时上班，准时进入工作岗位，如有急事要向经理请假，批准后方可离开。

（2）不准在服务现场吃东西、干私活。

（3）严禁酒后上岗。

（4）工作期间必须讲普通话，不得使用方言。

（5）严守工作岗位，不准随便离岗。

（6）维护茶艺馆的形象，不得在服务现场聊天、打闹、嬉笑、大声交谈。

（7）不能因点货、收拾台面、结账等原因不理睬顾客。

（8）不得当面或背后议论客人，不得对客人评头论足。

（9）不得使用破损、有缺口、污渍的茶具。

（10）不准与顾客争吵。

（11）不准坐着接待顾客，对待顾客要礼貌、热情、主动。

（12）不得随地吐痰、乱扔杂物，要保持工作区域的清洁。

（13）不得表现出对客人的冷淡、不耐烦及轻视，对所有客人要一视同仁。

（14）保持良好的站立姿势，不可靠墙或服务台，不可袖手或倒背双手。

（15）与客人交谈时要掌握技巧，注意分寸，不得打听客人的隐私。

（16）全面了解茶艺馆的情况，不得对客人的问题一问三不知。

（17）收放物品时要小心，轻拿轻放，不能声音过大。

（18）不能不理会其他服务员招待的客人的招呼。

（19）不得当着客人的面打扫卫生。

（20）严禁向客人索取小费。客人付小费时要婉言谢绝。

5.考勤制度

（1）为保证正常的工作秩序，员工必须按时上班，不迟到，不早退，不旷工，不擅离职守，有事要请假，并按要求办理请假手续。

（2）经理或领班要如实记录所有人员的出勤情况。考勤作为对员工考核、奖惩的重要依据之一。考勤记录不得涂改,记录错误确须更改,当事人要签名并说明更改原因。

(3)请假要由员工本人填写请假条,写明请假的事由和起止时间,经理批准后方可离开。职工病假超过1天者,需出具市级以上医院的证明。一般情况下,不得电话请假,不得他人代假。

(4)各种假期的管理,如事假、病假、婚假、丧假、探亲假、休假等,视具体情况做出相应的规定,内容包括请假手续的办理,工资、奖金的处理等。

(5)对违反考勤制度者,如迟到、早退、旷工、捏造理由请假、考勤弄虚作假等,要制定相应的处罚措施,以保证考勤制度得以切实执行。

(二)物品和设施的管理

茶艺馆的各种服务设施、用具、物品的维护、保管十分重要,必须建立相应的管理制度。

1.设施和物品要由专人负责,专人专管,做到岗位清楚,职责分明。

2.明确设施、用具的检查项目、检查方式,定期定时进行检查,发现问题及时处理。

3.建立设施维修保养资料卡和用具账目及损坏情况登记卡,以便积累数据,掌握规律。

4.对商品陈列做出明确规定,使陈列安全、有序,显示出美感,并方便顾客选购。

5.对物品的人为损坏,要有相应的处理办法。

(三)环境管理

茶艺馆服务环境的要求是:整洁、美观、舒适、方便、有序、安全、安静。好的服务环境,一方面可以满足顾客的需求,获得顾客的好感和信任,树立企业的良好形象;另一方面会使服务人员精神焕发,工作更有劲头。

1.安全管理

(1)有目的、有组织地分析服务全过程,尽可能抓住容易发生事故的关键环节,制定预防措施及对策。

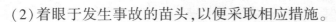

（2）着眼于发生事故的苗头,以便采取相应措施。

（3）制订应急计划和措施,避免措手不及,以减少事故发生时可能造成的损失。

（4）抓好安全教育,使所有员工树立牢固的安全防范意识。搞好安全培训,使员工熟悉安全措施和消防设施的使用方法。

（5）按照安全消防的要求,配置消防器材,并安排专人负责管理。

（6）经常巡视检查,查处安全隐患。

（7）明确每个员工的安全责任,动员全员参与,共同搞好安全工作。

（8）经理和领班在安全管理中要发挥主动作用,经常检查关键环节,抓好对员工的安全教育和培训工作。

2.卫生管理

（1）地面要求"光、亮、净",不得有未清理的垃圾。顾客丢弃的废物要随时清理。

（2）地面无痰迹、烟头、烟灰、污水、纸片、脚印等。

（3）大厅、房间、卫生间墙面、墙角、窗台等处无积尘、浮土、蜘蛛网等。

（4）门窗、楼梯扶手无灰尘、污垢,玻璃要清澈透亮,无污点、污痕。

（5）柜台、货架、灯架、音响、电视等凡能看得见、摸得着的地方,不得有污物、灰尘、污渍。台面无杂物、灰尘、茶渍等。

（6）卫生间地面干净,无污水、脏物。纸篓的垃圾及时清理,所存垃圾不得超过纸篓高度的1/2。管道上下水通畅,洗手池外壁、内壁、台面、水管把手无污迹、灰尘,便池干净、洁白,无明显污渍。室内经常通风,无异味。各种物品摆放整齐、有序,墙面无乱涂乱画。

（7）客用茶具无水痕、污渍、手纹、茶渍(紫砂壶、茶船除外)。

（8）室内无蚊蝇、老鼠及腐烂变质的商品、食品,无异味。

（9）宣传栏、装饰物无灰尘、污垢。

（10）客用茶具、餐具按规定进行消毒。

（11）生熟食品分开保存。

（12）吧台物品摆放整齐，卫生要求与室内的其他要求相同。

（13）每天上午开门接待顾客前，经理或领班要组织服务人员全面打扫卫生，对所有区域按标准进行清理，并逐项检查，不合格的地方要重新清理。

（14）营业期间，所有人员要随时注意卫生情况，发现问题要及时处理。

（15）晚上送宾后，对地面、台面、墙面要彻底打扫一遍。

（16）所有员工不得乱扔杂物，不得随地吐痰。

（17）及时清理台面上的果皮、茶叶、水迹等，勤换烟缸，保持台面的干净、整洁。

（18）对出现问题的员工，领班和经理要随时提醒其注意个人行为。问题严重的，要进行相应的处罚。

（19）对员工进行卫生知识和卫生法律制度的培训，帮助员工养成良好的卫生习惯，树立卫生意识，注意约束自己的行为，努力创造卫生、清洁、舒适的工作和服务环境。

（20）经理、领班要经常检查卫生制度的落实情况，对存在的问题要提出改进意见和要求。

3.营造安静的服务环境

（1）所有服务人员要注意自己的言谈举止，保持环境的安静。

（2）音乐要柔和，声音适度，不能太高。

（3）对发出声音、声响较大的顾客，要以适当的方式提醒其注意，共同营造安静的环境。

五、营销策划

茶艺馆的营销就是通过客人参与服务并对服务满意来实现经营的目的。营销的任务在于不断发现和跟踪顾客需求的变化，及时调整茶艺馆的整体经营活动，努力开发和满足顾客的需要，推动茶艺馆的不断发展。茶艺馆营销管理的内容包括：营销战略、营销策略的制定，营销活动的策划和实施，宣传工作的开展，产品创新管理，顾客管理和会员管理，服务人员销售意识的培养等。

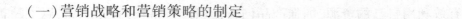

（一）营销战略和营销策略的制定

营销战略是从茶艺馆长远发展的角度对营销管理进行的总体规划，它是在茶艺馆的定位和对市场分析、预测的基础上制定出来的。营销战略不把眼光局限于茶艺馆目前的经营状况及狭小的市场范围，而是着眼于茶艺馆未来的发展方向，着眼于对营销系统的、整体的、有步骤的安排和推进，要求的是未来的结果和良好的局面。营销战略要对茶艺馆未来3~5年，甚至更长时期的营销管理进行统筹规划，以充分利用茶艺馆有限的资源，一步步实现企业发展的目标。

营销策略是在营销战略的指导下，结合目前茶艺馆的经营情况、市场状况，针对竞争对手的营销活动、营销措施，以及消费需求的变化，对茶艺馆营销进行的短期规划和安排。它涉及的时间较短，一般在1年以内。如适时制定的价格策略、服务策略、产品策略、宣传策略等，都具有较强的针对性和目的性，以便在一定时期内吸引顾客，扩大影响，提高销售额和企业的效益。

（二）营销活动的策划

营销活动是企业吸引顾客，提高销售额常用的一种手段。茶艺馆可以开展的营销活动多种多样，如价格优惠、推出新的服务、举办文体活动、开展茶文化宣传等。为了增加活动的吸引力，扩大影响，一是对活动要精心策划，找到好的创意和方法。二是要认真组织，使活动能达到预期的效果。

（三）宣传工作

宣传工作对提高茶艺馆的知名度、扩大茶艺馆的社会影响、提高竞争力等有着重要的促进作用。对此，茶艺馆应有足够的认识。茶艺馆可以自己组织宣传，如利用自己的宣传资料、宣传册、茶艺表演、茶文化推广等形式来进行，也可以利用各种新闻媒体进行宣传。

（四）产品创新管理

茶艺馆的产品创新主要体现在服务内容、服务方式的创新上。顾客不希望自己喜欢的茶艺馆的服务一成不变，各个茶艺馆的服务大同小异，他们希望茶艺与服务不断创新。因此，茶艺馆要根据消费心理及顾客需求的变

化,有效利用自己的资源,加强产品创新,适时推出新的服务产品,以不断扩大市场需求,提高茶艺馆的市场竞争能力。

（五）顾客管理

对新顾客,除了提供热情、优质的服务外,还要视情况主动介绍茶艺馆的全面情况,增加客人对茶艺馆的了解,使其对茶艺馆留下良好的印象。

对于老顾客,可以建立顾客档案,记录客人的姓氏、联系方式、消费习惯、特殊爱好等。加强与顾客感情的沟通与联络,以稳定客源。茶艺馆的重大活动,推出的酬宾活动、营销活动等,要及时通知老顾客。平时消费时可以提供一定的优惠,或奉送茶点、茶叶等。

（六）会员管理

有的茶艺馆实行会员制或者拥有部分会员,一般来讲,在这种消费形式推出时,都要形成相应的会员管理制度,内容包括:会员的权利和义务、茶艺馆的权利和义务、纠纷的处理方式、会员的有效期、管理制度的解释权等。

（七）服务人员销售意识的培养

现代茶艺馆强调全员促销,并且服务人员处于第一线,直接与客人接触,服务员的销售技巧和销售意识直接影响到茶艺馆的经营状况。茶艺馆不仅要加强服务培训,提高服务员的服务技能和服务水平,还要加强销售技能培训,提高销售技能和销售技巧。更重要的是,要让每一个人都认识到销售的重要性,树立销售意识,这需要一定时间的训练,需要观念的转变,需要与服务员个人的利益联系在一起。值得注意的是,对销售意识的强调要适度,要帮助服务员树立正确的销售观念,如果过分强调销售,甚至是不讲策略与方式,可能会引起顾客的反感和不满。

六、人事管理

人事管理是茶艺馆经营管理的一项重要工作,有效地开发和利用人力资源,不仅可以降低经营成本,而且还可以有效地调动和提高员工工作的积极性和主动性,激发其工作热情,增强其责任心,从而促进茶艺馆经营目标的实现。人事管理的内容包括员工的招聘、培训、工资、福利、考核、奖惩、激励、个人发展、心理调适等。一般的茶艺馆都要结合自己的具体情况,制定一套切实可行的人事制度或人力资源管理制度,对相关内容做出详细的规定和要求,指导人事工作。

七、服务管理

服务是茶艺馆的核心产品和主要内容,服务质量是茶艺馆的生命。因此,加强服务管理就成为茶艺馆经营管理的重中之重。但是服务产品又不同于有形的实物产品,它具有这样几个特点:服务的无形性,即服务的本质是抽象的、无形的;服务的不可分性,即服务的生产与消费、交易是同时进行的,并且有顾客的参与;服务的易变性(不一致性),即服务没有标准,是不稳定的;服务的不可储存性(易消失性),即服务不能像实体产品那样可以储存。同时,由于顾客的复杂性,每个人的背景、素质、需求、目的、评判标准也不相同,从而对服务的认识和评价就会存在差异。这就增加了服务管理的难度。针对服务的特性和顾客多样化的特点,服务管理可以从这样几个角度入手:实行服务的程序化、标准化、个性化和技巧化,加强服务质量管理和服务创新,提高服务培训的水平和质量等。

(一)服务的程序化

对每一项服务,不管客人的要求有多大差异,它都有内在的逻辑关系,前后都有一定的顺序连接。服务的程序化就是按照各项服务的内在逻辑关系,把每一项服务的每一个步骤的相互衔接,每一个步骤的具体细节及要求,详细地规定出来,并依此对服务人员进行训练,形成相应的服务模式。每一项服务工作,无论是直接服务或间接服务,如果都按规定的程序进行,服务质量就能得到基本的保证。茶艺馆的服务程序主要包括:①迎宾的服务程序。②点茶的程序。③台面服务的程序,茶艺表演的程序。④单据传递程序。⑤送宾的程序。⑥特殊事件的处理程序,如顾客投诉、突发事件的处理等。

(二)服务的标准化

服务的标准化是指茶艺馆系统地建立服务质量标准,并用标准来规范

中华茶道

服务人员的行为。也就是通过对服务的方法和技巧进行概括和总结,找出一套比较好的办法,即能满足绝大多数顾客需求的办法作为标准,服务人员在服务过程中以此为准则为顾客服务,以提高服务质量,避免差错和事故的发生。茶艺馆的服务标准主要包括:①茶艺表演的动作标准,迎宾的动作标准。②仪容仪表、言谈举止、礼仪礼节的标准。③有关的时间标准,如点茶、泡茶、结账的时间要求。④茶叶、茶具、茶点等的质量控制标准。⑤茶艺员的考核标准。

(三)服务的个性化

尽管我们强调服务的标准和规范,强调整体和统一,但在实际服务过程中,满足顾客的需求才是我们的目的。因此,针对不同的顾客在服务时就要有所变通。服务的个性化主要是指茶艺馆的服务人员针对不同的顾客或不同的需要提供不同的服务,这就要求服务人员针对顾客的要求,表现出高度的灵活性,善于对服务内容和服务手段重新进行组合,以灵活、优质、高效的个性化服务赢得客人的满意。

(四)服务的技巧化

服务的技巧化是指培养和增强服务人员的服务技巧,利用服务技巧来吸引和满足顾客,充分发挥技巧在服务中的作用。茶艺服务归根结底是靠自身的、其他行业难以替代的服务技巧生存和发展的。要表现出高超的技艺,就要求茶艺服务人员要具有丰富的茶叶、茶艺、茶文化知识和社会知识,娴熟的茶艺技能,长期的服务经验,一定的处理人际关系的能力等。茶艺馆可以通过培训、交流、内部考核、竞赛活动等提高员工的服务技能和技巧。

(五)服务的关系化

茶艺服务与其他服务的明显不同,表现在它具有明显的亲和性特点,这是由于茶叶的特性及茶文化的本质所决定的。相对来讲,在服务过程中,顾客与茶艺服务人员之间的交流较多,也较为深入。因此,茶艺馆可以利用其有利的一面,采取关系化策略,即在服务过程中强调关系营销、人际沟通、服务人员的交际能力、与顾客接触"真实瞬间"的服务质量,增强顾客对茶艺馆的好感,提高顾客对服务品牌的忠诚度,形成相对稳定的顾客群。这就要求服务员要善于引导顾客进入角色,并从细微处关心和体贴顾客,使服务升华到一个更高的层次,使顾客真正产生"宾至如归"的感觉。

(六)服务质量管理

要使茶艺馆的服务质量让顾客放心和信任,并不是一朝一夕能够做到的。"取信十年,失信一日",企业信誉的建立与每一个人都有着密切的联系,也需要茶艺馆坚持不懈的努力。为了从总体上提高服务质量,就需要运用系统的方法把质量管理的各阶段、各环节的职能组织起来,形成一个职责明确、互相协调、互相促进的有机整体,保证服务质量目标的实现。这就需要茶艺馆做好以下几个方面的工作:①明确企业质量管理的目标。②制订提高服务质量的计划。③形成全员参与的服务质量管理体系。④增强所有员工的质量意识。⑤加强服务培训,提高员工的整体素质。⑥及时搜集、整理、分析茶艺馆服务质量的信息,善于发现问题,并采取措施加以解决。⑦加强服务质量的监督、检查和评价,以增强员工提高服务质量的主动性。⑧及时、妥善处理纠纷和服务事故,避免问题的扩大化,把影响控制在最小的范围。

八、茶艺馆的品牌营造

品牌是茶艺馆的无形资产和宝贵财富。在未来激烈的市场竞争中,茶艺馆之间的差异越来越小,而对顾客最有吸引力的就是茶艺馆的品牌价值和影响。因此,着眼于未来竞争的需要,打造一个良好的品牌形象,是现代茶艺馆进一步发展的必然选择。

尽管表现茶艺馆品牌的是茶艺馆的名称、牌号或商号,但由于茶艺馆服务内容较多,人们能够形成印象和记忆的只是其中的某些方面,因此在品牌打造之初,还应选择一个或几个切入角度,形成自己的特色,以点带面。可以选择的角度有:茶艺馆的历史、典故、与茶艺馆相关的文化、茶艺馆的风格、环境、独特的服务、茶叶的品质、茶艺馆创始人的传奇故事等。从一个或相关的几个角度入手,操作起来相对要容易一些。

品牌重在营造,通过不懈的努力去宣传推广。品牌的营造要注重长远,进行系统的规划和统筹安排。品牌营造可以分为以下几个步骤:

1.确定品牌营造的策略　选择切入点,制定必要的支持性措施。

2.规范茶艺馆的管理　品牌营造是以优质服务和较高的管理水平为基础的。规范的管理是品牌营造的前提。

3.形成特色　围绕某个方面形成自己的特色和优势,作为宣传和扩大影响的切入点,同时也使本馆与其他茶艺馆明显地区别开来。

4.宣传推广　调动多种宣传力量和手段,宣传茶艺馆的形象,以产生良好的社会影响,引起各方面的广泛关注,不断提高茶艺馆的知名度和美誉度。

5.品牌的维护　一方面要对品牌的知识产权进行保护,防止假冒、侵权等行为,一方面要不断提高经营管理水平,维护品牌的形象和声誉。

第七章　茶之习俗

数千年的悠悠岁月，奔腾不息的长江、黄河，孕育出中华博大精深、瑰丽多姿的民风民俗，中华茶俗即是浩瀚的中华民俗中的一颗闪亮的明珠。

在历史的长河中，不同的民族、不同的时代、不同的地区和不同的社会经济呈现出了多姿多彩的饮茶习俗。那五彩缤纷的茶俗，始终伴随着人们的日常生活，丰富着人们的日常生活情趣，既在人们眼前闪烁，也在人们的身边传播。

第一节　茶与礼仪

人类在长期的交往活动过程中，渐渐地形成了一个约束与指导人们交往行为的规范——礼仪，这是人类文明、进步的结果。

我国是世界文明古国，也是礼仪大国。我国的文化发展源远流长，我们的祖先创造了一系列体现中华民族个性特征的礼仪形式——中华礼仪，为世界所称道，为世界所景仰。"茶"作为我国民俗礼仪的使者，千百年来为人们所重视。它既参与了国家之间的礼仪活动，也融入了民间人与人之间的交往，成为与人们日常生活息息相关的佳品。

虽然时代在不断地变迁，但是各种饮茶习俗依然世代相传、生生不息。其中，既有宫廷的华章、庙堂的雅乐，也有民间的山歌、野曲。在那极具平民性的茶俗中,却凝聚着历史的积淀,同时又富含着清丽的时代气息。它渗透到社会生活的各个领域、各个层面,融哲学、宗教学、社会学和民俗学于一炉。千百年来它雅俗共赏,源于民间、长于民间,为广大群众所认同、接受。

以茶待客,客来敬茶,历来是有数千年文明史的礼仪之邦——中国最普及、最具平民性的日常生活礼仪——客来宾至,清茶一杯,可以表敬意、洗风尘、叙友情、示情爱、重俭朴、弃虚华,成为人们日常生活中的一种高尚礼节和纯洁美德。

在我国,千百年来茶与礼仪已紧紧相连,密不可分。敬茶的礼节仪式,可分为多种类型,如宫廷茶仪、宗教茶仪、家庭茶仪、敬宾茶仪、婚礼茶仪等。宫廷茶仪常用于迎送使臣宾客、表彰庆典等,又称赐茶。所用茶具华贵,以金银制作;品茶讲究"精茶",采用"真水";茶仪注重身份贵贱,仪式森严。清代各级官府和官吏,或向属下索取,或向上层致送,奉献茶叶亦称茶仪。茶与道、佛等宗教活动结合形成宗教茶仪,两晋、南北朝时已很普遍。中国的饮茶与民间风习融合形成茶礼,在婚丧祭祀和社交应酬活动中十分常见。中国是多民族国家,各民族风俗习惯不同,礼仪内容也有所差异。

第二节　茶与宗教

宗教是一种历史的、社会的、文化的现象,它的产生和发展几乎和人类文明史同步;它的影响所及,遍布世界各地,不分疆域、国别、制度、种族和民族;长期以来,宗教信仰、宗教习俗不同程度地融合在世界各个民族的生活中,形成各具特色的文化现象,其中,也包括了茶俗文化。茶作为世界性的文明饮料,一方面受到了宗教的青睐,并成为宗教活动的必需品;另一方面,宗教对茶的崇尚,又为茶的发展与传播起了积极的推动作用。

道教与茶

道教是我国宗教之一,由东汉张道陵创立,南北朝时开始盛行。初唐时，道教进入了第一个鼎盛时期。

　　道教不仅在人们的人生哲学、生活情趣、审美情趣等方面，而且在政治、经济、社会习俗、文学艺术等领域，都曾对中华民族的发展产生过巨大影响。道教以生为乐，有长寿的大乐，以不死成仙为极乐。这迎合了人们发自本能的第一需要——生存；主张人要活得舒服、活得自在、活得快快乐乐，这迎合了人们第二需要——享乐；主张高雅脱俗，潇洒飘逸，过神仙日子，这吻合了人们第三需要——精神满足。而饮茶恰恰能满足人们的种种需要。

陶弘景像

　　道教与茶结缘由来已久。清末刘鹗为创作《老残游记》，曾多次游历泰山，以搜集和了解泰山地区的民俗风情。书中第一回写老残与慧生游览岱庙雨花道院时，道士端茶招待客人的细节描写得颇为生动。

　　在道教创立初期的道教经典著作《抱朴子》中就有"盖竹山，有仙翁茶园，旧传葛元植茗于此"的记载，此书作者葛洪是晋代医学家、炼丹术士。南朝梁代道士、医学家陶弘景编著《本草经集注》等医书，在《杂录》中说，茶能轻身换骨。

　　在两晋南北朝时期，还出现了不少把饮茶与神仙故事结合起来的传说。

《广陵耆老传》一位卖茶的老婆婆，晋代官吏以败坏风气为名将她逮捕入狱，夜间她居然带着茶具从窗户中飞走了。由于道家认为饮茶有所谓的"得道成仙"的神奇功能，是修炼时的重要辅助手段，故《天台记》中说："丹丘出大茗，服之羽化。"

茶被道教所推崇，在《神异记》里还有这样一则传说："余姚人虞洪，入山采茗，遇一道士，牵三青牛，引洪至瀑布山，曰：'予丹丘子也，闻子善具饮，常思见。惠山中有大茗，可以相给，祈子他日有瓯牺之余，允相遗也。'因立奠祀，后常令家人入山，获大茗焉。"

盛唐时，道教有宫观1687座，道人数以万计。东都洛阳有长安太清宫、玄元皇帝庙、天台山桐柏观、茅山紫阳观、筠州祈仙观、清江三清观、宜春紫微观、洪州应龙宫，华山、王屋山、青城山、仙都山、泰山等地宫观遍布。这些宫观大多在名山胜地，环境清幽，宜于茶树生长。凡是有道教宫观之处，均为盛产茶叶之地，所以栽茶品茗，成了道士们平日的乐事。

唐代道士中，有很多喜欢饮茶者。开元年间，道士申元之深得唐玄宗宠幸，玄宗曾命宫嫔赵云容为申元侍奉茶、药。唐肃宗赐给道士张志和奴、婢各一名，志和将他们配为夫妻，取名渔僮、樵青，"使苏兰薪桂，竹里煎茶"。道士施肩吾在《蜀茗词》中云"越碗初盛蜀茗新，薄云轻处搅来匀"，认为茶汤可与"琼浆"相媲美。

"小鼎煎茶面曲江，白须道士竹间棋。"李商隐的《即日》诗则生动地描绘了道士用茶伴棋的情景。

我国第一位在诗中提出茶道的人是唐代诗僧释皎然。他在《饮茶歌诮崔石使君》诗里写道："三饮便得道"，"孰知茶道全尔真，惟有丹丘得如此。"他认为精通茶道的人，惟有丹丘一人。在另一首《饮茶歌送郑容》诗里云："丹丘羽人轻玉食，采茶饮之生羽翼。"再次吟赞丹丘饮茶后成仙的往事。所谓"成仙"即健康长寿之意，可见他对丹丘的推崇。丹丘是什么人呢？他是汉代的一位善以饮茶养生的道士。

唐代著名女道士李冶（又名李秀兰），与陆羽交情很深，德宗年间曾与陆羽、皎然在苕溪组织诗会。有人认为，他们当时共同创造了唐代茶道格局。

唐代诗人温庭筠曾在《西陵道士茶歌》中,描述西陵道士煎茶和饮茶的情景。煎茶的水是带有涧花香的乳泉水,茶则是绿如春江水色的佳品。晚上山月当空,松影挺立,西陵道士来到坛上,手摇着白羽扇,品饮着煎好的香茶,念诵着《黄庭经》。此时此刻,品啜名茶真是快意之事。茶叶的香味长久地留在齿颊中,同时又感到心灵深处已经和仙境相通。

北宋年间,士大夫文人与道教徒的交往甚密。宋代文学家、史学家欧阳修曾将名贵的龙团茶赠送给"来似浮云去无迹"的"颍阳道士青霞客"(《送龙茶与许道人》)。著名诗人苏轼曾到惠山拜见钱道人,登绝顶望太湖,道人烹小龙团款待。苏轼赋七律诗一首,有"独携天上小圆月,来试人间第二泉"的佳句。

元代散曲名家张养浩游览泰山的时候,品尝道观茶饮之后,在《过长春宫》一诗中,留下了"鼎铛百沸失膏火,风水万里忘萍逢"的佳句。"探虚玄而参造化,清心神而出尘表。"这是明代茶人朱权的深切感受。

千百年来,宫观道士不但自己以饮茶为乐,而且提倡敬茶待客,进而还以茶作为祈祷、祭献、斋戒、作法事时的供品。

道教注重"长龄之术",把饮茶作为延年益寿、祛病除疾的养生方法是有其科学性和积极意义的,故对民间饮茶风俗的形成起了促进作用。

佛教与茶

谈起中国的茶俗文化,人们很自然地会联想到"茶禅一味"之说。

"戒、定、慧"是佛教徒修行的方式。所谓"戒",即僧人要遵守不饮酒、不非时食(过午不食)、戒荤吃素等。所谓"定",是指僧人坐禅修行。"禅",静坐之意。坐禅讲究专注一境。传说中国禅宗初祖达摩在嵩山少林寺,面壁九年,默坐冥想;坐禅入定,连小鸟在肩上筑巢都没有察觉。所谓"慧",即断除迷惑,证悟真理。要求僧人做到"跏趺而坐,头正背直,不动不摇,不委不倚"。为此需要一种既符合佛教戒规,又可消除坐禅带来的疲劳和弥补

697

过午不食的营养补充物。茶的生津止渴、提神益思等药理功能以及本身所含有的丰富营养物质,便成了僧人最理想的饮料。

僧人的饮茶历史,有文字确切记载的是在晋代。据《晋书·艺术传》记载,敦煌人单道开在后赵都城邺城昭德寺修行时,昼夜不卧,不畏寒暑,诵经四十余万言,经常用饮"茶苏"来防止睡眠。这表明佛教徒饮茶的最初目的,就是为了坐禅修行。民间曾流行过一个传说:禅宗初祖达摩面壁九年,有一次竟在沉思中睡着了,他醒后非常恼怒,便割下自己的眼睑扔在地上,眼睑落地后生根长成了茶树,达摩取其叶浸泡在热水中,饮后消除了睡意。终于面壁十年,修成了正果,创立了禅宗。虽然这个传说有其荒诞性,但是说明了茶与佛教关系的密切。僧人打坐诵经,很容易困乏,而茶恰恰有提神醒脑的功效。

唐宋年间,佛教盛行,禅宗强调以坐禅方式,彻悟心性,因此,寺院饮茶风尚更加推崇。唐封演的《封氏闻见记》曾写道:"(唐)开元中,泰山灵岩寺有降魔禅师大兴禅教,学禅务于不寐,又不餐食,皆许其饮茶,人自怀挟,到处煮饮。从此转相仿效,遂成风俗。"宋代钱易庄《南部新书》中记载:唐大中三年时,东都进一僧,年一百三十岁。宣皇问服何药至此。僧对曰:"臣少也贱,素不知药,性本好茶,至处唯茶是求,或出亦日遇百余碗,如常日亦不下四五十碗。"在道原的《景德传灯录》中,也有"问如何是和尚家风? 师曰:饭后三碗茶"之说,认为饮茶能够彻悟,饮茶可以长生,可见茶禅关系之深,饮茶渐渐成了僧人日常生活中不可缺少的内容,也成为寺院制度的一个重要部分。

由于佛教提倡饮茶,因而,在我国的许多寺院中,设有专门"茶堂",用作僧侣们潜心论佛、招待施主的地方。在寺院法堂的西北角,还设有一只茶鼓,那是召集众僧侣饮茶所击的鼓。通常,一些大的寺院还专设"茶头",掌管烧水煮茶。在寺院门前,还派有"施茶僧"数名,布施茶水。平时,僧侣们在寺院内坐禅,分为六个阶段,每一阶段焚香一支。每焚完一支香,寺院监值都要"打茶","行茶四、五匝",借以清心提神。

佛教寺院不仅提倡饮茶,还提倡寺院僧侣自行种植茶树。因此,在我国历史上，江南的许多寺院中，还种有许多"寺院茶"，俗称"佛茶"。由于我国南方寺院，大多坐落在群山环抱的山腰峡谷，自然生态优越，适宜种茶，因此我国的许多名茶的产生，都与寺院有关。如四川的蒙山茶相传是西汉时，为甘露禅师吴理真亲手所植的"仙茶"所制。江西的"庐山云雾茶"始于东晋时的僧人慧明；福建的"武夷岩茶"，是乌龙茶的始祖，相传是唐宋以后，由武夷寺僧所采制；江苏的"碧螺春"茶，是在北宋时，由洞庭山水月院山僧采制的"水月茶"演变而成的；还有浙江惠明寺的惠明茶，余杭径山寺的径山茶，天台山万年寺的罗汉茶；云南大理感通寺的感通茶；安徽黄山云谷寺的毛峰茶。此外，浙江湖州的山桑寺、儒师寺；风亭山的飞云寺、曲水寺；杭州的天竺寺、灵隐寺；江苏常州圈岭的善权寺；扬州的禅智寺等，在历史上都有寺院僧人开辟的茶园和生产的名茶。

由于茶被佛教界视为"神物"，饮茶之风传遍大小寺庙，种茶、制茶成为僧侣一业，另一方面，佛教也促进了茶业的发展，加速了茶叶的传播。

伊斯兰教与茶

以茶代酒与宗教密切相关。相传唐时，佛教盛行，僧人坐禅，一不准喝酒，二不进夜点，三不能打盹，但允许喝茶。茶能提神消疲，又利于清心修行。

伊斯兰教与佛教、基督教并称为世界三大宗教，分布于90多个国家和地区，而以西亚、北非、东南亚等地为最多，有些国家将它定为国教。

唐高宗永徽二年(公元651年)，伊斯兰教开始传入我国，主要在西北边疆地区的回、维吾尔、哈萨克、乌孜别克、柯尔克孜、塔吉克、东乡、撒拉、保安等兄弟民族中传播。

伊斯兰教戒律森严，提倡人们和睦相处，酒是被禁止的，但是茶却是提倡的。因为茶能给人以一种道德的修炼，可以使人宁静清心。加之，我国西北一带，地处高寒，这里的兄弟民族大多以放牧为生，多食牛羊肉，很少吃到蔬菜，而茶中的丰富营养，正好补充了生理健康的需要，因此，长期的生活实践,使他们懂得了喝茶不仅可以生津止渴,去腻消食,而且是人体不可缺少的营养来源。所以,在这一地区的兄弟民族中,奶子茶、香料茶、酥油茶等各种富含营养的作料茶应运而生,蔚然成风。他们把茶看得与粮食一样重要,"以茶待客"为穆斯林之风尚。

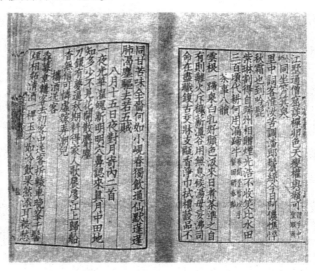

清·金农《茶事八韵》书影

以茶代酒的风习,在一些信仰伊斯兰教的国家,如埃及、摩洛哥、阿尔及利亚、巴基斯坦、伊朗、阿富汗等,也非常盛行。这些国家虽然很少产茶、甚至不产茶,但是提倡饮茶,用茶代酒,使茶叶的人均消费量大大超过世界人均水平。

基督教与茶

基督教包括天主教、正教、新教以及一些较小的派别。与茶关系密切的是三大教派之一的天主教,元代时传入中国。公元1556年,葡萄牙神父克鲁士来华传播天主教,1560年回国,向欧洲介绍中国饮茶及茶的知识:"凡上等人家习以献茶敬客,此物味略苦,呈红色,可以治病,作为一种药草煎成液汁。"以后,意大利传教士利玛窦、威尼斯牧师勃脱洛、意大利牧师利赛等相继来华,回国后都曾介绍中国饮茶习俗。勃脱洛在《都市繁盛原因考》中记载："中国人用一种药草煎汁，用以代酒，可以保健防疾病，并可免饮酒之害。"葡萄牙神父派托亚介绍中国茶："主客见面，互通寒暄，即敬献一种沸水冲泡之草汁，名之曰茶，颇为名贵，必须喝二三口。"天主教促进和宣传了中国饮茶风习在欧洲的传播。

第三节　茶与婚俗

我国婚姻习俗就像一幅多姿多彩的风俗画长卷。我国各民族婚俗的许多礼仪与茶又结下了不解之缘。吴自牧的《梦粱录》中曾记载，南宋时，杭州富裕之家就已经"以珠翠、首饰、金器、销金裙褶，及缎匹茶饼，加以双羊牵送"，作为行聘之礼。到明代，以茶定亲行聘之俗更得到了进一步的肯定。郎瑛在《七修类稿》中说，"种茶下籽，不可移植，移植则不复生也，故女子受聘，谓之吃茶。又聘以茶为礼者，见其从一之义。"茶树又是常绿树，以茶行聘，不仅象征着爱情的坚贞不移，而且象征爱情的永世长青。从唐代将茶作为高贵礼物伴随女子出嫁，到宋代的"吃茶"订婚，以后"吃茶"又成为男女求爱的别称，茶和婚姻的关系越来越密切，成为婚俗中不可缺少的内容。

走茶包

俗语说："天上无云不下雨，地上无媒不成姻。"媒人在中国的婚姻舞台上，曾成为"合法婚姻"的主要标志。做媒者必须深晓礼仪，善于辞令，也要准确地把握男女双方的喜好和心理。为了促成秦晋之好，其中茶叶也相当于半个"月老"。

青海地区，"走茶包"的风俗，至今仍然十分盛行。西宁旧时，凡是提亲说媒的，媒人必定要带上红纸包的茶叶包儿，到女方家求亲，叫作"提话茶包"。如果女方认为媒人介绍的情况可以考虑，则由媒人送去正式的茶叶包若干份，每份两包，分别送给女方的主要亲属，如舅舅、伯父、叔叔等，这叫

"二回茶包"。若女方同意，则送去"三回茶包"，用红纸包成两大包，并用红丝线连在一起，外贴喜字，其中还包有桂圆、核桃、红枣等，又叫"桃果茶包"。这就意味这门婚事将有一个美满圆合的结果。待男女双方择定订婚吉日，男方家除了送其他聘礼之外，必定带上两个茶叶包；次日，则由双方媒人代表女家向男方回礼，除一方羊肉外，也必有茶叶两包，称作"回酒"。在这里，茶叶被当成了男女成婚喜庆之物。

说茶

贵州镇远报京侗族青年"讨篮"定情后，未婚男女双方的爱情日渐成熟，准备订婚。男家要请一位熟识的老奶奶或老伯妈当"红娘"，去女家说媒，征求姑娘父母的同意。媒人前去说媒所带的礼物很简单，就是用一张棕片包着两样东西——黄草纸包装的半斤盐巴和白皮纸包装的二两茶叶。女家父母见媒人送来这个"棕片包"，就知道是来说亲的。媒人和女家当场交换意见后，女家用收礼烧茶与否来表示同意或不同意这门亲事。女家收下"棕片包"，并且用盐、茶、糯米面、黏米面、猪油等烧成油茶，端进堂屋敬奉祖先后，招待媒人，表示说媒成功，婚事已定。如果女家不收这份"棕片礼"，退还媒人，则表示女家不同意这门亲事，说媒告吹。

报京侗家之所以用盐茶两样作为说媒的信物，是因为他们喜欢烧油茶待客。烧油茶所需的糯米、黏米、猪油，农家自己就地生产，可以自给，但报京侗族不产盐，也不出产茶叶，而且这里极为偏僻，交通不便，买盐巴和茶叶相当困难，因而盐巴和茶叶便成了极为难得的贵重礼物了。另外，茶叶是香甜味，意味着这门亲事又甜又香，两家结亲，甚为美好；盐巴是咸味，意味着要娶的姑娘很贤(咸)惠，男家很喜欢这个姑娘。

更有趣的是居住在独龙江畔的独龙族的说媒。假如某个小伙子看上了某个姑娘，就请本寨一个能说会道，又有威望的已婚男子去说亲。这位媒人去时要提上一只茶壶，背上独龙族特有的五颜六色的袋子，袋子里装上茶叶、香烟和一个茶缸。到姑娘家后，不管她家的人是不是热情、打不打招呼，媒人都要以最麻利的动作，放下茶壶灌上水，到火塘边把火烧得大大的，架上三脚，放上茶壶，然后，从袋里取出茶叶和茶缸，到姑娘家的碗架上找来碗，姑娘家有几个人就找几个碗，做好泡茶的准备。这时，姑娘家的人，不论是否同意或高兴，都会围到火塘边来。水一开，媒人在茶缸里泡上茶，稍等一会，又把茶倒在碗里，按照先是姑娘的父母、后是姑娘的哥姐弟妹、最后是姑娘自己的顺序，每人跟前放一碗，接着就说起婚事。说的内容不外是小伙子如何心地好、有本领；小伙子的家里人如何喜欢姑娘，姑娘嫁过去不会受苦等。说到一定的时候，姑娘家的人即使没有说什么，但姑娘的父亲或母亲把茶水一饮而尽了，姑娘和其他人也跟着喝了，那这个亲事就算说成了。如果说到深夜，茶水不知换了多少次，还是没人喝，那第二天晚上再来。如果连续三个晚上仍是没人喝茶，这说明姑娘家不同意这门亲事。若是还想来说，就得等到一年以后。

以茶为媒

德昂族是一个以茶叶为图腾祖先的民族，主要散布在滇西的保山、德宏、临沧、思茅等地的偏远深山区聚居。按德昂族的传统习俗，一般 14 岁以上的未婚男女，举行过"成年礼"后，就可以谈恋爱"串姑娘"了。德昂族仍保留着原始时代的古风，未婚男女都有自己的组织，按性别分开。男青年的头目叫"叟色离"，女青年的头目叫"叟色别"。头目的职责是负责领导和组织未婚男女的社交活动。通常是利用节日、婚礼、或其他公共活动时，组织一群少男与一群少女集体对歌，寻找意中人。若某小伙子钟情某姑娘，便会在夜幕降临后的皎洁月光下，到姑娘家的竹楼前，弹拨着小三弦，低声吟唱或轻吹芦笙。姑娘若无意，便不出门答理；若开门迎进，并在火塘上烧煮好茶水，请小伙子喝茶、嚼烟，那就意味着姑娘也有意了。这时，姑娘的家人便会避开，留下这对情人对歌或吹芦笙，倾吐相互间的爱情，直到鸡啼方散。这是以茶为媒。

通常来讲，德昂人的恋爱十分自由，没有父母包办和贫富等级观念。比

如在从前,只要双方愿意,贫苦子弟也可以娶头人的女儿为妻。因此,小伙子喜欢谁,都可以大胆地去追求。只是当双方都已相爱时,小伙子必须准备个新"筒帕",里面装上一包用笋壳包扎好的茶叶及槟榔或其他食品或几块钱等,赠送给对方。若姑娘愿意和小伙子结为终身伴侣,就会默默收下筒帕;若说"阿妹不配阿哥的新筒帕",就表示拒绝,小伙子不能强求对方收下筒帕,只能重新选择对象。

收下新筒帕的姑娘回到家中后,就须将男方所赠茶叶包挂在床上,以示意父母。父母看到礼物后,知道女儿已有了对象,便要设法托人去了解男方的品德和勤劳与否等,若也同意,就将茶叶包取下,若不同意,就会要女儿将茶叶包退还小伙子。不过这种情况不常见,按德昂人的看法:姑娘爱着人了,不谈是不行的,她喜欢哪个就嫁哪个吧,以后万一过不好是她的命。

当男方正式请媒人去说亲求婚时,带往女家的必须是一包两三斤重的茶叶。如果双方情投意合都愿意结合,而双方家长也无异议时,男方就要请寨子里的老人择一吉日,举行"吃茶"订婚仪式。"吃茶"是晚上在女方家中举行的,但男女双方都要请寨中所有老人到女方家作证婚人;同时,还请老人们代议婚嫁条件,如男方应给女方多少钱、粮、肉等,婚后养儿育女,扶养老人等,都由寨老主持议定,日后如有违者,将受到寨规民约的处罚;然后,再商议结婚的日子。一切都谈妥后,男家就将事先准备好的茶叶一包,交给女家,姑娘便将此茶叶炒香,再煮一大锅茶水,然后由这对未婚夫妻双手捧着一大碗茶,一一敬献给所有参加证婚的寨老,表示对他们的敬重和感谢;接着再按先宾后主、先老后少、先男后女的次序敬茶,而后大家不拘礼节地围着火塘喝茶、嚼烟,放声谈笑,男方家则将酒、菜、饭挑到女家,请寨老们共进晚餐。当寨老举杯祝福后,"吃茶"仪式方宣告结束。

三茶礼

"三茶礼"一般是指从订婚到完婚的礼仪,旧时多流行于江南汉族地区。"三茶"即订婚时的"下茶",结婚时的"定茶",同居时的"合茶"。现江

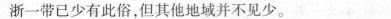

浙一带已少有此俗，但其他地域并不见少。

以前，湖南等地也有"三茶"的风俗。女子及笄，待字闺中。媒人上门提亲，女家以糖茶甜口，含美言之意。男子上门相亲，双方目成，女子递清茶一杯，男方喝茶后，置钱钞或其他贵重物于茶杯中送还女方。女方收受，是为心许。即可进入婚娶程序。洞房前夕，以红枣、花生、桂子、龙眼泡入茶中，并拌以冰糖招待客人，取早生贵子跳龙门之意。这三次喝茶，合称为"三茶"。以其既受父母之命，又有媒妁之言，有礼，有证，习俗认为合于古义。

甘肃省东乡族自治县及广河、和政等地，男家请媒人到女家说亲，应允后，男方送给女方一件衣料、几包细茶，就算定亲了，故名"订茶"。此外，还要给女方家族每家送一份礼，如家族太大，则以一份"总茶"送给某一户，表示给每个女方家族成员都送了礼，以示尊重。家族中如下次遇到议亲之事，则由另一户代为受礼，即家族各户轮流接受总茶，以示允婚。

我国回族聚居区男女青年订婚称"吃喜茶"，或称"下定茶"。青海循化地区女方允婚后，由媒人于吉日将茯茶、衣服、化妆品以及绿头绳、红头绳送至女家，表示已经订婚。在云南，男方得到媒人回话后，约定订婚的日子请媒人通知女方。订婚这一天，男方备办一只羊腿，一刀牛肉，两套衣服，一甑米糕及用红纸写的两张经名柬（即订婚书），由阿訇带人送至女家，表示吃穿不愁。女方回送男家的礼物是由姑娘亲手缝制的白帽一顶、布鞋一双、脚布手巾一副，表示对未婚夫的关心。订婚仪式在女家举行：先由阿訇念一段《古兰经》表示祝福，然后展开两份经名柬，问明女方和男方的经名，将其填写在经名柬上，阿訇和媒人在经名柬上签名画押，作为订婚的凭证。签过字的经名柬，一份由阿訇交女方父母保存，一份由媒人交男方父母。订婚当天，男女双方都备有糖、茶、果品、米糕等招待各自的内亲。"吃喜茶"由此而得名。

甘肃临夏回族自治州，订婚称"定茶"。说亲时，男家给女家送茶砖或茶叶，若女方接受即为允婚。

甘肃积石山保安族人订婚时，男方送给女方的礼品以茶叶为主，故称"拿茶"。接受了"拿茶"的女子，不能再与他人恋爱。

旧时汉族男女订婚,男家聘礼多必备有茶,女家允亲接聘名"接茶",订婚酒宴也称之为"接茶酒"。浙江嘉兴一带,订婚时女方受礼称"受茶",就不可再许配给他人。湖北黄陂、孝感等地流行"行茶"。当男女双方缔结婚姻时,男方备办的各项礼品中,茶和盐是必备的,因茶产自山上,盐出自海中,名之曰"山茗海沙",与当地方言"山盟海誓"谐音。

鄂南婚茶的程序是从订婚开始的,男女双方缔结婚约称"吃定茶"。之后,每逢端午、中秋和春节,男家要向女家送"三茶六礼",以示婚约存在。到结婚之日,女家要专备茶箱或茶担,装上茶叶、米花、芝麻、豆类、川芎等物,谓之"陪嫁茶"。小夫妻闭门成婚要喝"同心茶",开洞房门入堂屋拜堂行礼之后,新娘手捧茶盘先敬公婆、后敬家族和来客中的长辈,称为"敬老茶",再沏一道"迎宾茶"敬一般宾客。

婚礼举行之后,湖南等地有献茶之礼,也就是说新郎新娘要抬着茶盘,盛满香茶,向长辈行拜见礼。长辈喝了茶,要摸出红包放在茶盘上做"拜见钱"。

在白族聚居区,有的在婚礼时要举行三道茶仪式:第一道白果,第二道莲子、枣儿,第三道才是茶。吃的方式是,第一道茶接杯之后,双手捧着,深深作揖,然后用嘴唇向杯口接触一下,即由家人收去,第二道也如此,第三道作揖后方可饮用。

西北的裕固族,结婚第一天,只把新娘接进专设的小账房,由女方伴新娘同宿一夜。第二天早晨吃过酥油炒面茶,举行新娘进大账房仪式。新娘进入大账房时,要先向设在正房的佛龛敬献哈达,向婆婆敬酥油茶,进房仪式结束后,就转入欢庆和宴饮活动。其中最具特色的是向新郎赠送羊小腿的礼俗,实际是宴饮时由歌手唱歌助兴的一种活动。仪式开始,由二位歌手,一位手举带一小撮毛的羊小腿,一位端一碗茶,茶碗中间放一块大酥油和四块小酥油。茶象征大海,大块酥油象征高山,然后说唱大家喜爱的"谣答曲戈"(裕固语为"羊小腿")。

吃蛋茶

迎娶新娘是婚礼中的重要环节,隆重而热烈,其间也洋溢着浓浓的茶香。

甘肃东乡族自治县及广河、和政等地,流行"家伍茶"的风俗。娶亲前一天,男方宴请每个家伍及媒人,商议迎婚诸事。长者坐上席,其他人分坐两旁。宴毕,由家伍长老和男方家长分别就婚礼招待事项及酌定娶亲人员等进行安排、陈述,并征得大家的首肯。

茶在迎亲之日的许多场合都是必备之物。江苏旧俗,新郎與马来迎亲,至丈人家门口却要等待开门。进了门,凡过一重门就要作一个揖,直到堂屋,才能见到丈人及女家重要亲属。然后饮茶三次,才能进入丈母娘房中歇息,耐心地等待新娘上轿,此俗名曰"开门茶"。

古人用"风、花、雪、月"四字形容云南大理的明媚风光:下关风、上关花、苍山雪、洱海月。苍山亭,洱海滨,不仅以她迷人的湖光山色、古迹名胜、神话传说使中外游客流连忘返,当地白族的婚俗风情也使人难以忘怀。当新郎把打扮得如花似玉的"金花"(新娘)迎娶到家中时,送亲的亲戚和女伴们随之而来,当地人称新娘家的亲戚为"新来客"。新娘进入洞房,新亲刚落座,男家就有数名姑娘手端红托盘,敬上一盅盅核桃茶,一片片乳白色的核桃浮在上面,甜香扑鼻,顿时使人馋涎欲滴。

核桃茶须选用漾濞县的特产,那里的核桃仁大、色白、质佳、壳薄。核桃敲壳去皮,切成薄片,把红茶末 15 克放进瓷盅底,冲进烤茶水(根据口味不同,也可冲进开水),再撒上 2 克左右的核桃片即可,此茶余香无穷。

浙南地区的畲族,在娶亲日有"吃蛋茶"的风俗。新娘到了男家,鸣放鞭炮,并派"接姑"二人将新娘接入中堂。此时婆家挑选一位父母健在的姑娘,端上一碗甜蛋茶递给新娘吃。按习俗,新娘只能低头饮茶,不能吃蛋。若吃蛋,则认为不稳重,会受到丈夫和他人的歧视。待其他客人(指陪送新娘来婆家的人)吃掉蛋茶后,新娘将一事先备好的红包放到盘上,称"蛋茶包",以答谢端茶的人。

喝宝塔茶

"喝宝塔茶"的习俗在福建地区十分流行,为畲族的结婚礼仪。结婚之日,男方送派一个善歌者为迎亲伯,携带礼品同轿夫四人抬花轿去女家娶亲。女家见花轿至,即鸣炮三响,开门迎客。新娘阿嫂用红漆樟木八角茶盘,端出五碗"清明茶",叠成宝塔形状(共三层,上下两层各一个碗,中层三个碗),唱歌问话。迎亲伯以歌对答后,用嘴咬住"宝塔"顶上的一碗茶,双手抢下中层的三碗茶,分别递与四名轿夫,自己则一气饮干顶上的一碗茶,取"清水泡茶甜如蜜"之意。若是迎亲伯卸不下宝塔茶,便受女家众人奚落。

茶在迎亲队伍一路而行的过程中也是必不可少的。青海、甘肃等地区的撒拉族,迎娶新娘途经各个村庄时,曾与新娘同村而已出嫁到这些村庄的妇女们,会端出熬好的茯茶,盛情招待新娘及送亲者,表示对新娘的热情迎送,这种习俗,称作"敬新茶"(也称"敬清茶")。行至靠近男家的最后一个村庄时,该村的妇女除了敬新茶外,还要把男家迎亲的一些情况透露给新娘一行,使其有所准备。据说,此俗由来已久,是撒拉族先民与藏族联姻时产生的。

四川阿坝地区的羌族在迎亲的路上又有与众不同的习俗。羌族的迎亲队伍,每经过一个村寨,都要施放礼炮三声,村寨中的男女老少都会出来看热闹。这时,送亲和迎亲的队伍要暂时停下来。男女双方的亲戚,要拿出事先准备好的糖和茶水招待送亲、迎亲的人。饮过茶,吃过糖,才能继续前行。就这样,村村寨寨吃一遍茶,即使走上八个、十个村寨,停队吃茶一个村寨也不能少。沿途茶吃够了,新娘才能娶到家。

云南镇康县的德昂族在举行婚礼时,有用茶叶、大米撒新郎新娘的习俗。行婚礼当天,天刚拂晓,就要把新娘接到男方家中。当新娘刚刚踏上新郎家的竹楼时,一位老人端着一盘大米和茶叶,出门来迎接新娘,将大米和茶叶不断地向新郎新娘头上撒去,边撒边说一些祝福的话。与此同时,寨中的猎手们在竹楼周围朝天鸣放火枪,表示为新娘新郎迎接吉利的到来。

新娘新郎进了家门,首先要拜见家中的长辈和老人,并向老幼问好,然后两人双双坐在一条凳上。新郎新娘面前摆一张篾桌,桌上放着长辈流传下来的火枪、长刀和德昂族妇女的装饰品及五谷、瓜果等,意味着成家后两人要像前辈一样,吃苦耐劳,建立一个五谷丰登、吃穿不愁的富裕家庭。新郎和新娘要把这些礼物用双手举在头上,然后由主婚人给两位新人祝福。祝福完毕,挤满竹楼围观的男女老少,将各人手中准备的大米和茶叶,纷纷向新郎新娘撒去,还高声喊着:祝你俩幸福如意。这时,新郎新娘便请客人吃团圆饭,喝喜酒,跳象脚舞。欢声笑语往往要持续到深夜。

合杯茶

云南南部有些地区,流行合杯茶。青年男女举行婚礼,都须共喝一杯茶,称为合杯茶。它是以普洱茶泡成的红艳茶汤,象征喜庆吉祥,意喻夫妻恩爱、同甘共苦、相互忠诚、白头到老。

交杯茶在湖南北部十分流行,新婚夫妇拜堂入洞房前饮用。交杯茶具用小茶盅,茶水为煎熬的红色浓汁,要求不烫也不凉。由男方家的姑娘或姐嫂用四方茶盘盛两盅,双手献给新郎新娘,新郎新娘都用右手端茶,手腕互相挽绕,一饮而尽,不能洒漏汤水。交杯茶象征夫妇恩爱,家庭美满。

有些地区新人入洞房前,夫妇要共饮"合杯茶"。这时,由新郎捧茶,用双手递上一杯清茶,先给新娘喝一口,再自己喝一口,就标志着完成了人生大礼。

婚房闹茶

婚茶中最热闹的要数"闹茶"了,"闹茶"是指闹新房时所行的茶礼。旧时我国鄂南地区要连续闹上三夜。据老人传说,古戏中有出"乌金记",讲述一对男女指腹为婚,从不见面,结婚时又是红巾盖头,入洞房才揭盖头见面,新郎酒醉,被歹人害了,歹人假装新郎与新娘上床。为防止悲剧重演,增进新婚夫妇相互间的认识和了解,鄂南就兴起以闹茶闹新房了。

当主婚人宣布"闹茶"开始时,新人双双抬起一茶盘,盘中有一枝红烛和四只斟上香茶的茶盅。主婚人向观众申明:茶抬到面前的观众,这个观众就得说上一段茶令才喝得上茶。第一位是村上最有德望和才学的人,他欣然吟诵了一句明代著名画家米芾之子憨拙云游此地的咏茶诗:"瓦罐煎茶燃竹叶,崖泉流水洗牙瓢。"博得满堂喝彩。茶抬到第二位客人面前,新郎出一上联:"迎宾有美酒",他望着茶盅即刻对道:"来客敬香茶",顿时赢得一片掌声……村里一般文人的茶令都比较文雅,但村上的青壮年男子的茶令往往不雅而荤,多是有关性的隐语。这对新婚夫妇来说,又是很巧的教育方式。新郎、新娘通过三个大半夜的时间抬茶闹茶,也增进了互相了解和心灵交流,这对日后夫妻感情有很大作用。另外,通过长时间闹茶,也使新娘逐个结识了村里出头露面的男人,其姓名、称呼、口才、人品、特点等都在闹茶中得以了解,便于日后的交往。

湖南省安化县的梅城镇,素以"擂茶"而闻名遐迩,"吃闹房擂茶"更是当地历来的风俗。当新婚之夜闹新房闹到高潮的时候,大家都嚷着要新郎新娘亲自打擂茶招待,并且要两人一起打,还不许使用擂茶凳。这时,大嫂们嘻嘻哈哈地把擂钵端了出来,强行塞在新娘手里,让新娘双手抱着,又把她按在椅子上坐下。小伙子们则连忙抓住新郎,塞给他一个擂槌,并喊"家爷"(公爹)赶快把茶叶、花生、红枣等放进擂钵里,于是大家七手八脚地推搡着新郎,让他把擂槌伸进擂钵里去擂,有的人还不时往擂钵里添水。只见那新郎双手握着擂槌,在众人的捉弄下,东一槌、西一槌地一顿乱戳,擂得水浆四溅,那一副滑稽样子,引起一阵又一阵的哄笑。这时便有人大声吟诵吉语,众人也随声应和,把欢乐推向高潮。

等嬉闹完毕,再由婆婆把擂钵抱进厨房,将擂茶好好加工。开浆冲水时,还重重地放些白糖,以使它更加香甜。然后婆婆就把擂茶端进洞房,恭请闹房闹得唇干舌燥,给了新人许多美好祝愿的人们吃个畅快。

闹新媳妇油茶

广西三江林溪河一带,侗家常在春节前后办婚事。新娘过门,在婆家住三五夜(住单不住双),转回娘家,在回门的前一天吃喜酒。这一天还有"闹新媳妇油茶"的习俗。

这晚,村里的后生们个个打扮得整整齐齐来吃新媳妇油茶。老年人原来在火塘边陪新媳妇的,见后生们进屋,就不声不响地走开,新媳妇也会溜进洞房。这时,后生们有的挤眉弄眼;有的说:"响雷了!"接着木楼被踩得"咚咚咚"地响,还夹杂着一阵阵鞭炮声;有的尖着嗓门喊叫:"我们要吃油茶! 新媳妇快出来打油茶啊!"新媳妇还不出来,他们就在三脚灶下烧起旺旺的大火,架上铁锅,不放水,不下油,把铁锅烧得红彤彤的,一些人假装制止地嚷着:"不要添加柴火了,锅头裂啦! 锅头裂啦!"有的人点燃鞭炮丢进铁锅里,噼里啪啦作响,木楼里被闹得烟雾弥漫。新媳妇怕弄烂婆家的锅头,打开房门,装着又生气又无可奈何的样子。后生们一见新媳出来了,个个马上端坐,双手抱膝,装得十分老实的样子。

新媳妇于是动手打油茶。因为饭豆、黏米、糯米团、猪肠、猪肝等配料早已准备好,新媳妇迅速地把一碗碗香喷喷的油茶捧到客人面前。敬茶中,如果新媳妇看中你,你就是"最幸运"的人了。她把一根根细线穿起来的糯米团和猪肠,放进油茶碗内,加入滚烫的茶水,你说该怎样吃呢! 她偏偏先到你面前来收碗,还一个劲地催你快吃快添。全屋人的视线这时都集中在你的身上,据说,脸皮最厚的后生,在这种情况下,也会变成怕难为情的大姑娘了。

新媳妇油茶,规定每人吃三碗,吃完最后一碗,后生们个个掏钱,不拘多少,有的架在筷条上,有的放进碗里,有的盖在碗底。这是给新媳妇的"针线钱"。

新媳妇打油茶,对她来说,一辈子仅此一次。后生们吃新媳妇油茶,一生也屈指可数,因为老年人和少年儿童都没有资格吃。

哈尼族卡多人结婚的当晚,要在新房里敬糖茶,闹新房,参加者主要是男方同辈的男女好友。敬糖茶时,由新郎向新娘介绍,要新娘向他们喊一声"阿哥""阿嫂""兄弟""妹子""老表"等,通过一敬一喊,使新娘认识自己男家的亲友。在敬糖茶中,接糖茶的人,要特地说几句吉利话,有的甚至会提出一些苛刻的要求,要新郎新娘来表演,以此逗乐嬉闹一番,往往闹到深夜,甚至通宵。闹新房的同时,来自附近村寨的男女青年,便自行聚在一起,进行唱曲子、对歌和跳舞活动。他们边唱边跳,直到深夜,才尽兴而散。

广西龙胜地区的侗族,新娘过门的当晚,在新娘向宾客献茶之前要闹新房。同辈宾客说一些诙谐的话,羞得新娘躲进洞房。宾客们便要新郎一次次去叫开洞房门,民间认为洞房门难开,使新郎为难,夫妻恩爱便深厚。新郎出洞房门后,献茶正式开始,长辈们届时出席。爱逗乐的宾客要等新娘说出敬的是"新娘茶",才肯接受。新娘也设法取乐宾客,如用茶水米花盖着大块的糯粑和整条香肠,使吃者无从下口,狼狈不堪,引得哄堂大笑。双方的逗趣,不会也不能生气,从而增添了婚礼的欢乐气氛。

云南南部地区旧时有汉族"闹茶"的习俗。新婚三日之内,新郎、新娘每天晚上要在堂屋向宾客亲友敬茶,茶内须加红糖,意喻"甜美"。"闹茶"与"闹酒"方式相同,但闹酒时间有限,只能在天黑之前进行;每次闹茶时间较长,可至深夜。敬茶时,宾客出绕口令、谜语、咏诗、唱歌等难度较大的考题,要新郎、新娘说、猜、诵、唱。若新郎新娘不做,宾客们便不饮茶;若做而出错,便满堂哄笑。当地民间认为,不闹不吉利,"越闹越热,热热闹闹"。故家人父子之间也可以闹。

湖南省衡阳地区的婚房闹茶又别有情趣。闹新房时,大家要求新娘、新郎同坐一条板凳,新郎的左脚架在新娘的右腿上,左手搭在新娘肩上;新娘亦将左脚放在新郎的右腿上,右手放在新郎肩上。新郎右手的拇指和食指与新娘左手的拇指和食指相对合成一正方形,俩人合端一茶杯,闹房来客纷纷啜饮杯中水。这一习俗叫喝"和合茶"。

喝喜茶

上海青浦淀山湖畔的商榻乡青年男女举行婚礼后的第二天一清早,有吃喜茶的习俗。喝茶前,左邻右舍的来客们总要先入新房观看一下陈设,并向新婚夫妇说上几句吉祥如意的话,然后,由新娘引领来宾们入席就座。喝茶时,主人家要为每位茶客端上一碟由女方家人烧来的茶点(其中有红皮甘蔗、红枣、桂圆、胡桃、糖块等)。茶客到齐后,新娘得拎起盛满开水的白铁壶,在婆婆的引领下,逐个地为每位茶客敬茶一次。

四川西部丘陵地带的汉族居民,旧时凡男女结婚的第二天,新娘要拿出从娘家随陪嫁一同带来的糖果、甜食、瓜子、茶叶、咸菜等,招待男方家的亲友来客,称为"摆茶宴"。

云南大理白族结婚,新娘过门以后的第一天,新郎、新娘早晨起来后,先向亲戚长辈敬茶、敬酒,接着是拜父母、祖宗,然后夫妻共吃团圆饭,这时再撤棚宣告婚礼结束。洱源白族结婚,一般是头天迎亲,第二天正客(正式招待客人),第三天闲客(新娘拜客)。新婚夫妇向客人敬茶是在第三天。

陕南巴山地区,新婚次日清晨,要摆出嫁妆菜,沏上巴山香茶,请来宾、双方亲属围桌而坐,品菜喝茶,并唱喜歌助兴。

甘肃肃南裕固族在婚礼后的第二天天亮前,新娘到厨房第一次在婆家点燃灶火,俗称"生新火"。仪式之前,先准备好干草、干牛粪等燃料,新娘先用火镰打火点着干草,然后向灶内倒些干牛粪,再往火上撒些酥油、炒面和曲拉(裕固族的一种传统食品),使火烧得更旺,一方面以此祭天、祭灶,另一方面证明新娘能干。生新火后,新娘要用新锅熬一锅新茶,又谓之"烧新茶"。茶烧好后由新郎请来全家老少,并把辈分、称谓向新娘一一介绍,新娘则为全家人舀茶(酥油奶茶),每一个人舀一碗茶,如果怀中有婴儿,则由新娘喂一小块酥油,以示新娘善良、贤惠。

汉族在女儿出嫁三日或九日后,嫁家送茶点果品至婿家,谓"三朝茶"、"九朝茶",湖北地区多流行这种习俗。浙江地区一些地方是在婚后的第三天,由父母前往婿家看望女儿,俗称"望招"。届时要带半斤左右的橙皮、烘豆、芝麻和谷雨前茶,前往亲家去冲泡。亲家翁、亲家婆边饮边谈,故称作"亲家婆茶"。

鄂南婚茶中规模最大的是新娘用带来的"陪嫁茶"请全村妇女集体喝的"结伙茶"。这样做的用意是新娘用茶与全村妇女逐个结识,以示从此加入她们的行列,成为今后共同生活的伙伴。喝"结伙茶"时,全村妇女不论老幼聚集一堂,主家用大锅烧数担开水,堂屋中摆放一溜儿大茶缸或茶桶,放上茶叶,然后依次加入事先炒熟的米花、炸熟的芝麻、炒熟的豆类或花生米和煮好的玉笋,冲泡上滚沸的水,注入用竹茶吊敲打成浆的川芎汁,最后放一些盐。一切调好后,堂屋中顿时茶香四溢,热气腾腾。在满屋的欢声笑语中,由婆婆掌吊斟茶,新娘用茶碗敬送到各位妇女手中,恭敬地请喝,收回的则是令她兴奋或羞涩的祝福。

挂壶认亲

相传旧时,我国南方某山区茶乡有种婚配陋俗,也就是每年三月三日夜晚,不管晴雨,青年男女都燃起篝火上山对歌,对上后女的便跟随去男家,在男家睡一夜即返家,次年三月三日即可抱着孩子到男家成婚。如果不怀孕,第二年三月三日再找另外男子对歌,如再不怀孕,还可第三次参加对歌。三次不行,就要住进寡妇村,终身不得再嫁。采茶女中有位姑娘名叫茶姑,聪明伶俐,她爱上小伙吕夯宝,对上歌,但不进男家门,问夯哥愿做永久夫妻还是做一夜夫妻,夯哥当然愿白头偕老。于是茶姑授之以计,赠之以壶。一天,艳阳高照,采茶姑娘们又渴又累,茶姑说:"现在有壶茶该多好!"众人笑她异想天开,说除非神仙下凡!说着笑着,茶姑忽叫有水了,果见树上有壶。大家高兴极了,说:"快来尝尝,这许是茶姑的喜茶!"茶姑故作嗔喜地说:"喝吧,神仙敢来娶,我就嫁给他。"说罢,但见夯宝从树林里出来,大呼:"谁拿我的壶,吃了我的茶?"大家都说:"这是天意,夯哥快娶茶姑吧!"老人们也认为这是老天做媒,就让他俩结了婚,婚后几年人财两旺。从此,"对歌生子再结婚"的封建陋俗被人们摒弃,实行起"挂壶认亲"的自由恋爱。

退茶

我国大多数民族都嗜好饮茶,各族婚礼,五光十色,在结婚的过程中,通常都离不开用茶来做礼仪。有趣的是,有些地区"退婚"也离不开茶。

"退茶"是贵州天柱、三穗和剑河毗邻地区侗族姑娘的一种退婚方式,侗语称"退谢"。这种方式不知起于何时,一直流行到 20 世纪 40 年代末。被父母包办订了婚的姑娘,假如看不中对方,不愿意嫁给对方,就用"退茶"的方式退婚。通常的做法是这样的:姑娘用纸包一包普通的干茶叶,选择一个适当的机会,亲自带着茶叶到未婚夫家去,跟郎家父母说:"舅舅、舅娘啊!我没有福分来服侍你们老人家,你们另去找一个好媳妇吧!"说完,将茶叶包放在堂屋桌子上,转身就走。

虽然简单,但是要恰到好处地办妥这件事,也并不容易,这既要有胆量,又要机智、敏捷,因为这是对包办婚姻的一种反抗。如果当时在郎家走不脱,被未婚夫或他族里的人碰上、抓住,按老规矩可马上杀猪请客成婚。所以,事先就得打听他家的环境,进出的路线,特别要选好时机,既要趁郎家父母在屋,又不要撞见别的人。对一个姑娘来说,是很不容易办到的。因此,敢于"退茶",而且又退得成功的姑娘,是要被众乡亲(特别是妇女们)称赞的。

姑娘"退茶",尽管要挨父母骂,有的还挨打。但打骂以后,一切具体的退婚手续,父母还是去办了,而且以后另许给哪家,最终还得听取姑娘本人的意见。

第四节　茶与丧俗

形形色色的丧葬礼俗是人们对死亡的不同观念与信仰的外化显现。中国丧葬文化从总体而言,它的思想基础是人们对死亡所抱有的"灵魂不灭"观念,它的丧俗都在追求"灵魂转世"。从夏商时代起,人们就在墓中随葬鼎、豆、罐、瓠等日常所用的陶器及食物,商代甚至"殉人",这些人有供侍卫的武士和杂役的奴仆,有驾车的奴隶,有为死者提供淫乐的女性,之所以如此,是因为人们相信人有灵魂,人死后变为鬼神还要到另一个世界继续过如同现世一样的生活,要吃、要穿、要用、要行。

唐朝以后,随着茶饮生活的普及,不少地方开始把茶叶作为陪葬品。在闽南、粤东、台湾等地,嗜爱工夫茶的死者弥留之际常嘱家人把自己心爱的茶器、茶叶作为最好的陪葬物,他们要带到阴间享用。如 1987 年在闽南漳浦县发掘的明万历户、工两部侍郎卢维桢的墓葬中就有明万历年间制的时大彬紫砂壶一件。

墓葬茶画

由于古代中国人对茶的狂热的嗜好,他们不仅将茶、茶具作为陪葬品,以供死者在阴间继续享受,而且还将茶事生活绘成壁画置于墓中。

洛阳邙山宋代壁画墓就是一例。墓室北壁绘两侍女,右侧一人头梳高髻,簪绿色花饰,眉间绘圆形花子,戴绿色耳饰,身着交领宽袖长裙,肩披帛,身略左侧,双手托一注子而立。左侧一侍女头包髻,簪绿色花饰,眉间绘重圈花子,戴绿色耳饰,身着交领宽袖长裙,下部残存红色,肩披帛,双手捧托盘,内置两盏托,面向右而立。此人西侧有墨题行书"会云"二字,该墓时代在徽宗崇宁二年前后。在洛阳地区发掘的宋代墓葬中,也发现有瓷注子和台盏茶具。

在新疆吐鲁番市的唐代墓葬中，曾出土过一幅《对弈图》，上面画着一个侍女，手捧着茶托端着茶，在出土的唐宋其他古墓葬壁画中，也每每可以见到品茗的图像。

河北宣化辽墓壁画，反映辽代人饮茶的场景

最珍贵的是近年来我国在发掘长沙马王堆西汉墓时，出土的简文、帛书等文物，这些物品距今已有2100多年的历史了，墓中一幅敬茶仕女帛画，是汉代贵族烹用饮茶的写实。

总之，从最早的汉代开始，到唐代之后频频可见的墓葬茶画，反映了古代中国人渴望在死后继续享受品茗之乐的普遍心态，这种对茶的执着眷恋与把茶携入另一个世界继续享乐的坚定信念，给中国古代的茶文化又增添了独特而无限神秘的色彩。

宋人举丧

宋代人在居丧时，家人饮茶或者以茶待客，不能用茶托。周密《齐东野语》卷十九"有丧不举茶托"条，专门记载这种礼俗。他说有人推测形成这种礼俗的原因,是因为"托必有朱,故有所嫌而然","托必有朱",是说那时的茶托有朱红色的漆器,而死人忌讳红色,所以居丧期间,一般不用红色器物。这种礼俗,不仅一般平民要遵守,皇家亦如此。

茶叶随葬

从长沙马王堆西汉古墓的发掘中知道,我国早在2100多年前已将茶叶作为随葬物品。因古人认为茶叶有"洁净、干燥"作用,茶叶随葬有利于吸收墓穴异味,有利于遗体保存。旧时江苏的一些地区在死者入殓时,先在棺材底撒上一层茶叶、米粒,至出殡盖棺时再撒上一层茶叶、米粒,其用意主要是起除味、干燥的作用,利于保存遗体。

龙籽袋

旧时福建北部地区的福安一带采用土葬,先选坟地,然后挖穴。棺木入土之前在坟穴里铺一红毯,将茶叶、麦豆、谷子、芝麻、竹钉以及钱币撒在毯上,再由家人捡起放入布袋,谓之"龙籽袋",带回家挂在楼梁式木仓内,长期保存。

茶叶是吉祥物,可保佑后代子孙无灾无病,人丁兴旺;麦子、豆子象征后代年年五谷丰登、六畜兴旺;钱币表示后代金银常有,财源茂盛等,因此,"龙籽袋"是作为死者留给家里的财富,象征今后日子吉祥、幸福和富足,这种礼俗现在已经消失。

畲族茶枝

旧时,闽北福安畲族聚居区,举行葬礼时,让逝者右手执一茶树枝。相传茶枝是神龙的化身,能趋利避害,使黑暗变光明。

茶叶枕头

湖南省中部茶区,旧时盛行棺木土葬,死者的枕头要用茶叶作为填充料,称为"茶叶枕头"。茶叶枕头的枕套用白布制作,呈三角形状,内部用茶叶灌满填充(大多用粗茶叶)。死者枕茶叶枕头的寓意,一是死者至阴曹地府要喝茶时,可随时"取出泡茶";二是茶叶放置棺木内,可以消除异味。

纳西族"纱撒坑"

云南丽江地区,纳西族人将要去世时,由其子将包有少量茶叶、碎银和米粒的小红布包放置病者口内,边放边嘱咐:"您去了不要牵挂。"病人咽气后,则将红包取出挂于死者胸前,寄托家人的哀思。这种"含殓"风俗,纳西语称为"纱撒坑"。

纳西族"鸡鸣祭"

云南丽江地区聚居区,当地办丧事一般在吊唁当天五更鸡叫时分进行,称"鸡鸣祭"。家人备好米粥、糕点等供于灵前,死者子女还要用茶罐泡茶,再倒入茶盅祭祀亡灵。纳西人有喝早茶的习惯,尤其是年老者,不可一日无茶,表示家人对逝者的怀念。

德昂族葬礼茶

云南德昂族一般实行土葬,下葬前,要在家中停棺三日,并请和尚念经超度。这时,其家属要用竹篾与彩纸编扎三座小竹房,称为"合帕"。其中一个罩在棺木上,合帕内放置茶叶、烟草、芭蕉、米粒、水酒等供物及死者生前用过的碗筷、竹筒、烟盒、衣物、砍刀、锄头等部分用具,是供亡灵在阴间使

中华茶道

用的;其余两座竹房则随死者送至坟地烧毁,意为"献给亡灵的住房"。合帕中的食物可多可少,但茶叶必须放置其内。这种风俗被称为"德昂族葬礼茶"。

第五节　民族茶俗

茶叶原产我国,历史悠久。俗话说:"开门见山七件事:柴、米、油、盐、酱、醋、茶。"百姓自古以来就有饮茶的习惯,并有一套饮茶方法,茶已成为我国人民日常生活必备的健康饮料。公元1610年,荷兰人首先从我国运茶到欧洲,其间近400多年来,茶叶已为世界普遍种植,现有近200个国家和地区的人民普遍爱好饮茶。在西方消费茶叶各国中,其最初之饮法,均效仿我国,继后结合各国生活习惯,逐渐演变成各自国家的独特的饮茶习俗。

汉族饮茶

汉族饮茶历史最为悠久,茶类花色最为繁多,茶具品种最为丰富,泡茶技术最为考究,饮茶之风最为普遍,其对茶叶在全国、全世界的传播做出了卓越的贡献。

汉族饮茶用茶壶或有盖的茶杯冲泡而饮之,一般都是清饮,不加白糖或牛奶。城镇较农村消费量大些,但人人都喜欢饮茶,无论在办公室里,商店里,工厂或田间,几乎人人都备有茶杯、茶缸或茶碗,全天不断饮茶。同时,在社会交际上,也以茶为主要应酬品,诸如各种茶话会、欢迎会、欢送会以及结婚典礼等社交场合,主人都备有茶点款待客人。一般家中都备有茶叶,凡有客来至,立即泡茶敬客。现在全国各个大小城镇,都设有茶馆、茶楼,是群众消闲休息叙谈之地。

汉族饮茶习惯古老,但饮茶方法简便,一般采用泡饮。饮用茶类大多数最喜欢绿茶,但不同省区、不同自然条件,形成了南北各地、城市和农村饮茶的不同习惯。北方地区以销花茶为主,黑龙江、辽宁等省饮茶的销售量占其茶叶总消费量的80%以上;山东除销花茶外,内陆地区也喜欢黄大茶;吉林除喜欢花茶外,红茶也有较多的销售;江苏、浙江、安徽、江西等省主要消费绿茶,也有部分红茶;上海、杭州、南京以销龙井、瓜片、碧螺春、雨花茶等名茶为主;福建喜欢乌龙茶;广东红茶有较大的消费。近些年来,随着花卉生产的发展,全国爱饮花茶的人也不断增多,市场供不应求。

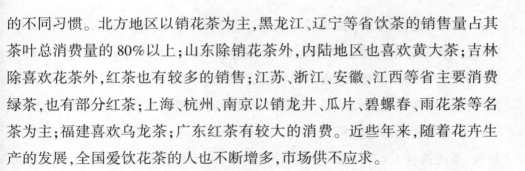

傣族、拉祜族竹筒香茶

竹筒香茶是云南傣族、拉祜族同胞别具一格的风味茶。傣语称为"腊跺",拉祜语称为"瓦结那"。

竹筒香茶产于西双版纳傣族自治州勐海县,是用很细嫩的原料制成的,又名"姑娘茶"。姑娘茶的做法有两种。制法之一是采摘细嫩的一芽二三叶的茶青,经铁锅炒制,揉捻后,装入生长仅一年的嫩甜竹(又名香竹、金竹)筒内,这样就制成了既有茶香,又有竹香的竹筒茶了。制法之二是在一个小饭甑中先铺上6~7厘米厚浸足了水的香糯米,在糯米上铺一层干净的纱布,在纱布上放上一层晒青毛尖茶,然后盖上饭甑,用旺火蒸上15分钟左右,待茶叶软化并充分吸收了糯米的香气之后即可倒出,再装入竹筒,放在炭火上以文火慢慢烘烤,约5分钟翻动竹筒一次,待筒内茶叶全部烘干后,即可以收藏起来,这便是既有茶香、糯米香又有甜竹的清香的竹筒茶。制好的竹筒香茶很耐贮藏,用牛皮纸包好,放在干燥处贮藏,品质经久不变。在饮用时最好是用嫩甜竹的竹筒装上泉水,放在炭火上烧开,然后放入竹筒香茶再烧5分钟,待竹筒稍凉后即可慢慢品饮,亦可用壶具冲泡。饮竹筒香茶,几种香气相得益彰,既消暑解渴,又解乏提神,别有一番情趣。

维吾尔族香茶

在新疆天山的南部,散布着水草丰茂、农产富饶的绿洲,生活在南疆的维吾尔族同胞喜欢喝一种独特的香茶。煮香茶与煮奶茶一样,首先把茶砖捣碎,放在茶壶中煮沸。所不同的是,茶汤沸腾4~5分钟后加入的不是鲜奶与盐巴,而是用胡椒、桂皮等香料混合碾成的细粉。维吾尔族同胞煮香茶常用铜质长嘴壶或搪瓷茶壶,为了防止倒茶时茶渣和香料混入茶汤,他们往往在壶嘴上套一个网状的过滤器。现代医学研究认为胡椒能开胃,桂皮可益气,茶能提神,这三样物质混合后相互调补,相得益彰,使茶的营养保健功能有所加强,难怪南疆的维吾尔族老乡把香茶看作是营养保健饮料,大多数人每日要喝三次,一般与早、中、晚餐结合进行,边吃馕(维吾尔族面饼),边喝香茶,既有情趣,又有益于健康。

纳西族茶俗

1.盐巴茶

盐巴茶是生活在滇西北丽江一带的纳西族、普米族、傈僳族、苗族、怒族等少数民族同胞常喝的茶。他们之中流传着这样的饮茶谚言:"早茶一盅,一天威风。午茶一盅,劳动轻松。晚茶一盅,提神去痛。一日三盅,雷打不动。"

盐巴茶的制法是先将特制的容量约200毫升~400毫升的小瓦罐洗净放在火塘上烤烫,然后抓5克左右青毛茶放入罐内烤香,再把开水冲入瓦罐,瓦罐内的水马上便沸腾起来并泛起泡沫,这时迅速将水倒掉,再冲入开水至满,待水再沸腾时加入适量盐巴,并用筷子搅拌几圈,拿起茶罐,将茶汁倒入茶盅,一般只倒至茶盅的一半,再加入开水冲淡后即可饮用。饮盐巴茶一般是边煨、边饮、边闲聊,一罐茶可熬三四道。

2.龙虎斗

生活在云南玉龙雪山下丽江一带的纳西族人,有着悠久的文化,他们也是嗜茶爱茶的民族。在这里除了流传着"油茶""糖茶""盐巴茶"的饮茶习俗之外,还流传着以茶治病的一种奇特的喝法——"龙虎斗"。"龙虎斗"是用茶汤和酒调和而成。调制的方法为:用一只小陶罐放入适量茶叶,置于火塘上边抖动边烘烤,待茶叶烘出焦香时,冲入开水再煮沸数分钟。在另一个茶杯中倒入半杯白酒,然后将煮好的滚烫茶水冲入盛有白酒的杯中,趁热饮用,有提神、解乏之功效,并且是防治风寒感冒之良药。

回族茶俗

回族主要聚居于宁夏回族自治区以及大西北的其他地区,回族同胞素有饮罐罐茶和八宝盖碗茶的习俗。

罐罐茶有清茶和面茶之分,以饮清茶为多。熬罐罐茶使用的茶具通常为一把铜壶或铝壶,一个高约 10 厘米,口径 5 厘米的土陶罐,一把有柄的白瓷茶杯(也有一人一罐一杯的),熬煮时,将罐子围放在火塘边上,壶架在火塘中间用于烧开水。土罐中倒入半罐水,待罐中水煮沸时,每罐放入 5~8 克茶叶,边煮边拌,使茶汁充分浸出,约煮 2~3 分钟再向罐内加水至八分满,直到罐中的茶汤再次煮沸,这时罐罐茶才算煮好了,即可将茶汤倾入到杯中饮用,同时向罐中续水再煮,一罐茶一般续水三次。

喝罐罐茶是回民日常生活的享受,他们认为喝罐罐茶有四大好处:提精神、助消化、除油腻、保健康。喝罐罐茶也是回民待客的礼俗。宾朋临门,即邀到火塘边围坐,一边熬罐罐茶,一边烘烤马铃薯、馍或锅塌塌(玉米粉制成的饼)之类的食品,边喝茶、边嚼食、边叙友情,其乐融融。有一首古民谣反映的就是回族同胞这种古朴的民风:"好喝莫过罐罐茶,火塘烤香锅塌塌,客来茶叶加油炒,熬茶的罐罐鸡蛋大。"若有贵客来临,茶叶加油炒是为了增加焦香味。由于罐罐茶用茶量大,熬煮的时间长,所以茶汤极浓,饮时口劲足,会感到又苦又涩,宜慢啜细品。

回民除了爱喝罐罐茶外,还时尚喝八宝盖碗茶。盖碗茶除了茶叶为主之外,辅料有桂圆肉、核桃仁、红枣、枸杞、果脯、葡萄干、芝麻、冰糖(或红糖、白糖)等。八宝盖碗茶用沸水冲泡,由于碗内各种原料溶解于热水的速度有快有慢,因此,每一泡茶汤的滋味各不相同,头一泡以茶香为主,清香宜人;第二泡时冰糖的甜味已充分显现,甘甜爽口;第三泡各种干果的滋味已溶于

茶中,茶香果味相得益彰,妙不可言。盖碗茶每冲一次,变化一次,次次都有新鲜感,细细品尝,别有风味,所以深受回族同胞的喜爱。目前盖碗茶早已流传于全国各地的餐馆、茶馆,有的人甚至说:"喝茶可以不吃饭,吃饭离不开盖碗茶。"

畲族茶俗

畲族古称畲民,主要居住在福建、浙江两省。畲族视茶为灵物,认为茶有茶神,所以平日泡茶前必须洗手,以免玷污了茶神。姑娘小伙子谈恋爱时,常选择在茶山对歌,以求百年好合。畲族还有"茶哥米弟"的说法,即茶和米如兄弟,有客来家中就餐时,应先敬茶再上饭,这叫先哥后弟,兄弟不分家。

畲族同胞饮茶的习俗与其他民族略有不同。一是凡有客进门,不论亲疏贫贵,不分男女老少,也不问客人饮茶与否,主人一定要泡茶待客,以示敬意。二是客人喝茶必须茶过"二道",第一道称为"冲茶",第二道称为"泡茶"。一冲一泡,才算是完成了向客人奉茶的礼仪,倘若客人不饮第二道茶就告辞而去,会被视为失礼。第二道茶之后则主随客便,客人可随意品饮,不再有什么限制。

在畲族,凡是红白喜事或逢年过节,都离不开茶,其中最有趣的当数"宝塔茶","宝塔茶"多在迎娶新娘时举行。畲族迎亲时,一旦花轿进门,新娘的兄嫂们就要向来接亲的亲家伯和轿夫敬献"宝塔茶"。奉茶的人手捧红漆茶盘,盘中巧妙地将五只茶碗叠成三层,一碗茶作底,碗上放一片红漆小木片,找准重心后,木片上再放上三碗茶,其上再放一片小木片,小木片上放一碗茶作顶,这样五碗茶迭置于托盘中,形如宝塔,故名"宝塔茶"。在接茶时,亲家伯要先用牙齿咬起顶端的一碗茶,紧接着用双手扶起中间的三碗茶并连同底层的一碗茶,分别转送给来迎亲的四位轿头。奉毕,亲家伯自己则当着众人的面,不得借助于手,一口气喝干用口咬住的那碗热茶,茶水一滴不外漏,方显出亲家伯喝茶的工夫到家,这样会赢得满堂喝彩,否则会遭到嗤笑。观看畲族宝塔茶礼仪,如同看杂技表演,这种喝茶技艺的较量,正反映了畲族爱茶之深。

德昂族、布朗族茶俗

德昂族是以茶为始祖的民族。德昂族、布朗族的先民古称"濮人",他们以茶为图腾崇拜,认为茶不但生育了人,还生育了日月星辰,所以德昂人无论迁居到哪里,都要在居处周围种茶,他们祭祀祖宗要用茶,办婚丧大事要用茶,日常生活更是离不开茶。德昂族和布朗族至今仍保留着以茶当菜的原始吃茶法。德昂族称之为腌茶,布朗族称之为酸茶。

腌茶一般在四、五月高温、高湿度的雨季制作。先将采回的鲜嫩茶叶洗净,拌上辣椒和适量盐巴后,放入陶缸,层层压紧,最后在上面加盖重压,存放数月后,即成腌茶。腌茶可当茶佐餐,亦可作零食嚼食。

酸茶也是在高温、高湿度的夏季制作,布朗人将采回的鲜嫩茶叶在开水中捞过,然后放置于阴暗处使之发霉,再把发霉的茶叶装入干净的竹筒埋于土中,经月余即可取出食用,酸茶可帮助消化并开胃解渴,除了供自家食用外,布朗人还常把酸茶作为馈赠亲友的礼品。

基诺族凉拌茶

基诺族主要聚居于云南省西双版纳州,其中以景洪为最多。基诺族同胞爱吃凉拌茶,称之为"拉技批皮",这也是人类利用茶叶最原始的方法之一。凉拌茶以茶树鲜嫩的芽叶为主要原料,辅料有辣椒、芝麻粉、大蒜末、食盐、姜末、酱油、香菜等,有时还会拌入酸笋、酸蚂蚁。改进后的凉拌茶要将茶叶用开水烫熟,然后放入冷水漂洗,待茶叶冷却后捞出,加入准备好的各种调料,拌匀后静置一刻钟即可食用。

彝族茶俗

彝族主要聚居于四川凉山彝族自治州,在云南、贵州、广西等省区也广有分布。不同地区的彝族有不同的称呼,如"阿西""撒尼""诺苏"等。

彝族是我国古代最早发现和利用茶的民族之一。据四川凉山彝文《茶经》记载:"彝人社会初始,已在锅中烤制茶叶"。千百年来,彝族同胞总是把茶放在酒肉之先,形成了"一茶二酒三肉"的独特饮食文化。彝人饮茶的方法主要有两种:一是喝烤茶,二是喝清茶。

彝族烤茶时,先选用一个拳头大小的陶罐或铜罐,将茶罐在火塘上烤热,然后放入适

宋代茶具:黑釉罐

量绿茶焙烤,边烤边翻动茶罐,使茶叶受热均匀,不被烤焦,等茶叶色泽转黄并发出缕缕香气时,冲入八分热水令其沸腾 2~3 分钟,即可将茶汤冲入预先准备好,放置有盐、炒米、核桃仁、芝麻等佐料的茶碗中,与各种佐料混合食用。彝族烤茶的特点是茶食合一;茶汤琥珀色,浓香扑鼻,茶食滋味可口,食之妙趣无穷。

彝族制作清茶时,通常汲来清澈甘活的山泉水,放在水壶中,置于火塘上烧开,然后倾入土陶茶罐,当茶罐中的水沸腾时,投入适量茶叶,稍加搅拌,待罐内茶汤呈金黄色并发出茶香时,便用火钳取出茶罐,并将罐中之茶倒到茶杯中饮用。

彝族同胞的生活习惯为每日饮两次茶,早晚各一次。饮早茶时,第一杯茶要祭灶神爷,祈求灶神爷保佑全家平安,六畜兴旺,茶粮丰收,接下来再按

先长后幼的辈分斟茶饮茶。在新中国建立以前，彝族饮茶还有很多陈规旧习，如在喝茶时，土司、头人、家长或年长者可以坐饮，而平民、奴隶则必须躬身站着喝茶，以表恭敬。如今饮茶是大伙围着火塘而坐，边喝茶、边进食、边聊天，显示出平等和睦的新气象。

哈萨克族茶俗

哈萨克族主要居住在新疆维吾尔自治区天山以北，以从事畜牧业为主，他们最普遍的饮食是吃手抓羊肉和馕(小麦粉烤制的饼)，喝马奶子茶。

哈萨克同胞煮马奶子茶时，先将茯砖茶打碎成小块状，同时用大铝壶或大铜壶烧水，水沸后抓入一把碎砖茶，再让它开上5分钟，然后加入马奶子，用奶量约为茶汤的五分之一，加入奶后轻轻搅动几下，并投入适量盐巴，继续煮沸3分钟左右，一壶热气腾腾、茶香奶香四溢、口感油润爽滑的马奶子茶就煮好了。

哈萨克牧民有民谣云："人不可无粮，但更不可无茶"，他们习惯每日早、中、晚各饮一次马奶子茶，老年人往往在上午和下午还要增饮一次。

哈萨克牧民非常珍惜茶叶，不少人有嚼食茶渣的习惯，即便是吃剩下的茶渣，他们也舍不得丢弃，而是用来喂马，认为马吃了茶渣也会身强力壮，鬃毛油润光亮。

苗族和侗族的茶俗

在桂北、湘南交界地区，聚居着苗、侗、瑶、壮、水等少数民族，这些少数民族虽然在衣、食、住、行等方面风俗各异，但是有一个共同的爱好，即家家户户贵客临门时都爱打油茶。桂北、湘南地区的油茶很特别，除了茶叶和爆米花之外，通常还备有鱼、肉、芝麻、花生仁、葱、姜、食用油等，有的人家甚至还有炸鸡块、炒猪肝、炒河虾。根据添加的辅料不同，这里的油茶有鱼子油茶、糯米油茶、炸鸡油茶等之分。

在打油茶时,先生火热锅,当锅烧热后,放入少许猪油或茶子油。油烧热开始冒烟时,立即放入茶叶煸炒,炒到茶香四溢时,再加入芝麻、花生仁、生姜等继续炒一会儿便可放水加盖煮沸。煮沸3~5分钟后,再撒上一把姜丝葱花即可起锅。起锅后,要把滚热的茶汤冲到预先放好了配菜的碗里。这样一碗又鲜、又香、诱人垂涎的油茶就打好了。

在苗家或侗家吃油茶时十分讲究礼仪。通常当主人快要打好油茶时,就招呼客人依次入座。主人奉茶时应用双手捧碗,客人也要用双手接碗。为了表示对主人盛情款待的感谢,客人在喝油茶时应边吃边啜,并适时赞美主人的手艺,赞赏油茶美味可口。头碗茶喝光后,主人自然会马上为你添上配菜并再冲入茶汤。按照当地习俗,客人喝油茶至少要喝三碗,这叫作"三碗不见外"。桂北、湘南苗家或侗家的油茶打法讲究、佐料丰盛、鲜香可口、风味独特,三碗落肚,一定让你终生难忘。

我国各地饮茶风俗和礼仪不胜枚举,其中有一些是民族性、区域性很强的,也有一些饮茶习俗已被广大茶人普遍认同。例如,酒满敬人,茶满欺人,斟茶只宜七分满,留下三分装情谊;在冲水斟茶时应高冲水低斟茶;在巡茶或注水时,茶壶只宜逆时针方向旋转,不可顺时针方向巡壶;奉茶时应双手托杯敬茶,不可单手持杯奉茶;品茶时,除了啜乌龙茶嘴中吸气时可发出响声,品其他茶类时若口中发出响声则会被视为不文明……这些"规矩",虽然未必都有道理,但是在我国茶人中已相约成俗,我们以遵从为好,省得在茶事活动中引起不必要的误会和不快。

藏族酥油茶

藏族主要分布在我国西藏,在云南、四川、青海、甘肃等省的部分地区也有。这里地势高亢,有"世界屋脊"之称,空气稀薄,气候高寒干旱。

藏族人民以放牧或种旱地作物为生,当地蔬菜瓜果很少,常年以奶肉、糌粑为主食。"其腥肉之食,非茶不消;青稞之热,非茶不解"。茶成了当地人们补充营养的主要来源,喝酥油茶便成了如同吃饭一样重要。在长期的实践过程中,藏族民众渐渐懂得,蔬菜所含有的营养成分,可以通过茶叶来补充,这样就创造了独特的打制酥油茶的方法。酥油茶的制作,是先将砖茶(大叶粗茶压制的砖茶)用水熬制成茶汁,再在茶汁里加入酥油和食盐,倒入竹制或木制的茶筒,然后用一种顶端装有圆形木饼的木棍,上下抽拉,使茶、油和食盐达到水乳交融,最后倒进锅里加热,便成了香味浓郁的酥油茶。藏族喝酥油茶有一定的规矩,一般是边喝边添加,不能一口喝干。家中来了客人,客人的茶碗总是斟得满满的。假如自己不想喝,就不要动茶碗。如果喝了一半,不想再喝,主人会将茶水斟满,客人等到告别时一饮而尽,主人也会感到十分高兴,这才符合藏族的习惯和礼仪。

酥油茶

由于酥油茶是一种以茶为主料,并加有多种食料经混合而成的液体饮料,所以,滋味多样,喝起来咸里透香,甘中有甜,它既可暖身御寒,又能补充营养。在西藏草原或高原地带,人烟稀少,家中少有客人进门。偶尔,有客来访,可招待的东西很少,加上酥油茶的独特作用,因此,敬酥油茶便成了西藏人款待宾客的珍贵礼仪。

又由于藏族同胞大多信奉喇嘛教,当祭祀喇嘛时,虔诚的教徒要敬茶,有钱的富庶之家要施茶。他们认为,这是"积德""行善",故在西藏的一些大喇嘛寺里,多备有一口特大的茶锅,通常可容茶数担,遇上节日,向信徒施茶,算是佛门的一种施舍,至今仍随处可见。

蒙古族奶茶

蒙古族主要聚居在内蒙古自治区,其余分布在中国的东北、西北地区。

蒙古族嗜茶,且视茶为"仙草灵丹",过去一块砖茶可以换一头羊或一头牛,草原上有"以茶代羊"馈赠朋友的风俗习惯。蒙古族牧民日常饮用的茶有三种:酥油茶、奶茶、面茶。奶茶,蒙古语叫"乌古台措",这种奶茶是在煮好的红茶中,加入鲜奶制成。在蒙古族牧民家中做客,也有一定的规矩。首先,主客的座位要按男左女右排列,贵客、长辈要按主人的指点,在主位上就座。然后,主人用茶碗斟上飘香的奶茶,放少许炒米,双手恭敬地捧起,由贵客长辈开始,每人各敬一碗,客人则用右手接碗,否则为不懂礼节。如果你少要茶或不想喝茶,可用碗边轻轻地碰一下勺子或壶嘴,主人就会明白你的用意。奶茶、炒米是蒙古族茶俗中的一大特色。

内蒙古元代墓中壁画:备茶图

蒙古族喝的咸奶茶,用的多为青砖茶或黑砖茶,煮茶的器具是铁锅。制作时,先把砖茶打碎,并将洗净的铁锅置于火上,盛水2~3公斤,烧水至刚沸腾时,加入打碎的砖茶25克左右。当水再次沸腾5分钟后,掺入奶,用量为水的1/5左右。稍加搅动,再加入适量盐巴。等到整锅咸奶茶开始沸腾时,才算煮好了,即可盛在碗中待饮。煮咸奶茶的技术性很强,茶汤滋味的好坏,营养成分的多少,与用茶、加水、掺奶,以及加料次序的先后都有很大的关系。如茶叶放迟了,或者加茶和奶的次序颠倒了,茶味就会出不来,而煮茶时间过长,又会丧失茶香味。蒙古族同胞认为,只有器、茶、奶、盐、温五者互相协调,才能制成咸香可宜、美味可口的咸奶茶来。为此,蒙古族妇女都练就了一手煮咸奶茶的好手艺。大凡姑娘从懂事起,做母亲的就会悉心向女儿传授煮茶技艺。当姑娘出嫁时,在宴尔新婚之际,还得当着亲朋好友的面,显露一下煮茶的本领,要不,就会被人耻笑为缺少家教之嫌。

喝咸奶茶是蒙古族人们的传统饮茶习俗。奶茶是蒙古族牧民最喜欢的饮料,一日三餐都要喝。沏奶茶的方法非常独特,先要把茶块捣碎,装进布袋,然后放在锅里加水煮一会儿,再加上新鲜的牛奶煮沸。喝的时候,可以放糖,也可以放盐。在牧区,他们习惯于"一日三餐茶",却往往是"一日一顿饭"。每日清晨,主妇第一件事就是先煮一锅咸奶茶,供全家整天享用。蒙古族喜欢喝热茶,早上,他们一边喝茶,一边吃炒米,将剩余的茶放在微火上暖着,供随时取饮。通常一家人只在晚上放牧回家才正式用餐一次,但早、中、晚三次喝咸奶茶一般是不可缺少的。

白族三道茶

白族是一个能歌善舞的民族,历史悠久,文化发达,主要居住在大理白族自治州,素有"文献名邦"之称。早在四千多年前,白族的先民在这块土地上繁衍生息,创造了灿烂的洱海文化,唐代的南诏国,宋代的大理国都曾在这里建都,延续了五百多年,一度成为政治、经济和文化的中心,留下了众多的文物古迹。

白族饮茶有"酒盅要粗糙,茶盅要精巧"之说,说明白族重茶俗胜于重酒俗。当你做客跨进白族人家的大门,主人会热情地让你在火塘边就座。此时,主人一边与客人聊天,一边将熬茶的砂罐烤在火上,等砂锅预热后,放入少许茶叶,并不断地抖动,等茶叶渐渐变黄,发出清香时,冲入少许开水,这时只听"呲啦"一声,泡沫杂质从罐口溢出,这就是"雷响茶"。如果没有泡沫从罐口溢出,则称为"哑巴茶""老婆婆茶",这种茶是不能敬客的,要倒掉重烤。用"雷响茶"敬客,每一盅内只倒两三滴茶汁,兑适量的开水,使茶水呈琥珀色,清香扑鼻。在一般情况下,一罐茶敬给客人,只斟三杯。头道斟两盅,主客各一杯,其余两道茶客人独饮,"一苦、二甜、三回味",其乐无穷。

有的地区,头道茶为苦茶,用质次的菜叶熬成;二道茶叫"核桃茶",是将核桃切成薄片,加红糖、烤茶,甘甜爽口;三道茶加蜂蜜和四粒花椒,用苦茶水冲制而成,叫"蜂蜜茶"。这种茶道同样含有"一苦、二甜、三回味"的意义,饮之余味无穷。白族"三道茶"蕴涵着"先苦后甜"的人生哲理,过去是长辈出远门时施行的一种礼仪,后来变为待客的茶俗。

白族是一个好客的民族,大凡在逢年过节、生辰寿诞、男婚女嫁、拜师学艺等喜庆日子里,或是在亲朋宾客来访之际,都会以"一苦、二甜、三回味"的三道茶款待。白族"三道茶"在白族语中叫"绍道兆",是一种宾主抒发感情,祝愿美好,并富有戏剧色彩的饮茶方法。制作三道茶时,每道茶的制作方法和所用原料都是不一样的。

第一道茶,称之为"清苦之茶",寓意做人的哲理:"要立业,就要先吃苦"。制作时,先将水烧开,再由司茶者将一只小砂罐置于文火上烘烤。待罐烤热后,随即取适量茶叶放入罐内,并不停地转动砂罐,使茶叶受热均匀,待罐内茶叶"啪啪"作响,叶色转黄,发出焦糖香时,立即注入已经烧沸的开水。少顷,主人将沸腾的茶水倾入茶盅,再用双手举盅献给客人。由于这种茶经烘烤、煮沸而成,因此,看上去色如琥珀,闻起来焦香扑鼻,喝下去滋味苦涩,故而谓之苦茶,通常只有半杯,一饮而尽。

第二道茶,称之为"甜茶"。当客人喝完第一道茶后,主人重新用小砂罐置茶、烤茶、煮茶,与此同时,还得在茶盅中放入少许红糖,待煮好的茶汤倾入盅内八分满为止。这样沏成的茶,甜中带香,甚是好喝,它寓意"人生在世,做什么事,只有吃得了苦,才会有甜香来"。

第三道茶,称之为"回味茶"。其煮茶方法虽然相同,只是茶盅中放的原料已换成适量蜂蜜、少许炒米花,若干粒花椒,一撮核桃仁,茶汤容量通常为六七分满。饮第三道茶时，一般是一边晃动茶盅，使茶汤和作料均匀混合，一边口中"呼呼"作响，趁热饮下。这杯茶，喝起来甜、酸、苦、辣，各味俱全，回味无穷，只为告诫人们，凡事要多"回味"，切记"先苦后甜"的人生哲理。

土家族擂茶

土家族，主要聚居在湖南湘西土家族苗族自治州，湖北恩施土家族苗族自治州，此外，四川省的石柱、秀山、酉阳、黔江等县也有分布。土家族地区，山冈缠绕，物产丰饶。

千百年来，土家族人民世代相传，至今还保留着一种古老的吃茶法，这就是擂茶。

随着时间的推移，与古代相比，现今的擂茶，在原料的选配上已发生了较大的变化。如今制作擂茶时，通常用的除茶叶外，再配上炒熟的花生、芝麻、米花等，另外，还要加些生姜、食盐、胡椒粉之类。通常将茶和多种食品，以及佐料放在特制的陶制擂钵内，然后用硬木擂棍用力旋转，使各种原料相互混合，再取出一一倾入碗中，用沸水冲泡，用调匙轻轻搅动几下，即调成擂茶。少数地方也有省去擂研，将多种原料放入碗内，直接用沸水冲泡的，但冲茶的水必须是现沸现泡。

土家族兄弟都有喝擂茶的习惯。一般人们中午干活回家，在用餐前总以喝几碗擂茶为快。有的老年人倘若一天不喝擂茶，就会感到全身乏力，精神不爽，视喝擂茶如同吃饭一样重要。不过，倘有亲朋进门，那么，在喝擂茶的同时，还必须设有几碟茶点。茶点以清淡、香脆食品为主，诸如花生、薯片、瓜子、米花糖、炸鱼片之类，以平添喝擂茶的情趣。

傈僳族油盐茶

傈僳族，主要聚居在云南北部怒江傈僳族自治州的碧江、福贡、贡山、泸水四县,其余散居在附近的腾冲和与四川接壤的地区,多与汉、白、彝、纳西等民族交错杂居,是一个质朴而又十分好客的民族。

喝油盐茶是傈僳族广为流行而又十分古老的饮茶方法。

傈僳族喝的油盐茶,制作方法奇特,首先将小陶罐在火塘(坑)上烘热,然后在罐内放入适量茶叶,在火塘上不断翻,使茶叶烘烤均匀。待茶叶变黄,并发出焦糖香时,再加上少量食油和盐。稍时,再加水适量,煮沸3分钟左右,就可将罐中茶汤倾入碗中待喝。

油盐茶因在茶汤烧煮过程中,加入了食油和盐,所以,喝起来"香喷喷,油滋滋,咸兮兮,既有茶的浓醇,又有糖的回味"。傈僳族同胞常用它来招待客人,也是家人团聚喝茶的一种生活方式。

此外,聚居在云南省怒江的傈僳族有喝雷响茶的风习。其制法:先用一个能煨750克水的大瓦罐将水煨开,再把饼茶放在小瓦罐里烤香,然后将大瓦罐里的开水加入小瓦罐熬茶。五分钟后滤出茶叶渣,将茶汁倒入酥油筒内,倒入两三罐茶汁后加入酥油,再加事先炒熟、碾碎的核桃仁、花生米、盐巴或糖、鸡蛋等,最后将一块有一个洞的、放在火中烧红的鹅卵石放入酥油筒内,使筒内茶汁作响,犹如雷鸣一般。响声过后马上使劲儿用木杵上下抽打,使酥油成雾状,均匀溶于茶汁中,打好倒出趁热饮用。

佤族苦茶

佤族主要聚居在云南省西南部的西盟、沧源、孟连、耿马等县。佤族地区处于澜沧江和萨尔温江之间,怒山山脉南段地带,山峦重叠,平坝极少,被称为阿佤山。

佤族人民至今仍保留着一些古老的生活习惯,喝苦茶就是其中之一。佤族人民世代嗜好饮茶,而且喜欢饮酽茶。由于每次投入的茶叶多,水量相对少,熬煮出来的酽茶水,味道极苦,故称之为苦茶,苦茶是阿佤人的日常饮料。煮茶选用的茶叶,一般都是阿佤山上初制的绿茶或自制的大茶叶。每次取一两左右的干茶放进砂罐中熬煮,一直要熬到茶水颜色如中药汤一样黑红为止。喝了这种茶,有清凉透脾的感觉,对于酷热中的佤族人民来说有消暑解渴的作用。

佤族的苦茶,冲泡方法别致,通常先用茶壶将水煮开,与此同时,另选一块整洁的薄铁板,放上适量茶叶,移到烧水的火塘边烘烤。为使茶叶受热均匀,还得轻轻抖动铁板,待茶叶发出清香,叶片转黄时随即将茶叶倾入开水壶中进行煮茶,沸腾3~5分钟后,即将茶置入茶盅,以便饮喝。由于这种茶是经过烤煮而成,喝起来焦中带香,苦中带涩,故而谓之苦茶。如今,佤族仍保留这种饮茶习俗。

拉祜族烤茶

拉祜族主要分布在澜沧江流域的思茅、临沧以及西双版纳傣族自治州、红河哈尼族彝族自治州,地处亚热带山区,夏无酷暑,冬无严寒,一年中雨季、旱季分明。澜沧地区群山巍峨,河道逶迤,资源丰饶,物产富庶,风光宜人。

拉祜族曾经历了长期的狩猎生活阶段,拉祜族的"拉"是老虎的意思,而"祜"则意为烤吃的方法。拉祜族同胞,在生活中仍保留着不少较为原始的风习。饮烤茶就是拉祜族古老而传统的一种饮茶方式。先把茶叶放进小茶罐内,放在火塘烤焦,再倒入滚开水,茶香四溢扑鼻,每次仅饮一小盅。如果有客人来了,一定要以烤茶招待。煮出来的第一罐由主人自己喝,第二罐才给客人饮用。主人喝第一道茶,表示茶中无毒,请客人放心。第二道茶味道最好,奉献给客人。

拉祜族烤茶,在拉祜语中被称为"腊所夺"。饮烤茶,通常分四道程序进行。

第一道,装茶抖烤。先用一只小陶罐,放在火塘上用炆火烤热,然后放上适量茶叶抖烤,使茶受热均匀,待茶叶叶色转黄,并发出焦糖香为止。

第二道,沏茶去沫。用沸水冲满装茶的小陶罐,随即泼去上部浮沫,再注满沸水,煮沸3~5分钟待饮。然后倒出少许,根据浓淡,决定是否另加开水。

第三道，倾茶敬客。就是将在罐内烤好的茶水倾入茶碗，奉茶敬客。

第四道，喝茶啜沫。拉祜族兄弟认为，烤茶香气足，味道浓，能振精神，才是上等好茶。因此，拉祜族喝烤茶，总喜欢喝热茶。

哈尼族土锅茶

哈尼族，绝大部分集中聚居于滇南红河和澜沧江的中间地带，其余分布在普洱、勐海、景洪、勐腊、禄劝、新平等地。

喝土锅茶是哈尼族的嗜好，这是一种古老而简便的饮茶方式。这种茶水，汤色绿黄，温度适中，清香润喉，解渴，回味无穷，是哈尼人待客的一种古老习俗。

哈尼族土锅茶，哈尼语为"绘兰老泼"。煮土锅茶的方法比较简单，一般凡有客人进门，主妇先用土锅（或瓦壶）将水烧开，随即在沸水中加入适量茶叶，待锅中茶水再煮沸3~5分钟后，将茶水倾入用竹制的茶盅内，一一敬奉给客人。平日，哈尼族同胞也喜欢在劳动之余，一家人喝茶叙家常，以享天伦之乐。

撒拉族"三炮台"碗子茶

撒拉族主要聚居在青海循化撒拉族自治县，其余分布在青海、甘肃、新疆等州县。

撒拉族人民喜欢喝三炮台茶。他们认为喝三炮台碗子茶，次次有味，且次次不同，又能去腻生津，滋补强身，是一种甜美的养生茶。

"三炮台"的茶具由茶盖、茶碗、茶碟组成。瓷质细腻、精巧美观、古色古香，整套茶具很像炮台。给客人上"三炮台"茶，要在吃饭以前。倒茶时，把碗盖揭开，在茶碗里放进香茗、桂圆、冰糖等，注入开水，加盖后捧递。

喝三炮台碗子茶时，一手提碗，一手握盖，并用碗盖随手顺碗口由里向外刮几下,这样一则可以刮去茶汤面上的漂浮物;二则可以使茶叶和添加物的汁水相融。如此,一边啜饮,一边不断添加开水,直到糖尽茶淡为止。由于三炮台碗子茶有一个刮漂浮物的过程,因此,又有称三炮台碗子茶为刮碗子茶的。

瑶胞用油茶待客

在我国西南边陲生活的瑶族,饮茶风习很奇特,他们喜欢喝一种类似菜肴的咸油茶,认为喝油茶可以开胃生津、充饥健身。这种咸油茶是由许多配料合成的,严格说来是解渴充饥的一道菜。正因如此,每当贵宾造访或婚丧嫁娶等大事时,都以喝油茶为最高规格的接待礼仪。

在村寨里,熟人来串门,或者几位老友相邀在一起聊天时,主人家都要烧油茶。一般是客人坐定一袋烟的工夫之后,主人就生起火塘,准备煮油茶的作料,相熟的来客就主动坐在火塘边,一边与主人聊天,一边帮着主人干些烧火、添水等零活儿。这样显得彼此关系密切、不见外,同时客人也可以根据自己的口味,配制作料,使得自己吃的油茶更为可口。

瑶族是个好客的民族,要是有新结识的客人或远方贵客来访,其接待方式就比接待熟稔的客人讲究得多。贵客在堂屋坐定后,主人就请来最要好的亲戚或朋友来陪客,然后马上生火塘,煮油茶。这种油茶要一连煮三锅,一锅苦,二锅淡,三锅不苦不淡,再将三锅混合在一起倒在瓦盆里。这样调制出来的油茶适中可口,不苦不淡,再用小碗舀给贵客喝。当地有民谣说:"一碗不成(不行),两碗无意(情意),三碗四碗麻麻地(还可以),五碗六碗够情谊。"这就说明来客在主人家最少要吃三碗油茶,吃得越多主人越高兴。

瑶族青年男女相亲要用油茶招待。媒人带着小伙子到姑娘家相亲时,姑娘家要煮油茶款待客人。煮好油茶后,姑娘要亲自将第一碗油茶给媒人喝,然后再依照年龄的老幼依次喝油茶。如果小伙子第一次去姑娘家时,姑娘端给他的是甜油茶,就意味着姑娘认可这门亲事;要是姑娘端给小伙子的是苦油茶或淡油茶,那就暗示姑娘不同意这门亲事。如果姑娘家认可这门亲事,就允许小伙子第二次去姑娘家。第二次去时可以不带媒人,但要由小伙子的同伴陪着去,这次到姑娘家,仍然要喝油茶,不过这次小伙子和他的同伴不必在堂屋等着喝油茶,而是可以到火塘边与姑娘一起煮油茶。他们可以边煮茶,边说话,互相了解。煮好的油茶的第一碗也要给他喝,这就意味着恋爱关系基本确定,小伙子也可以邀请姑娘去他家做客了。姑娘在小伙子家做客时,他家一定要准备最好的明前茶或谷雨茶来煮油茶,以便讨得姑娘的欢心。

景颇族的竹筒腌茶

云南景颇族的腌茶是一种以茶做菜的食茶方法。吃这种茶不是为了解渴,而是为了佐食。

这种腌茶的制作较为繁杂,时间跨度也较大。在每年春雨霏霏的季节,将采摘的鲜嫩茶叶洗净,再用竹箩摊开晾干,然后再拌上食盐、辣椒,放进竹筒内。制作时要放一层用木棍捣一次,以便不留空隙。这样层层捣紧后,再将竹筒口用泥或盖子封起来。放置到阴凉处3个月后,竹筒腌茶就好了。

腌茶腌好后,用刀剖开竹筒,将腌茶倒在竹箩里晾干后,再装入瓦罐里,准备随时当菜食用。食用时要拌上香油、蒜泥或其他喜欢吃的佐料。对这种竹筒腌茶,有喜欢生嚼着吃的,也有在火塘上炒熟后再吃的。

居住在德宏自治州的德昂族也有以腌茶代菜的习惯,只是他们制作腌茶不是用竹筒,而是用陶缸,其制作手段和食用方法基本一样。

怒族的盐巴茶

盐巴茶不单是怒族饮用的一种茶,生活在怒江一带的纳西族、傈僳族、普米族、彝族和苗族也常饮用这种盐巴茶。

盐巴茶是用瓦罐烹煎而成的。通常的做法是将晒青茶放到瓦罐里烘烤,在烤到茶叶发出噼啪声响和焦香时,就往瓦罐里注入煮沸的水,接着再放进适量的盐巴,略加搅拌,就可以饮用了。这样的盐巴茶茶汤呈橙黄色,既有茶的清香,还有盐巴的咸味,再辅以玉米粑粑,有干有湿,犹如外国人饮茶吃点心一样,别有风味。

怒族等民族习惯于饮用这种盐巴茶,每天都离不开,每天至少要喝三次,并且经常是就着玉米粑粑喝茶。怒族有一首歌谣说:"早茶一盅,一天威风;午茶一盅,劳动轻松;晚茶一盅,提神去痛。"从这首歌谣里,人们不难看出,怒族等滇西少数民族,饮用盐巴茶已经成为他们日常生活中的一部分,如果一天不饮茶就会觉得浑身不舒服。

德昂族的择偶茶和回心茶

居住在云南省德宏傣族景颇族自治州的德昂族,被称作是古老的茶农,在他们的房前屋后、村头寨边都种植着成片的茶树。他们无论男女都喜欢饮茶,不可一日无茶,而且好饮浓酽的茶。茶不仅能使他们神清气爽,兴奋神经,还在他们的日常生活中占有重要位置。

德昂族的婚姻是自行择偶、自由恋爱的。未婚的小伙子结识姑娘后,通过一段时间的恋爱,觉得可以终身为伴,准备结婚时,小伙子要让家长到姑娘家提亲。小伙子的这个要求,不是直接跟父母说,而是采取"择偶茶"的形式来表达。在某一个夜晚,小伙子趁父母熟睡的时候,轻手轻脚地将一碗茶放在母亲的筒帕里,这就是"择偶茶"。第二天早晨,母亲发现筒帕里的"择偶茶",就知道儿子委托提亲了。母亲就到儿子的屋里,悄悄地问明姑娘是哪家的,然后就与丈夫商议,委托本家和异姓家的各一人,一起到姑娘家提亲。

去姑娘家提亲时,要带上一包茶(通常茶为半斤一包)。到了姑娘家,将这包茶放在供盘里,双手呈送给姑娘的父母,对方就知道是来提亲的。在双方落座后,提亲人介绍男方家的情况和小伙子的人品等情况,女方家长也提出一些疑问。当女方家长确认男方家确有诚意,而且也认为比较合适时,就收下这包茶叶。要是女方家长不认可这门亲事,就婉辞谢绝接受茶叶。

提亲成功后，男方父母便请提亲人带着小伙子的伯叔及姐姐，再带着茶叶两包和一些酒肉到姑娘家去谢亲，将带去的茶叶交给姑娘的父母，并且要在女家宴请姑娘的父母、舅舅和长辈。这样就以茶定亲，茶叶就成了订婚的礼物。

在族人的交往中，如果有人做错了事，经教育帮助，有悔改之意，就邀请族内长者到家里喝"回心茶"。这种茶要用悔改者现采摘的新茶。悔改者在长者到来之后，将放有茶叶的锅盖放在火塘上烘烤、揉搓，直到发出香味为止。然后抓一小撮放到小土茶罐里，继续烘烤，到茶叶发黄时，再加上滚烫的开水，稍稍煮上片刻，就分别斟给长者饮用。直到饮完茶，就意味着长者接受了悔改者的悔改，给予他重新做人的机会。然后大家尽兴而散，回心茶也就完成了使命。

云南西部的离婚饮茶习俗

在云南西部的偏远山区凤庆县一带，有一种独特的风俗，就是夫妻在离婚时要饮一次茶。当地人在夫妻感情出现危机过不下去的时候，并不大吵大闹，动手行粗，而是约好一个吉日，请来双方村寨里的长辈和亲朋好友，聚在一起饮一次离婚茶。

这种离婚茶由先提出离婚的一方做东，负责选饮茶地点，邀请男女双方的亲戚朋友以及双方村寨里的长辈。到了选定的吉日，双方村寨里的长辈和亲朋与要离婚的夫妻围桌而坐，请一位德高望重的长辈主持茶会。主持者亲自泡好一壶"春尖"茶，分别给离婚男女各斟一杯，让他们当众喝下。要是他们都没有将茶汤喝尽，只是略略品尝一口，就意味着还有和好的余地；要是他们都一饮而尽，就说明离婚的决心已定，破镜难以重圆了。

接着离婚双方还要喝第二杯茶，这杯茶是甜茶。饮茶时主持者告诫他们，要反复考虑是否非离婚不可，要多想对方的长处，也要想到离婚后的艰难。这杯茶带有思甜的含意，往往是那些喝第一杯茶时，略略品尝的夫妻，会回心转意，重归于好。如果这杯茶被离婚夫妻喝得一饮而尽时，就要拿出第三杯茶来。

　　第三杯茶是茶味极淡的茶汤,参加离婚茶会的所有的人都要喝。喝完这杯茶就意味着离婚男女离婚成功。不过主持的长辈并不善罢甘休,而是要苦口婆心地向离婚者说明离婚的弊病,争取做最后的努力,挽回失败的婚姻。要是男女双方都态度坚决,坚持分手,离婚茶会就到此结束。要是有的离婚男女,听了主持长辈的劝告后,心生悔意,有言和的可能,这就需要再喝三杯茶。

　　这最后的三杯茶近似于白族的三道茶,但又有所不同。第一杯是甜茶,意思是让离婚夫妇回忆过往的甜蜜岁月,珍惜甜蜜的生活;第二杯是苦茶,意思是既然不想离婚,就要有吃苦的思想准备,生活中有甜也有苦,没有吃苦的准备就过不好日子;第三杯是淡茶,是对了白开水的略带茶色的茶,意思是说人的生活绝大多数是像白开水一样,平淡无味,只有甘于这种白开水般日子的夫妻,才能体味到生活的甜美。

第六节　地方茶俗

　　中国是世界茶叶的故乡,种茶、制茶、饮茶有着悠久的历史。中国又是一个幅员辽阔的国家,生活在这个大家庭中的各地人民有着各种不同的饮茶习俗,正所谓"历史久远茶故乡,绚丽多姿茶文化"。

北京人喜大碗茶

　　喝大碗茶的风尚,在汉民族居住地区,随处可见,特别是在大道两旁、车船码头、半路凉亭,直至车间工地、田间劳作,都屡见不鲜。这种饮茶习俗在我国北方最为流行,尤其早年北京的大碗茶,更是名闻遐迩,如今中外闻名的北京大碗茶商场,就是由此沿袭命名的。

　　现代的京城,饮茶之风渐起,不过,大多是专门的茶馆、茶艺馆。茶为消费主体,可供吃的大多是些闲食、瓜子、花生一类,干果为多,少样的点心点缀,仅此而已。而且,这里的茶客以饮晚茶者为多,晚餐之后,酒足饭饱,来到茶馆或茶艺馆,清茶一盏,抽抽烟,谈谈天,甚至以棋牌为伍,至午夜方得散去。

大碗茶多用大壶冲泡或大桶装茶,大碗畅饮,热气腾腾,提神解渴,好生自然。这种清茶一碗,随便饮喝,无须做作的喝茶方式,虽然比较粗犷,颇有"野味",但它随意,不用楼、堂、馆、所,摆设也很简便,一张桌子,几条木凳,若干只粗瓷大碗便可,因此,它常以茶摊或茶亭的形式出现,主要为过往客人解渴小憩。

大碗茶由于贴近社会、贴近生活、贴近百姓,自然受到人们的称道,即便是生活条件不断得到改善和提高的今天,大碗茶仍然不失为一种重要的饮茶方式。

大碗茶,是过去很长一段时间,北京百姓以及外埠到北京走亲戚办货的穷苦人歇脚、聊天时饮的茶。大碗茶馆一般就是一间破房搭一个白布棚,一张长条桌、几条长板凳,在里面品茶歇脚的是赶大车的、赶脚的、拉骆驼的、做小买卖的生意者,进城来的农民也在这儿歇脚,卖的都是大叶茶,顶好的不过是"高末"。

北京风韵盖碗茶

那时,大碗茶最便宜、最为穷苦人解渴。卖大碗茶的多是老头或半大孩子;他们挑的挑子,一头是一个短嘴、大肚的绿釉大茶壶;另一头是荆条篮子,篮子上盖块布,布底下是几只老粗碗,有时还预备几个小板凳。谁要喝茶,他们恭恭敬敬摆下小板凳,请坐下,捧过去一大碗酸枣叶子泡的茶,这就是最早的"大碗茶"。那时,卖大碗茶的是穷人,喝大碗茶的也是穷人,有钱给个子儿，没钱就走人。现在回过头来再看那段历史，大碗茶这种文化载体渗透出的是北京人的仁义、敞亮和厚道。

广州人喜早茶

饮茶是广州人的嗜好，他们把饮早茶称为"叹茶"（即享受之意），至今仍流传着"叹一盅两件"（即享受一盅香茶、两件点心之意）的口头禅。清早起来，口带涩味，饮杯香早茶，兼净口腔，提提精神，唤起食欲，再食点心，更能品尝到各款点心的美味，确实是一种享受。早上见面打招呼就是问"饮左茶未"，以此作为问候早安的代名词，可见对饮茶的喜爱。饮茶是广州人的一个生活习惯，也是"食在广州"的一大特色。

广州人所说的饮茶，指的是上茶楼饮茶，广州的茶楼与茶馆的概念也不尽相同。它不但既供应茶水又供应点心，而且建筑规模宏大，富丽堂皇，是茶馆所不能比拟的。喝早茶，不仅饮茶，还要吃点心，被视作一种交际的方式。

上班之前，进茶楼占一席位，由服务员用精美别致的茶具沏上一壶好茶，再点几种美味可口的点心，一边品饮香茗，一边吃点心。早茶之后，精力充沛地上班迎接一天的工作。在节假日里，携全家老小或邀几位亲朋好友，登上茶楼，边品茶边聊天，也超然洒脱。商界人士请有关客户进茶楼品茶谈生意也成为风俗。茶楼所备的茶叶品种甚多，有红茶、绿茶、乌龙茶，也有花茶、六堡茶等。点心也是各式名点齐备，如水晶包、叉烧包、小笼肉包、蟹粉小笼、虾仁小笼、虾饺和各种酥饼，以及牛肉粥、鸡粥、鱼片粥和云吞等。真可谓香茗配名点，相得益彰。

广州人饮茶在礼仪上没有什么特别的讲究，唯独在主人给客人斟茶时，客人要用食指和中指轻叩桌面，以致谢意。据说这一习俗，来源于乾隆下江南的典故。相传乾隆皇帝到江南视察时，曾微服私访，有一次来到一家茶馆，兴之所至，竟给随行的仆从斟起茶来。按皇宫规矩，仆从是要跪受的，但为了不暴露乾隆的身份，仆从灵机一动，将食指和中指弯曲，做成屈膝的姿势,轻叩桌面,以代替下跪。后来,这个消息传开,便逐渐演化成了饮茶时的一种礼仪。这种风俗至今在岭南及东南亚的华侨中依然十分流行。

广州的茶市分为早茶、午茶和晚茶。早茶通常清晨4时开市,晚茶要到次日凌晨1~2时收市,有的通宵营业。一般地说,早茶市最兴隆,从清晨至上午11时,往往座无虚席,特别是节假日,不少茶楼要排队候位。饮晚茶也渐有兴盛之势,尤其在夏天,人们消夏的首选去处往往是茶楼。

不过,广州人在闲暇时也以在家里饮"功夫茶"为乐事。"功夫茶"对茶具、茶叶、水质、沏茶、斟茶、饮茶都十分讲究。功夫茶壶很小,只有拳头那么大,薄胎瓷,半透明,隐约能见壶内茶叶,杯子则只有半个乒乓球大小。茶叶选用色香味俱全的乌龙茶,以半发酵的为最佳。放茶叶要把壶里塞满,并手指压实,据说压得越实茶越醇。水最好是要经过沉淀的,沏茶时将刚烧沸的水马上灌进壶里,开头一两次要倒掉,这主要是出于卫生的考虑。斟茶时不能满了上杯斟下杯,而要不停地来回斟,以免出现前浓后淡的情况。饮时是用舌头舔着慢慢地品,一边品着茶一边谈天说地,这叫功夫。工夫茶茶汁浓,碱性大,刚饮几杯时,会微感苦涩,但饮到后来,会愈饮愈觉苦香甜润,使人神清气爽,特别是大宴后下油最好。

此外,广州人有饮凉茶的习惯。所谓饮凉茶就是把药性寒凉、能清解内热的中草药煎水作饮料喝,以清除夏季人体内的暑气。广州的凉茶历史悠久,如王老吉凉茶就形成于清嘉庆年间(公元1796~1820年),由于它清热解毒、消炎去暑的药用功效很好,历来为广州人所推崇。另外,还有石歧凉茶、健康凉茶、金银菊五花茶、生鱼葛菜汤、龟苓膏等也都是广州人喜爱的传统老牌凉茶。

自20世纪80年代开始,为方便饮用,各种凉茶冲剂及软包装凉茶应运而生,如神农凉茶、夏桑菊等,已成为许多家庭夏季的必备饮品。

广州最早的嗜茶者传说是南越国开国之君赵佗,当年赵佗率大臣在江迎楼阁品茗,见江上波光潋滟,心旷神怡,得意之际心花怒放,抓一把茶叶撒向江中,茶叶忽化作无数仙鹤翩翩起舞,一会儿仙鹤又化成体态轻盈的仙女降落楼中,向赵佗君臣献茶。如果把这个动人的传说神话成分去掉,细细品味,不难理解广州人饮茶历史的悠久。

上海人喜以茶代酒

如今,上海人到酒家用餐,并不是人人都要饮酒或喝饮料,有许多客人特地关照服务小姐,请泡一杯绿茶来!

以茶代酒,从过去的"口头说说"到现在已成为时尚。以茶代酒,有的人为了保健需要,遵照医嘱而身体力行;有些人因为怕喝酒多了会误事;有不少白领先生和白领小姐,以此作为一种有修养的表现。据了解,在顾客中以茶代酒者占15%左右,正在成为一种新时尚,这反映出这个需求拥有一个广阔的市场。

在各种宴会上,老人爱喝自娱茶,白领族爱喝信息茶,青年人爱喝休闲茶,中年人偏爱特色茶,逛街族爱喝小歇茶。现在,无论富有之家或贫困之户,无论是上层社会或普通百姓,无论是社交活动或闲散居室,都崇尚饮茶,莫不以茶为礼,以沏茶、敬茶的礼仪来敬客人。由于越来越多的年轻人和外国游客的加入,"喝茶"二字不仅意味着民族传统茶文化的延续,而且带有上海国际大都市新时尚的色彩。上海的一些地方已经形成了一条不成文的规矩:以茶代酒,吃饭之前先敬茶。

潮汕地区的女子茶

在广东的潮汕地区除了工夫茶享誉世界外,还有一种鲜为人知的女子茶。这种茶主要流行于汕头西部的葵潭、普宁一带,因而也叫葵潭女子茶。

相传在早年间的潮汕地区,有一位受新思潮影响而具开放风气的女子,追求男女平等。她见到许多男人经常围桌而坐,品着工夫茶,高谈阔论,很是羡慕,同时也深感男女不平等,女子没有这样的机会,于是她便想打破传统的桎梏,也要以茶会友。

有一天她邀请了几位同伴聚在一起,烹茶畅聊。因为她们是在自家聚会,不懂得烹茶技术,所以没有烹好茶。消息传出后,受到男人们的讥笑。这位要强的女子不甘心失败,经过反复实践和暗地里求师指教,她吸取了土家族擂茶的特点,创制出一套烹茶技艺——女子茶,赢得了男人们的赞许。

女子茶是将福建武夷山的铁观音,放进带齿的缶钵里,再用石榴木特制的擂茶槌,将茶叶擂成粉末,然后再拌以炒熟的油麻、花生、黄豆和香菜、蒜头以及适量的盐和糖,再以沸水冲泡,就成了独具风味的女子茶。这种茶甜中有咸,香中有辣,与擂茶口味相近似,因而也叫"妈妈擂茶"。

这是一种女子的专用茶,男人没有这种口福。在潮汕地区每逢春节或元宵节,家里有女客造访时,女主人往往都烹制女子茶款待客人。

武当山的太极养生工夫茶

武当山地区环境优美,阳光充足,气候湿润,适宜茶树生长,同时,这样优美的环境也吸引着很多道人来此修炼。这些道人在修炼之余,还精心探讨饮茶养生之术,形成了武当山道茶的独特技艺。这种道茶曾与西湖龙井、武夷岩茶等齐名,风行很久,在明清时代就有武当山"朝廷贡品茶"盛名于世。然而历经历史的淘洗,武当道茶呈衰落之势。

20世纪80年代中期,湖北省十堰市茶叶协会负责人王富国先生,为了弘扬武当养生茶的制茶技艺,走访了很多武当道人和茶叶名士,挖掘、搜集、整理出一套武当养生茶的制茶技艺——武当太极养生工夫茶。这种功夫茶是以武当内家三十六功法之一的太极乾坤球功为基础,运用古代道人内家捋、挤、按、揉等功法,通过对茶叶的晾青、摇青、杀青等过程,将茶叶打包成球形,然后用紧包、揉包功法发酵,使得这种茶叶达到半发酵的程度,从而制成了武当太极养生工夫茶。

武当太极养生工夫茶既不同于不发酵的绿茶,也有别于全发酵的红茶,它的外形、色泽非常美观,烹煎后茶汤金黄,醇香盈鼻,馨香持久,被誉为"醇香七泡有余"的佳茗。

武当太极养生工夫茶,承继了道家传统的制茶工艺。古代道人精心研究养生之术,期待益寿延年,因而注意寻求对养生有助的各类物质。茶叶中含有多种矿物质,如维生素、茶多酚、氨基酸、咖啡碱等有机化学成分,具有祛病、保健、养生、益寿的功效,所以就被道人吸纳其中,研制成养生道茶。用现代的科学观点分析,武当道茶具有提神醒脑、增加食欲、分解脂肪的功效,有着很好的保健作用。

昆明的九道茶

九道茶在饮茶时有九道程序,因流行于我国云南的昆明一带,所以称昆明九道茶。这种饮茶方式复杂,而且充满着温馨,一般是用于接待客人,所以又称迎宾茶。这九道茶的程序是:

第一道:选茶。九道茶多用普洱茶。由主人家的小辈将各类普洱茶的样品,放在小茶盘,供宾客选用。如在茶楼,茶博士就在请宾客观察茶的形、色和闻香之时,讲述茶的特色,增加宾客的饮茶知识。

第二道:温杯。用开水冲洗,洁净茶具,同时也提高茶具的温度,以便茶叶中的物质充分溢出。

第三道:放茶。将宾客选好的茶叶投放进茶壶内。

第四道:注水。用煮沸的开水倒进壶内,但不要倒满壶,要留有三四成的空间。最讲究的家庭多用山泉水煮沸泡茶。

第五道:浸茶。盖上壶盖,闷上四五分钟,以便茶中的物质能溶于水。

第六道:匀茶。再将开水注入壶内,稍稍冲淡壶内茶水,使得茶味浓淡可口。

第七道:斟茶。将壶中茶水,依次从左到右斟入茶杯里。

第八道:敬茶。由主人家的小辈手捧茶杯,敬献给宾客。在茶楼则由茶博士依年龄长幼依次敬献给宾客。

第九道:品茶。宾客接过茶杯后,要先闻闻茶香,这不仅是对名茶的欣赏、体味,也是利用茶的香气来清心、通窍。然后再小口饮用,以便仔细品味,享受饮茶的乐趣。品茶时切忌大口"驴饮",这样做不但不能品尝到名茶的味道,还显得很没有修养,更不能享受到品茶的温馨与惬意。

秦淮河上的水上茶舫

自明万历四十一年(公元 1613 年)在南京钞库街出现的第一座茶馆算起,南京的茶馆已有近 400 年的历史。南京的茶馆不仅有坐商,而且在夫子庙旁的秦淮河一带,还有一种独特的形式,就是水上茶舫。

这种水上茶舫一般流行于每年的 5~10 月。每当华灯初上,画舫游弋,桨声灯影,笙歌彻夜,浪漫温馨,吸引了无数的游客。茶舫内置有茶桌、藤椅,茶客坐在其间,推开雕花窗,面对秦淮河的习习凉风,在品茗的同时也得以纳凉。

这里的茶舫备有小吃,如"蟹壳黄"烧饼、小笼肉包、干丝等,还有的茶舫备有羊肉面、拉面和薄饼等,这些风味小吃,物美价廉,很受茶客欢迎。此外,有的茶舫还有清唱的艺人或唱流行歌曲或唱京剧及地方戏曲,更增添了饮茶的情趣。

茶舫上的茶博士斟茶也给人一种享受。他们通常是右手执大铜壶把,在离桌面一米左右的高处,对准茶盅倾注茶汤,只见壶嘴猛然向下伸来,霎时间茶盅里的茶汤刚好八九成满,绝无一滴水洒落下来,茶客不必担心自己被茶汤烫着。在这样的环境里饮茶的确是一种文化的享受。

江苏周庄的阿婆茶

江苏周庄一带流行一种阿婆茶。阿婆是当地俗语,是指中老年妇女。阿婆茶,顾名思义,就是中老年们妇女们常常饮用的茶。这种饮茶方式由来已久,原本是深宅大院里已婚妇女,拘于封建礼教,不能随便出门,在家里又百无聊赖,于是聚在一起饮用茶消遣。后来这种饮茶方式走出深宅大院,深入到民间,就成为当地百姓的一种饮茶消遣方式了。

阿婆茶分为家庭型和茶楼型两种。家庭型的阿婆茶是由某位阿婆做

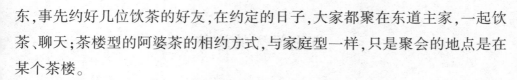

东,事先约好几位饮茶的好友,在约定的日子,大家都聚在东道主家,一起饮茶、聊天;茶楼型的阿婆茶的相约方式,与家庭型一样,只是聚会的地点是在某个茶楼。

饮阿婆茶不仅是喝茶,茶桌上还备有酱瓜、腌菜、酥豆、点心、瓜子之类的佐茶的食品。大家在饮茶的同时,海阔天空地聊天,还时不时地吃点小菜,增加或甜或咸的口味。饮阿婆茶比较讲究,如果请同伴到家里饮茶,就必须将茶壶、茶碗、小菜、点心以及桌椅板凳,都搞得非常洁净,以表示对来客的尊敬和友好;吃茶的来客要在续过三次开水之后才能告辞,否则就会被视为对主人的不敬。

如今的阿婆茶变得大众化了,几个同龄妇女,闲来无事,就聚在茶楼里,轮流做东,边干零活,边吃茶,倒也随便得很。

苏州的香味茶

苏州市的吴江人爱喝一种带有香味的茶。这种茶是用绿茶、橘子皮、胡萝卜干、豆腐干及炒熟的芝麻、青豆等冲泡而成的。冲泡前将干净的橘子皮、胡萝卜干、豆腐干和炒熟的芝麻、青豆等佐料与绿茶放进茶杯里,用沸水冲泡,加上盖闷上几分钟之后,揭开茶杯盖,立即就会有一股茶香伴着芝麻香和橘香扑面袭来。茶汤橙黄而透明,茶色十分诱人。茶汤让人闻着更是十分舒服,喝起来觉得香醇浓郁,非常爽口,可以称得上是地道的香茶。不仅如此,还可以在喝茶时顺便将茶汤里的各种佐料吃掉。这些佐料也是色香味俱佳,具有开胃健脾的功能。

节日期间泡的香味茶,加进去的佐料就更为讲究。在绿茶里往往要加进些熟竹笋、炒得火候适中的芝麻,以及桂花糖果脯、橘皮果脯等,这样泡出来的香味茶,喷香扑鼻,甜香似蜜。泡过几轮之后,咀嚼着作料,更觉得甜香馥郁,让人心神畅快,回味不绝。

江浙闽人的施茶

在浙江、江苏和福建等沿海省份，流行一种"施茶"的风俗，所谓"施茶"就是布施茶汤的意思。在繁华大街上的店铺或富家的大门前，放上一个茶桌，茶桌上备有茶壶、茶碗，或者在门前放上一口大缸，里面备有冲泡好的茶汤，供行人随意饮用，不必付茶费，这就是施茶。

施茶是在立夏到秋分之间，为了帮助行人解暑，在茶汤里通常要加入一些姜片、薄荷等佐料，喝起来虽带有一点药味，却能降温祛暑。

这种施茶，源于浙江新昌县的"大佛茶"。据传说，浙江奉化市在五代时期有个叫契此的和尚，他五短身材，肥胖异常，笑口常开，经常是敞开着衣衫，露出大肚皮，自称是弥勒佛。平日背着一个空布袋，到处游游逛逛。他说话诙谐幽默，富于哲理，并且能预示未来吉凶。

有一次，"弥勒佛"所居的大佛寺邻近的一个农民，在下田途中因天气炎热而中暑，恰巧倒在大佛寺的后门前。这时"弥勒佛"正好出门，他从身背的布袋里取出几颗嫩芽，塞在农民嘴里，不一会儿农民转危为安，立刻跪拜感谢。"弥勒佛"告诉这个农民，大佛寺后茶树林的茶芽，可以解暑祛瘟，在炎热天不妨用这种茶芽泡茶喝。这样，当地的农民们学会了喝茶，并将这种"弥勒佛"指点的茶叫大佛茶。

第二年夏天，这位被"弥勒佛"救治的农民，为了报答胖和尚的救命之恩，就在大佛寺门前设立了一个茶亭，专门为行人免费提供茶水。不久，新昌各乡也学会了喝茶，也仿照这个茶亭在街上或大路的十字路口边设立茶亭，布施茶汤来施恩惠给行路人。这就是施茶最初的开端。

施茶，也叫送茶，属于一种自愿的善举，特别是福建的客家人离开中原后的迁徙途中，备尝艰辛，在沿途也得到很多善良人的帮助，他们对"同是天涯沦落人"的处境感触颇深，因此他们对行施茶善举的积极性很高。

为了使得施茶的善举进行得有条不紊，在民间逐渐形成了一种叫"施茶会"的民间组织。这种施茶会大体上有两种形式：一是具有固定资产的施茶会,它的固定资产是主动参与者捐资购买的田产,以每年的租佃收入作为施茶的经费;二是利用庙会活动,由大家公推的某人牵头,收集平摊的施茶经费。此外,还有个人独自设立施茶大缸或茶会来施茶的。施茶的地点一般固定,如桥边、十字路口、熙熙攘攘的大街和寺院门前等行人较多的地方。

徽州人的"吃三茶"

安徽的徽州是指今天的绩溪、休宁、黄山、祁门一带,这里自古就是茶乡,出产的黄山毛峰、祁门红茶、太平猴魁等茶叶闻名于世。基于茶乡的陶冶,徽州人自古就嗜好饮茶,而且形成了一些饮茶风俗。

徽州人喜欢饮茶,当地流传的"吃三茶",它具有两种含义:一是每天早、午、晚三次必须饮茶;二是接待贵客的"吃三茶"。

徽州人每天都离不开茶,每天按早、午、晚三次饮茶已经成为他们生活中不可或缺的一部分。早晨起来洗漱后的第一件事就是饮上一杯热茶,这杯热茶会使人觉得浑身血脉通畅,茶香盈口,精神爽快。到了中午饭后,更是离不了茶。他们在中午饮的茶多为酽茶,这样的茶有助于消化、健胃和去油腻。晚饭后,在庭院里歇凉时,品着香茶,觉得十分惬意和舒适。在劳碌了一天之后,饮杯香茶有助于消除疲劳。在冬天,全家人围着火盆,饮茶品茗,畅谈聊天,更是觉得畅快和喜悦。正是由于他们每日不离饮茶,所以当地有"饭可不食,茶不可少"的说法。

接待贵客的"吃三茶",是指枣栗茶、鸡蛋茶和清茶。徽州人受传统影响较深,待人接物很讲究礼节。即使是平日有客人来,第一件事就是给客人敬茶。如果是贵客造访,就要上三种茶。第一道是枣栗茶,这种茶不是用枣和板栗泡的茶,而是就着蜜枣和糖炒板栗吃茶。第二道是鸡蛋茶,就是用五香煮鸡蛋佐茶。第三道是清茶。这种"吃三茶"不仅款待贵客时饮用,而且全家人过春节或春节期间亲戚来家拜年时也吃。

"吃三茶"不同于待客的就餐和饮茶解渴,吃的时候重在品茶,要在很闲适的环境里优哉游哉地品茶。如今人们生活节奏快,没有过多的时间和精力品茶,因而传统的"吃三茶"也只在部分老年人中流行。

徽州人饮茶有很多讲究。第一,是讲究水的质量,徽州地区多山,山上多泉水,平时用山泉水泡茶是他们的首选。第二,是经过沉淀、净化的河水,井水居于末尾。当然与自来水相比,他们更喜欢用井水泡茶。茶壶里一般都有个网筛,以便滤出茶渣。

在徽州地区还流行一种本地的"茶道"。这种本地流行的泡茶、品茶的程序,较为细致,大体分为以下十几个过程。如静气(思想专一无杂念)、焚香(给茶神陆羽敬香)、涤器(洗净茶具)、烫盏(用沸水消毒)、赏茶(给大家看茶色、茶形,闻茶香)、投茶、洗茶(用鱼眼泡沸水清洗茶叶)、注汤(注入沸水)、敬茶(饮者闻茶香、观茶色)、品茶、上食(奉上豆干丝、水果等食品,以佐品茶)、论茶(议论茶的品位、优劣)。这种茶道注重环境氛围,追求汤清、气清、心清和境雅、器雅、人雅。基于此,才能达到以茶立德,以茶陶情,以茶会友,以茶敬宾的目的。

湖州的"吃讲茶"

浙江的湖州是历史悠久的茶乡,当地人称饮茶为吃茶。在湖州,茶馆遍地都有,他们有句歌谣说:"早晨皮包水,晚上水包皮。""皮包水"就是指肚里喝足了茶水,"水包皮"是指将身体泡在浴池里。这句歌谣不仅说明由于商业发达,湖州人生活得很自在,而且也告诉人们湖州人喜欢吃茶,是每天都离不开的。

"吃讲茶"是湖州人自古至今民间流行的一种品茶形式。所谓"吃讲茶",就是为解决民间纠纷的一种饮茶方式。邻里之间、亲属之间、夫妻之间或朋友之间因某些利益相关的事情产生纠纷,如人格受辱、遗产分割、婚姻反目、债务纠纷、婆媳纠葛等,这类日常的纠纷,说大不算大,说小又牵涉到利益得失,而且囿于传统的习惯,又常常不愿意对簿公堂或经官方调解,于是就由说和人出面,将双方当事人约到茶馆。通过各自申述理由,再由说和人从中调解、劝导,分析纠纷症结,指出各方的不足,使对方能清醒地认识自我。在调解时允许其他茶客旁听，并发表自己的看法，要是有一方强词夺理，拒不让步，旁听的茶客就可以发言，通过说理亮明观点。大家你一言、他一语地指出利害，说得强词夺理者无言以对，显得十分难堪。在舆论的压力下，清醒地反思，接受大家的调解，但也有的蛮不讲理，大闹茶馆，甚至动手打人，那就会有人及时报警，不想经官也得经官了。

按着习俗，在茶馆"吃讲茶"，要由理亏的一方付茶资，这也是对挑起事端者惩罚的一种手段。

在湖州之所以喜欢用这种方式调解纠纷，是他们作为茶乡人，对茶的特性十分了解的结果。因为茶性平和，饮茶时人的思维容易冷静，头脑不会像饮酒那样容易激动，这就为调解纠纷提供了好的前提，而且茶馆的环境幽雅、清静，有别于饭馆的嘈杂、喧哗。在幽静的环境里摆事实，讲道理，容易使人清醒，节制自我。有些事在别的场合可能谈不拢，而在茶馆就容易心平气和地交换意见。

河州人的"刮碗子"

河州就是今天的甘肃临夏市，它地处古代的丝绸之路、唐蕃古道和甘川古道的交会处，在古代属于四通八达的交通枢纽。正因为如此，它在古代是个物资集散地，也是一个茶叶的集散地，我国南方的茶叶就是由这里中转而运到中亚和欧洲的。河州的这种特殊的地理位置，使得河州人与茶结下不解之缘。

河州人将饮茶称作"刮碗子"，有句民谣说："宁丢千军万马，碗子不能不刮。"可见饮茶已经成为河州人的特殊嗜好。让人奇怪的是，河州并不产茶，他们却每天都离不开茶。在他们的生活中，走亲访友，最体面的礼物莫过于带点茶叶。家里来了客人，要先用茶招待。至于订婚这类大事也是少不得茶，男方是以送给女家两块茯砖茶为订婚标志的，因此他们将订婚称作订茶，足见茶在婚姻这类大事中的重要位置了。他们的饮茶人群很广泛，不仅是家资万贯的人饮茶，就是一些被称作"脚户哥"的马驮子脚夫也喜欢

饮茶。

河州人最喜欢饮云南绿茶中的春尖茶和下关沱茶。他们饮茶的形式有多种,如"苦茶"是用沸水冲泡的茶,不加佐料,为的是品尝茶的苦味和醇香;"三香茶"是在沏茶时同时加入一些冰糖和桂圆等佐料;"五香茶"如同三香茶,只是更增加了几味佐料,像葡萄干、红枣等佐料。此外还有"松州茶"和茯砖茶。前者是一种用茯砖茶加奶烹煎的,并加上了盐巴等佐料的奶茶,后者则是用茯砖茶和盐巴、姜粉等烹煎的茶。还有一种奶茶,饮用前放入一些盐、椒粉等佐料,用以除去牛奶的腥味。奶茶本是藏族的喝法,因河州地处黄土高原和青藏高原的过渡带,受到藏族生活习惯的影响,也喝奶茶。这种茶,既有茶的醇香,又有茶的苦味,非常好喝。

河州人饮茶的茶碗是一种三件套的茶具,称为"三炮台",实际上就是盖碗,这是由喝茶的茶碗、茶碗盖儿和托盘组成的三件一体的茶具。这种茶具多为瓷制,个别讲究的人家也有景泰蓝制作的。他们之所以将饮茶称作"刮碗子",就是指饮茶时不断地用碗盖儿刮茶叶,使得碗里的茶叶不停地翻滚,得以充分地浸泡,反复嗅闻茶的醇香,同时也避免茶叶喝到嘴里。

江浙人喜龙井

江浙一带素来是文人墨客聚集的地方,因为古时传说乾隆皇帝来这一带微服私访时特别喜欢喝龙井茶,所以文人墨客也纷纷效仿,喝龙井茶似乎也就成了身份和地位的象征。

龙井,既是茶的名称,又是种名、地名、寺名、井名,可谓"五名合一"。杭州西湖龙井茶,色绿、形美、香郁、味醇,用虎跑泉水泡龙井茶,更是"杭州一绝"。龙井茶的芽叶郁郁葱葱,茶色嫩绿,滋味爽口似兰,很符合江浙一带的老百姓清淡的饮食品味,因此,龙井茶成了饭前饭后的好饮料。

品饮龙井茶,首先要选择一个幽雅的环境,其次要学会龙井茶的品饮技艺。沏龙井茶的水以80℃左右为宜,泡茶用的杯以白瓷杯或玻璃杯为上,泡茶用的水以山泉水为最。每杯撮上3~4克茶,加水七八分满即可。

中華茶道

龙井茶

品龙井茶，无疑是一种美的享受，艺术的欣赏。品饮时，先应慢慢提起清澈明亮的杯子，细看杯中翠叶碧水，观察多变的叶姿。尔后，将杯送入鼻端，深深地嗅一下龙井茶的嫩香，使人舒心清神。看罢，闻罢，然后缓缓品味，清香、甘醇、鲜爽应运而生。此情此景，正如清人陆次云所说："龙井茶真者，甘香如兰，幽而不冽，啜之淡然，似乎无味。饮过之后，觉有一种太和之气，弥沦齿颊之间，此无味之味，乃至味也。"这就是品龙井茶的动人写照。

四川人喜盖碗茶

在汉民族居住的大部分地区都有喝盖碗茶的习俗，而以我国的西南地区的一些大、中城市，特别是成都最为流行。盖碗茶盛于清代，如今，在四川成都、云南昆明等地，已成为当地茶楼、茶馆等饮茶场所的一种传统饮茶方法，一般家庭待客，也常用此法饮茶。朱自清的《咏成都小景》中就有"凌晨即品茶"之句。四川人晨起清肺润喉一碗茶，酒后饭余除腻消腥一碗茶，劳心劳力解乏提神一碗茶，良朋好友闲谈聊天一碗茶，邻里纠纷消释前一碗茶。

四川人喜欢"摆龙门阵"，在熙来攘往的茶馆之中，一边品饮四川的盖碗茶，一边海阔天空，谈笑风生。同时佐以茶点小吃和曲艺表演，乃人生一大乐事。

中華茶道

景德镇窑烧制的盖碗

四川的盖碗茶用茶多以茉莉花茶、龙井、碧螺春等，而茶具则选用北京讲究的盖茶。此茶具茶碗、茶船、茶盖三位一体，各自有其独特的功能。茶船即碗的茶碟，以茶船托杯，既不会烫坏桌面，又便于端茶。茶盖有利于尽快泡出茶香，又可以刮去浮沫，便于看茶、闻茶、喝茶。

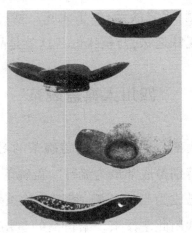

清代各式茶船。茶船又称茶托
子，盏托，用以承茶盏防烫手之用。

饮盖碗茶一般说来，有五道程序。一是净具：用温水将茶碗、碗盖、碗托清洗干净。二是置茶：用盖碗茶饮茶，摄取的都是珍品茶，常见的有花茶、沱茶等。三是沏茶：一般用初沸开水冲茶，冲水至茶碗口沿时，盖好碗盖，以待品饮。四是闻香：泡 5 分钟左右，茶汁浸润茶汤时，则用右手提起茶托，左手掀盖，随即闻香舒腑。五是品饮：用左手握住碗托，右手提碗抵盖，倾碗将茶汤徐徐送入口中,品味润喉,提神消烦,别有一番风情。

湖南人喜姜盐豆子茶

湖南省汨罗市、湘阴一带的人,非常喜欢饮用姜盐豆子茶,这也是他们待客的茶。

姜盐豆子茶又称岳飞茶或六合茶,即姜、盐、黄豆、芝麻、茶叶、开水。说起它的起源,其中还有一段颇为有趣的来历呢:南宋绍兴年间,岳飞被朝廷授予镇宁崇信军节度使,带领兵马南下,准备镇压杨幺领导的农民起义。但是,士兵一到南方,水土不服,病人增多,不仅影响了作战,也影响了士气。岳飞急中生智,便吩咐部下熬含盐的黄豆姜汁汤当茶喝。果然,士兵中的疾病迅速减少。军营周围的老百姓一看,也学着沏这号茶。一时间在湘阴包括今日的汨罗市流行起来,直至今天。

如果家里来了客人,主人就会给您送上一杯香味四溢的姜盐豆子茶,杯底上一层被水泡胀了的炒黄豆,软软的、黄黄的,颇吊人胃口。如果茶快见底了,主人会立即再斟上茶,如此一杯一杯地下来,杯底诱人的豆子是越积越多。

这里的每户农家都有烧开水的瓦罐,炒黄豆、芝麻的铁皮小铲和研磨老姜的姜钵。将清水注入瓦罐,在柴火灶的火灰中烧开,把黄豆或芝麻放在铁皮小铲上炒熟。将老姜在钵中磨成姜渣与姜汁,才可以泡茶。泡茶时,要先将茶叶放进瓦罐里泡开,然后将盐、姜渣、姜汁倒入罐内,混匀,倒入茶杯,抓上一把炒熟的黄豆或芝麻撒在杯子里,即可饮用。

潮州人喜工夫茶

在潮州,不论嘉会盛宴,或是闲处逸居,乃至豆棚瓜下,公园一角,人们随处都可以看到一幅幅提壶擎杯,长斟短酌,充满安逸情趣的风俗图画。潮州人饮茶量为全国之最。自宋朝以来,特别是明朝中期,饮茶之风已遍及潮州。

潮州工夫茶是一种讲究茶叶、水质、火候及冲泡技法的茶艺。潮州人饮茶多选凤凰单机、白叶单枞、凤凰八仙、黄枝香、芝兰香以及乌龙茶、铁观音等。冲泡工夫茶除选择上乘的茶叶外，对用水有着严格的要求。有"茶圣"之称的陆羽在《茶经》一书中写道"（泡茶）以山水（水泉）上，江河中，井水下"的结论。潮州工夫茶既有科学道理，又包含着浓郁的文化意蕴。

功夫茶

潮州人家家都有三定：茶壶、茶杯、木炭炉。茶壶一般为紫砂陶壶，形状小巧古朴，本身就是件具有欣赏价值的艺术品，而且壶中的茶渍越厚也越珍贵。潮州人喝工夫茶是人人有"瘾"，在千余万人口中，不抽烟、不喝酒者有之，但是不喝茶者难以找到。真可谓是"宁可三日无米，不可一日无茶"，只要有空就喝茶。工夫茶主要体现在泡茶这个功夫上，它的具体做法是：将"缸心水"（即沉淀过的水）倒入小砂锅或铜壶里，烧开后先烫壶、盏，使壶盏都有一定的温热，再往壶中放满茶，用烧开的水在茶壶上方约 2 厘米的高处，对准茶壶口直冲下去，这个动作叫"高冲"，它可以使壶里的每片茶叶都能在滚水里翻动，充分受热，较快把茶叶里掺和的杂质冲击上水面并溢出壶外，同时又能较快地把茶叶中的有效成分溶解开来。然后用茶壶嘴贴着盏面斟茶，这样可以防止发出响声，也不使茶汤泛起泡沫，此为"低斟"。斟茶时，不可斟满了一盏再斟另一盏，而是按盏数多少轮番转着斟，这为"关公巡城"，每壶茶都要倒尽，直至滴完为止。饮完一轮后，要用滚水烫杯净盏，才可饮下一轮。工夫茶浓度高，茶汤特酽，刚喝进嘴里有苦味，但马上就会感

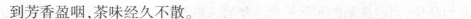

到芳香盈咽,茶味经久不散。

在外地人看来,要品一杯工夫茶其程式相当繁琐,但潮人因其"儒工、幼秀"的民性使然,却乐此不疲,还谓之品茶有"大功夫、小功夫"之别。在考究了茶叶、水质、茶具之后,就是冲泡(烹法)及品尝的模式。尽管普通人喝工夫茶,从治器、纳茶、候汤、冲点、刮沫、淋罐、烫杯、洒茶到品尝,都有一套考究的程式,但这仅是"小功夫"。大功夫是指那些"老茶客",除讲究"高冲低洒、刮沫淋盖、关公巡城、韩信点兵"等一整套冲泡手艺之外,还需经过再三礼让,端起杯来,一闻其香,二观其色,三再慢斟细呷,让其色、味、香经喉入脑,不由让人提神醒脑,有时仔细啜呷还能品尝出人生先苦后甘之况味来。

台湾人喜泡沫茶

20世纪80年代初期,在台湾兴起喝泡沫茶的饮茶习俗。所谓泡沫茶,是利用不同口味的果汁、糖或奶精等添加物,再配上红茶或绿茶等,放于摇杯,经过摇过后所调制而成。这种利用不同口味的果汁、糖或奶精等添加物泡的泡沫茶,再配上红茶或绿茶等,放于摇杯用力摇动,因茶叶含有皂甙化合物,具有活性作用,在振摇过程中能产生泡沫,浮在透明的玻璃杯中,起名为"泡沫茶"。看这程序虽不繁杂,但在调制过程比例的掌握、时间的控制、摇杯的操作技巧等,皆会影响调出来饮品的风味。

喝茶的时候用吸管吸饮。因茶汤和辅料的不同,在玻璃杯中显得色彩斑斓,有的茶汤红艳,里面有白色的西米圆粒;有的茶汤翠绿,红色樱桃或者枸杞子在杯里不断地浮动,红绿相映。

泡沫茶因茶汤的表层有很多碎泡沫,品种众多,喝起来清凉可口,青年人尤其喜爱。泡沫茶店遍布整个台湾,装潢的形式多种多样。泡沫茶店大多顾客盈门,生意兴隆,大有替代冷饮店和咖啡屋的趋势。泡沫茶的兴起对推动台湾茶业的发展起到了很大的作用。

泡沫茶改变了茶叶的形象。茶叶一般是现泡现喝,热饮慢啜,适合中、老年人的品位,而泡沫茶的兴起体现了年轻人的魅力。泡沫茶泡制简便,口味多种多样,把东方的喝茶风俗和西方品饮的风格融合在一起。

青年男女社交活动往往喜欢去冷饮店、咖啡屋,但现在泡沫茶室已经成为最好的休闲场所。有一些茶馆,把泡沫品茗提高到精神境界的高度,丰富了人们的生活内容。

泡沫茶也促进了茶叶的消费,台湾人的茶叶消费量翻了两番,从历史上的茶叶输出地区变成了输入地区。

第七节　话说斗茶

斗茶的起源

斗茶,也叫作茗战,用现在的话说就是品茶比赛,是古人用来比较茶叶优劣的一个专用名词,据考始发于出产贡茶闻名于世的福建建州茶乡,是每年春季,新茶制成后,当地茶农、茶客们比较新茶优良次劣的一种比赛活动。斗茶有比技巧、斗输赢的特点,富有趣味性和挑战性。一场斗茶比赛的胜败,犹如今天一场球赛的胜败一样,为众多市民、乡民所关注。

宋人唐庚《斗茶记》说:"政和二年三月壬戌,二三君子相与斗茶于寄傲斋,予为取笼塘水烹之第其品,以某为上,某次之。"

事实上,斗茶应该是在茶宴的基础上发展而来的一种风俗。在三国时期,吴国孙皓"密赐茶荈以代酒",是以茶代酒宴请宾客的开始,但尚不是正式茶宴。东晋大将军桓温每设宴,"唯下七奠茶果而已",这应当是茶宴的原型。南北朝时,"每岁吴兴、毗陵二郡太守采茶宴于此。"(山谦之《吴兴记》)说明此时已有大型茶宴。事实上斗茶的真正产生,据考证与贡茶制度的建立有很大的关系,这可追溯到公元前一千多年前,但是正式列为茶政的一个项目,则是从唐代开始的。

　　唐代贡茶制度建立以后，湖州紫笋茶和常州阳羡茶被列为贡茶，两州刺史每年早春都要在两州毗邻的顾渚山境会亭举办盛大茶宴，邀请一些社会名人共同品尝和审定贡茶的质量。唐宝历年间，两州刺史邀请时任苏州刺史的白居易赴茶宴，白因病不能参加，特作诗一首《夜闻贾常州崔湖州茶山境会亭欢宴》：

遥闻境会茶山夜，珠翠歌钟俱绕身。

盘下中分两州界，灯前合作一家春。

青娥递午应争妙，紫笋齐尝各斗新。

白叹花时北窗下，蒲黄酒对病眠人。

　　这首诗表达了对不能参加茶山盛宴的惋惜之情。

　　当时，禅林茶宴最有代表性的当属径山寺茶宴。浙江天目山东北峰径山（今浙江余杭区境），是山明水秀茶佳的旅游胜地和著名茶区，山中的径山寺建于唐代，自宋至元有"江南禅林之冠"的誉称，每年春季都要举行茶宴，品茗论经，磋谈佛理，形成了一套颇为讲究的礼仪。径山寺还举办鉴评茶叶质量的活动，把肥嫩芽茶碾碎成粉末，用沸水冲泡调制的"点茶法"，就是在这里创造的。

　　北宋大儒范仲淹《和章岷从事斗茶歌》云：

北苑将斯献天子，林下雄豪先斗美。

鼎磨云外首先铜，瓶携江上中泠水。

黄金碾畔绿尘飞，紫玉瓯心雪涛起。

斗茶味兮轻醍醐，斗茶香兮薄兰芷。

其间品第胡可欺，十目视而十手指。

胜若登仙不可攀，输同降将无穷耻。

　　这首诗中把斗茶的原因和比赛的情形都描述得十分清楚，特别是最后两句"胜若登仙不可攀，输同降将无穷耻"，把斗赢者的得意神态和斗败者的羞赧之状写得入木三分，由此可见当时的人对斗茶的着迷程度了。苏轼《荔枝叹》也说："君不见武夷溪边粟粒芽，前丁（渭）后蔡（襄）相笼加，争新买宠各出意，今年斗品充官茶。"

斗茶，多为两人捉对"厮杀"，经常"三斗二胜"，计算胜负的单位术语叫"水"，说两种茶叶的好坏为"相差几水"。

民间斗茶之风既起，文人自也不甘落后。文人们往往相约三五知己，选一个精致雅洁的场所，在花木扶疏的庭院中，各自取出所藏的精致茶品，轮流品尝，决出名次，以分高下。当时连寺院里的和尚们也都乐于此道。清人郑板桥有诗云："从来名士能评水，自古高僧爱斗茶。"可见斗茶除了茶品好坏之外，更注重闲逸与精神素质，是一种性灵上的互相引发与交流。

宋代茶宴之风的盛行，与作为宋代的最高统治者的嗜茶是分不开的。尤其是宋徽宗，对茶颇有研究，曾撰《大观茶论》二十篇，还亲自烹茶赐宴群臣。蔡京在《大清楼特宴记》《保和殿曲宴记》《延福宫曲宴记》中都有记载，如《延福宫曲宴记》写道：

宣和二年十二月癸巳，召宰执亲王等曲宴于延福宫，……上命近侍取茶具，亲手注汤击拂，少顷白乳浮盏面，如疏星淡月，顾诸臣曰：此自布茶。饮毕皆顿首谢。

正因为如此，当时一些权贵为博取帝王的欢心争相献上优质茶品，无不千方百计地竞相搜求各地名茶。既是贡奉天子的东西，好坏优劣当然是很重要的，因此一定要先行比试茶叶的好坏，斗茶风气就逐渐盛行起来。据此推论斗茶应始于唐末五代时期，而大盛于宋代。

所谓"上有所好，下必有甚焉！"饮茶既为朝廷所提倡，全国产量迅速增加，民间饮茶之风也比唐代更盛，于是斗茶从制茶者间走入卖茶者当中。宋人刘松年所画的《茗园赌市图》便是描写市井小民斗茶的情形。图中有老人、有妇人、有儿童，也有挑夫、贩夫。斗茶者携有全套的器具，一边品尝一边自豪地炫耀自己的茶品。

斗茶的原则

斗茶对茶叶的品质，以及斗茶所用的水、汤色的要求极为严格。

斗茶茶品以"新"为贵，斗茶用水以"活"为上。胜负的标准，一斗汤色，二斗水痕。首先看茶汤色泽是否鲜白,纯白者为胜,青白、灰白、黄白为负。因为汤色是茶的采制技艺的反映。茶汤纯白,表明茶采时肥嫩,制作恰到好处;色偏青,说明蒸时火候不足;色泛灰,说明蒸时火候已过;色泛黄,说明采制不及时;色泛红,是烘焙过了火候。其次看汤花持续时间长短。宋代主要

宋代斗茶图(一)

饮用团饼茶,饮用前先要将团茶饼碾碎成粉末,如果研碾细腻,点汤、击拂都恰到好处,汤花就匀细,可以紧咬盏沿,久聚不散;如果汤花泛起后很快消散,不能咬盏,盏画便露出水痕。所以水痕出现的早晚,就成为茶汤优劣的依据。斗茶以水痕早出者为负,晚出者为胜。

斗茶不仅要茶新、水活,而且用火也很讲究。陆羽《茶经·五之煮》说,煮茶"其火用炭,次用劲薪。"沾染油污的炭、木柴或腐朽的木材不宜做燃料。温庭筠《采茶录》说:"茶须缓火炙,活火煎。活火谓炭火之有焰者。当使汤无妄沸,庶可养茶。始则鱼目散布,微微有声。中则四边泉涌,累累连珠。终由腾波鼓浪,水汽全消,谓之老汤。三沸之法,非活火不能成也。"苏轼也说:"活水还须活火烹"(《汲江煎茶》),"贵从活火发新泉"(《试院煎茶》)。根据古人的经验,烹茶一是燃料性能要好,火力适度而持久;二是燃料不能有烟和异味。人们常说:水火不相容,但在茶文化中,水与火配合得

却那样的默契、和谐和统一。

宋代斗茶图（二）

斗茶是一门综合艺术，除了茶叶质量、水质和火候外，还必须掌握冲泡技巧，宋人将其称之为"点茶"。蔡襄《茶录》将点茶技艺分为炙茶、碾茶、罗茶、候汤、熁盏、点茶等程序。即首先必须用微火将茶饼炙干，碾成粉末，再用绢罗筛过，茶粉越细越好，"罗细则茶浮，粗则沫浮"。候汤即掌握点茶用水的沸滚程度，是点茶成败优劣的关键。唐代人煮茶已讲究"三沸水"：一沸，"沸如鱼目，微微有声"；二沸，"边缘如涌泉连珠"；三沸"腾波鼓浪"。水在刚三沸时就要烹茶，再煮，"水老，不可食也。"（《茶经·五之煮》）宋代点茶法同样强调水沸的程度，"候汤最难，未熟则沫浮，过熟则茶沉。"（《蔡襄·茶录》）只有掌握好水沸的程序，才能冲泡出色味俱佳的茶汤。南宋罗大经认为，点茶应该用"嫩"的沸水，"汤嫩则茶味甘，老则过苦矣。"（《鹤林玉露·茶瓶汤侯》）因此，他主张在水沸后，将汤瓶拿离炉火，等停止沸腾后,再冲泡茶粉,这样才能使"汤适中而茶味甘"。在点茶前,必须用沸水冲洗杯盏,"令热,冷则茶不浮",叫作"熁盏"。正式点茶时,先将适量茶粉用沸水调和成膏,再添加沸水,边添边用茶匙击拂,使茶汤表面泛起一层浓厚的泡沫(即沫饽),能较长时间凝住在杯盏内壁不动,则为成功。

元代斗茶图(一)

宋代斗茶,除比试茶汤的色泽之外,还要比试沫饽的多少和停留在杯盏内壁时间的长短,而"以水痕先者为负,耐久者为胜。"应当指出的是,点茶既以茶粉为原料,那么,人们在饮用时必然连茶粉带水一起喝下,这与今天的饮茶习惯是不同的。

古代斗茶的情景,从流传下来的元代著名书画家赵孟頫的《斗茶图》可见一斑。《斗茶图》是一幅充满生活气息的风俗画,共画有 4 个人物,身边放着几副盛有茶具的茶担。左前一人脚穿草鞋,一手持杯,一手提茶桶,袒胸露臂,似在夸耀自己的茶质优美,显出满脸得意的样子。身后一人双袖卷起,一手持杯,一手提壶,正将壶中茶汤注入杯中。右旁站立两人,双目凝视前者,似在倾听双方介绍茶汤的特色,准备还击。从图中人物模样和衣着来看,不像是文人墨客,倒像走街串巷的"货郎",说明斗茶之风已深入民间,相沿成一种社会风俗。

元代斗茶图(二)

斗茶在日本

12世纪末期,中国宋朝和日本贸易频繁,中国宋朝输出的茶种和制陶技术为日本带来了新的产业。到了镰仓后期(公元1289～1333年)日本茶园面积急速增加,从寺院的茶园渐渐往四周拓展,茶从寺院的自给自足进而被当作商品广泛地栽培。农民除了纳贡、自用,仍有剩余可以转售图利,茶叶种植成为农家的副业,改善了农民的生活,甚至很多人将田地转作茶园。

农村的经济形态有了很大的转变，那时出现了很多有名的产茶区。在《异制庭训往来》中记载："我朝名山者，以栂尾为第一也。仁和寺、醍醐、宇治、叶室、般若寺、神尾寺，是为补佐。此外，大和宝尾、伊贺八乌、伊势河居、骏河清见、武茵河越茶，皆是天下所指言也。"

尽管茶园不断扩充，名茶产地不停增加，但是大家仍对栂尾茶情有独钟。同样是在《异制庭训往来》中，作者佐渡守对这些名茶产地作了以下的评比："仁和寺及大和、伊贺之名所比处处国，如以玛瑙比瓦砾。又以栂尾比仁和寺、醍醐，如以黄金对铅铁。以有末流的名誉，殊振本所之价声。依之有样样之安排。所谓十种茶，六色茶，四种十服，二种四服……"

据说在栂尾的峰之坊、谷之坊、关伽井坊，每到产茶的季节，都会涌进拿着茶瓮远道而来求茶的客人，可能栂尾的茶确实不同凡响吧！由于产地不同，茶的品质也就呈现不同的风味，但是即使这样，还不至于一下子就发展成斗茶的形态。从文献上，如《花园院宸记》《太平记》中可以得知当时流行一种叫作"无礼讲"的聚会形式，也叫作"破礼讲""随意讲"，就是不分贵贱、上下，舍弃礼仪而举办的聚会，有点像我国魏晋时候的清谈。当然可能会涉及政治性或社会性的话题，但是也会进行纯粹的品茶会，于是就产生了"认识茶的异同"的比赛。而作为评定茶味的标准的茶就是栂尾茶，也称之为"本茶"，就是在明惠上人的茶树所栽培的原处山城国栂尾产的茶，"原本的茶"的意思，其他地方所产的都称为"非茶"。由于产茶区的拓展，这种被日本人称为"茶寄合"的识茶比赛，越演越烈，因此当时著名的诗人二条河原作诗戏称此为"把京镰仓搅混……自由狼藉的世界也。"

这种茶会大家轮流做东，因此也称为"顺茶事""顺事茶会""巡立茶"。其实这种茶会一开始并没有那么疯狂，只是制造谈话协商的机会，讨论一些农村的种种事务，祭祀啦、分配用水啦、纳税啦，后来居然也能发展到一百种茶的识别比赛，吸引了众多的茶界人士。

这种茶会后来究竟发展到什么样的程度呢？到了南北朝时期，足利尊氏终于在建武三年（公元 1336 年）11 月颁令禁止，这就是出于所谓的《建武

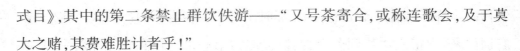

式目》，其中的第二条禁止群饮佚游——"又号茶寄合，或称连歌会，及于莫大之赌，其费难胜计者乎！"

作为茶道心技磨炼的方法——千家七事式，是表千家如心斋宗左、里千家一灯宗室，在大德寺无学和尚处受教，根据《碧严录》的"七事随身"而制定了"花月、且坐、回炭、回花、茶香服、一二三、数茶"等七种茶法，其中的茶香服就是从"辨别茶的异同"的斗茶会或茶寄合承接而来，由于无学和尚为茶香服作了以下的赞偈——"于古于今截断舌头可知真味"，这个偈想来是出自《碧严录》第五的评唱雪峰所言："……若扶竖宗教，续佛寿命，所以吐一言半句，自然坐断天下人舌头……"

于是偏斜异风的茶歌舞伎，在祖师赋予精神上的意义之下，以"异相的茶道"形态，在茶道的法统里存活了下来。这个千家七事式的茶香服（茶歌舞伎），根据吉田尧文所著《千家七事式》，是以三种五服的浓茶来进行。首先客人喝"试茶"两种，接着喝不出示茶铭本茶三种，然后辨别是哪一种茶。在茶室悬起看板，其上列出茶香服用茶的制茶师的名字，或者茶铭最后写"客"。亭主写在看板的顺序，是点浓茶两种让客人试喝，接着把同样的两种茶和称为"客"的无试的茶变换顺序，一个个点出，让客人喝，客人则就已喝过的两种茶是哪一个，或者是初次喝的"客"茶，将这三种分辨出来，把自己认为的答案交回。"茶香服"的记录称为"执笔"，其所写下的记录，就送给当天猜中的客人作为奖励。家元每年的利休忌都会举办这种茶香服，并亲自担任记录。

那么当时日本社会实际的茶会是什么样子呢？我们可以从参与起草《建武式目十七条》的玄慧法印的《吃茶往来》一文看到，一大堆的人，先在客殿大吃一顿，接着就是到吃茶斗茶的地方了——"爰有奇殿，峙栈敷于二阶，排眺望于四方，是则吃茶之亭，对月之砌也。"左思恭的彩色释迦，灵山说化之妆巍巍，右牧溪之墨绘观音，普陀示现之姿荡荡，普贤文殊为胁绘，寒山拾得为面……等等无数的文房四宝，许是作为斗茶的赌资。然后主人的儿子——"通建盏，左提汤瓶，右曳茶筅，从上位至末坐，献茶次第不杂乱……

或四种十服之胜负,或都鄙善恶的批判……茶少汤多则云脚散,茶多汤少则粥面聚云云。诚以有兴有感……茶礼将终,则退茶具,调美肴,劝酒飞杯……以至于——醉颜如霜叶之红,狂妆似风树之动。式歌式舞,增一座之兴。又弦又管,惊四方之听……"

其实识茶没什么,倒是其他搭配的东西真不得了,朱门酒肉臭,路有冻死骨,对于战后收拾残局的足利尊氏,为了社会安定,励行俭约的决心,是一大考验。

讲到日本斗茶,不能不提到斗茶的大玩家佐佐木道誉(公元1296~1373年),这个纵横镰仓时代末期,经南北朝,到室町时代前期的武将。由于权术谋略手法漂亮,掌握军政大权,不可一世。在私生活上,他更是个大玩家,茶、香、花、诗歌……样样精通,对促成新艺能的产生有不可磨灭的贡献,他的地位和我国宋真宗时代,撰写《天香传》、权倾一时的丁谓很像。道誉在当时流行的斗茶会(茶寄合),其奢侈豪华的程度可以从日本的军记物语《太平记》中看到:

武家之族,富贵日来百倍,身缠锦绣,食尽八珍。……在都,以佐佐木佐渡判官入道道誉为始的在京的大名,结众以茶会,日日寄合,极尽奢侈。集异国本朝的重宝,百座之妆,皆曲录之上敷以豹虎之皮。……第一之头人积奥染物(精细染织物)各百充,六十三人份。第二的头人各色小袖(袖口窄小方领的衣服)叠十层。第三回之头人置沉香百两,麝香之脐三副。四回之头人只令威之盘有铠一领上悬海花,白太刀金作的刀……各一样。以后头人二十余人,更甚我等,替数如山,积重又其费及几千万……

"其阴引幔,曲录并立,调百味之珍膳,饮百服之本非,挂轴如山堆积。"

以上种种,可知道不是普通的喝喝茶而已,茶不是主要的角色,吸引人的是为数几千万堆积如山的赌物,此外醇酒美女,不一而足。这就是《建武式目》第二条为何要禁止"茶寄合"的原因了。

据说好友实禅房曾写信劝道誉:

凡茶有德有失,有本有末。知本则为药,好末则为毒。毒则为万病之宗,药则为百药之长。而今有服茶而致病者,是失茶之本好茶之末也。其味苦而甘者,茶之性也;其性清而虚者,茶之本也。甘则信之义也,苦则表之谓也。信与义者,万法之祖也,味此味时流入诸法性海,游步第一义空。夫养清虚的性,成杳冥之仙者,知茶之德者也……

而道誉赌性不改,居然如是回话:

虽然非可取末舍本,又舍本取末者,异端攸攻也。取本舍末,两共可嫌,儒释二门嫌偏执也。虽为末不可舍,所以者何?子夏曰:虽小道,必有可观者焉!君子道何先何后,加的佛家嫌末崇本为高见慢,大乘修行人动起此见,小乘谓之增上慢也。有本者必有末,有源者又有流也。夫茶之为茶,始植而后摘的。始植则本,后摘则末也。植之不摘,则岂有磨之服之的茶哉……如此这般,我佛如来亦莫可之何!

于是十种茶、六色茶、四种十服、二种四服、三种钓茶、四季季茶,新的茶、旧的茶,就这么玩得不亦乐乎,赌得天昏地暗。而且这个道誉不只是斗茶大玩家,赌王之王,他还是兵法赌场的大老千,利用茶完成了一次可圈可点的缓兵之计。那就是在北朝受到南朝的细川清氏和楠木正仪的攻击时,京城陷落,道誉做了如下的布局,居然好整以暇地落跑:

爰佐度判官入道道誉,都落时:"我宿所,定由大将入替。"如是,寻常取叠,于六间之会所,大文之叠敷列。本尊、胁绘、花瓶、香炉、罐子(即茶铛、茶釜)以至于盘,一同并置。于书院有羲之草书偈、韩愈文集。于眠藏,在沈枕,备齐缎子作的宿直物。在十二间的远侍处,鸟、兔、雉、白鸟并悬三竿,三石入许大筒之酒湛满,遁世者二人留置。"任谁来此宿所,请进一献。"如是巨细敬留。

据说这是日本书院茶的开始。如此奇珍异宝,目不暇接,斗茶用具一应俱全,侍臣留置,敬备美酒佳肴,诚惶诚恐地令南朝军心一挫,不及追杀,道誉轻轻松松地落跑了。真漂亮!战败逃跑还打扮得整整齐齐。

再说楠木正仪也是大将之才,眼见局势如此,于是干脆好人做到底,没有接受细川清氏烧光道誉宅邸的命令,点滴未取地不伤寸草留生意,二十多天之后，楠木正仪退出京都，道誉这个老狯赌博师，全盘皆红地大赢了一场，真可谓"茶寄合"的一代狂人。

日本茶院

　　那么，这个时代的日本斗茶究竟是如何进行的，相关史料不多，但大抵可分为两种，一种是专门味别本茶和非茶的，一种是不论本茶、非茶都要加以分辨出来，而不是要识得本茶，其他一概统括为非茶。在《图录茶道史》中有两张斗茶评分表，其中一张是"本非十种的斗茶"，据说是最早的斗茶评分表，出于《祺园社家记录·康永二年·十月四日·纸背》，祺园社就是今天的八坂神社。从这张表里可以看出有十种茶，是由五种本茶（栂尾茶）、五种非茶（栂尾以外的地方产的茶）所组成（这些凑在一起的茶就称为寄茶）。这些茶样分别由丰、三、岈、目、信、大等六人各自带来。参加斗茶者除了带茶来的六人之外，还有没出茶样的唐、备二人。这些茶一种一种地点完、喝完、作答，然后分别记录下来，成为如图示的评分表。猜对的就在答案右侧画一条微向右斜的线,这个记号就叫作合点,错的就不画记号,最后在表的下方统计得分。这个时代所斗之茶,如果根据玄慧法印的《吃茶往来》,应该是抹茶,那么如何点茶呢?有可能是先分送已放入抹茶粉的茶碗,然后再如《吃茶往来》所言:"左提汤瓶,右曳茶笑,从上位至末座,献茶次第不杂乱。"他的记录如何做到绝对的公平正确,当然也可以推测,但是资料不详,还是不提。

1993年2月5日,日本岩山斗茶会访问台湾,曾经和天仁茶艺基金会,在天仁会议室举办了一次斗茶。参加斗茶的中日双方共计20人,使用的茶按照品质,取茶铭为"花、鸟、风、月、客",也就是"花——京都玉露""鸟——福冈玉露""风——京都煎茶""月——静冈煎茶""客——奈良煎茶"。进行斗茶的茶道具有骨牌盒,内有编号一至二十的"花、鸟、风、月、客"的骨牌各20组,每10组装入一个骨牌盒里,骨牌盒隔成10个长条格,每组(五个骨牌)刚好放满一格,20组使用两个骨牌盒,另外准备5个壶内有水位线的白色瓷壶和20个白瓷杯,用来泡茶和奉茶。再准备相同的瓷壶一只,把泡好的茶倒入,作为茶盅使用,计时则用沙漏,冲泡器是电茶壶。泡茶的时候把茶和不锈钢制茶铭牌一起放入茶壶之中,泡好茶清茶渣的时候,再把茶铭牌捡起。每次重新泡另一种茶时,都必须把茶杯和茶壶清洗。倒茶样入壶时要避免曝光,用不锈钢茶壶装着,高高地倒。进行的次序如下:

1.写上自己的名字,给记录登记在斗茶评分表上;

2.发骨牌;

3.看茶样;

4.泡第一种茶,不按照品质的次序;

5.计时;

6.泡好茶,倒入另一把茶壶,分倒入杯,奉茶;

7.主泡者泡第二种茶,斗茶者喝茶汤,猜茶铭,把认定的骨牌放入骨牌盒内;

8.清洗用过的杯子分茶,参斗者喝第二种茶,主泡者泡第三种茶;

9.如同一、二泡的方法,泡完并喝完五种茶;

10.按照泡茶的次序,公布答案。

一般斗茶的标准程序是 5 回合,但当日只进行了 3 回合。对一题给一分,3 回合满分是 15 分。当天最高分数是 7 分,看来很不容易。

现代斗茶(茶王赛)

现在我国各地举办的名茶评比会,其实就是古代斗茶的一种延续。一般角逐时,各地将做工精细、品质最佳的茶叶带到会场,组成一个由各方公认的评茶大师组成的评委会,将各地选送的茶叶密码编号,评委会成员依次先观外形、色泽,再逐一开汤审评,闻香品味,然后用手揉摸叶底,评估老嫩。总之,要对色、香、味、形四个茶叶品质构成因子当场逐一示牌打分,最后按高分到低分揭晓,排列名次。也有的采用专家评定和群众评议相结合的方式进行,评分双方各按 50% 计算,然后按总分多少对号入座。

福建安溪县茶王赛

　　所以，斗茶也可以说是一种茶叶品质的评比方式，它与以精神享受为目的的茶宴内涵是有区别的。不过，对今人而言，斗茶对创制和发掘名茶，对促进茶叶学和茶艺的发展，以及茶叶品质的提升，无疑地起了巨大的推动作用，同时也充实、丰富了品茗艺术的内容。

　　现代斗茶的情景，从铁观音的故乡——福建安溪县西坪镇评比"茶王"茶的活动可见一斑。西坪斗茶是当今一大奇观。西坪一万户茶农，每年生产2500吨乌龙茶，每年收获季节，茶农们拿出自家上品铁观音，先在组里评选出优胜者，参加村里评比。随后，26个行政村选出百来种上品铁观音，集中到镇上参加复赛，从中选出最好的7份，进入西坪镇每年春秋两季的"茶王"决赛。在"茶王"决斗场上，一字排开7只白瓷盖杯，"决斗"开始后，先

福建安溪县茶园

是"白鹤沐浴",用开水烫洗盖杯;接着"乌龙入宫",将称好的 6 克铁观音倒入杯内;继而"悬壶高冲",滚水顺杯沿慢慢冲入杯内;然后用杯盖轻轻刮去浮沫,叫"春风拂面";加盖一分半钟后,打开杯盖细闻香味,叫"梦里寻芳";随后将茶依次斟入茶杯,叫"关公巡城""韩信点兵"。7 只茶杯编号,没有姓名,以示公正。专家评委经过三泡茶品尝后,决出了名次。结果一宣布,顿时全场轰动,鞭炮声、锣鼓声响成一片。"茶王"穿礼服,戴礼帽,手持彩色绢花,坐上八人大轿,随着浩浩荡荡的茶王"踩街"的游行队伍绕镇一周。这是一场由成千上万茶农参与的现代斗茶活动的缩影,是一幅活生生的现代风俗画。

第八章 茶之保健

第一节 茶与健康

历代古籍中记述饮茶有利于健康的论述很多,从《神农本草经》到李时珍的《本草纲目》都有很多关于茶作药用的记载。明代钱椿年在《茶谱》说:"人饮真茶,能止渴消食、除痰少睡、利水道、明目益思、除烦去腻,人固不可一日无茶。"这些茶的功效论述,已被后来的医疗科学所证实。现代医学试验表明,茶叶具有明显的保健功能,科学饮茶能使饮茶者身心健康。

我国利用茶叶,最早在2000多年前是作为解毒治病之有,后来才逐步发展到作为饮料。近百年来,由于科学的发展和分析化学测定手段的不断完善,人们对茶叶内所含物质的了解也愈趋深化。据分析测定,到目前为止,茶叶中含有的茶素(又称为茶叶中的咖啡碱)、茶单宁(又称茶多酚类物质)、蛋白质、维生素、氨基酸、糖类、类脂等有机化合物约有450种以上,还含有钠、钾、铁、铜、磷、氟等28种无机营养元素。经过现代生物化学和医学研究证明,各种化学成分之间的组合十分协调。茶叶是一种富有营养价值与药用价值的、不同于咖啡和可可的饮料,对人体的健康非常有益,被誉为"最理想的饮料"。

茶叶的营养成分

茶叶中的各种营养成分很多,主要有蛋白质和氨基酸、糖类与类脂、多种维生素,以及茶叶中的各种矿物质等,这些都是人体不可缺少的营养物质。饮茶可补充人们某种营养之不足,有利于促进人体的健康。

蛋白质与氨基酸

茶叶中的蛋白质含量很多,约占茶叶干重的 15% ~ 23% ,它在茶叶加工制造过程中能与茶单宁结合,加热后凝固,剩下能溶解于水的不到 2% ,如每天饮茶5~6杯,从中摄取的蛋白质有 70 毫克,对人体所需大量蛋白质能起到一点补充作用。有些民族和国家在茶汤中通常加入牛奶、酥油、乳酪等,就能大量增加茶叶中的蛋白质。牛奶中的干酪素和茶叶中的单宁能结合,可以减少茶叶的收敛性,但并不影响蛋白质的正常消化。这种饮茶方法受到我国西北地区和欧美国家人民的喜爱。

茶叶还含有多种氨基酸,这些成分都是溶解于水的水溶性物质,它在柔嫩芽叶中含量很多,其中苏氨酸、丙氨酸等为人体所必需,体内不能合成,要靠外界供给。有的虽然不是必要成分,但对人体健康有益。同时,茶叶中含有少量氨基酸,对茶叶的香气和鲜甜的茶叶滋味起着十分重要的作用,这就是新茶受人欢迎的主要因素。

糖类与类脂

茶叶中的糖类,包括糖、淀粉、果胶、多缩戊糖、己糖等,其中淀粉不溶于开水,水溶性果胶和多缩戊糖含量很少,对人体营养价值不大。茶叶含糖量为 1% ~ 5% ,对人体的健康多少有些关系。茶叶是一种低热量饮料,有些饮茶习惯是要在茶汤中加糖(有的还加奶),每天喝茶六杯约可提供一兆焦耳的热量,可满足每天需要量的 7% ~ 10% 。

多种维生素

茶叶中还含有多种维生素,如维生素 B_1、B_2、C、P、E、K 等,都是对人体有益的成分。

维生素 B_1:茶叶中含量很多,是治疗脚气病的有效成分。

维生素 B_2:是黄酶的辅基成分,有促进生长的功能。缺少核黄素时,会影响生物的氧化,使物质代谢发生障碍,引起皮肤病,饮食减退,常见疾病如唇炎、舌炎、口角炎等。

维生素 B_5:茶叶中含量很多,是生物氧化中某些重要辅酶的组成部分,缺乏这种成分时,会引起癞皮病、皮肤病、下痢等。每杯茶叶约含有 127 微克维生素 B_5,如每天饮茶 5 杯,就可满足每天人体需要量的 5.2% 左右。

维生素 B_{11}:每杯茶叶中约含有 1.3 微克,对正常血细胞的形成有促进作用,每天饮茶 5 杯就可满足人体每日需要量的 6%~13%。

维生素 H:是生物体固定二氧化碳的重要因素,易与鸡蛋白中的一种蛋白质结合,如大量食用生蛋白质,会阻碍生物素的吸收,而导致它的缺乏,易发生脱毛、皮肤发炎等。每杯茶叶中约含有 1.4 微克,如每天饮茶 5 杯,可满足人体每日需要量的 30%。

肌醇:每 100 克茶叶中,约含有 1000 微克,它和生物体内磷酶代谢有密切联系,缺乏它时,会引起发育不良等多种疾病。每杯茶叶中含有 17 微克。

维生素 C:又名抗坏血酸,茶叶中含量很多,特别是在鲜叶和绿茶叶中,几乎可与柠檬和肝脏所含数量相媲美。一个人每天约需维生素 C 70 毫克,而一杯好的绿茶中则含有 5~6 毫克,每天饮茶 5~6 杯,就可以从茶叶中直接得到很大的补充。茶叶中的维生素 C 是以与茶叶中其他成分协同作用,尤其是与茶素和茶单宁一起起着对人体的保健作用。

维生素 A:又名"抗干眼病维生素",它对儿童发育、提高抗病力、防止夜盲症、角膜软化病、皮肤干裂以及呼吸道、泌尿道疾病等,都有很好的功效。

维生素 E:可促进细胞分裂,延迟细胞衰老,因此多喝茶有利于延长寿命。在污染环境中工作的人，多喝茶是有保护作用的。

维生素 K：茶叶中维生素 K 的含量，不低于鱼和蔬菜中的含量，每一克干茶中，含有 300~500 生物学单位。如每天饮茶 5 杯，即可全部满足人体对维生素 K 的需要。

茶叶中的矿物质

茶叶中含有矿物质的种类很多，有钠、钾、铁、铜、锌、锰等 28 种。这些无机物质在茶叶中的含量是 4%~7%，在热水里能被溶解的有 60%~70%，其中大部分元素是对人体健康必不可少的成分。从食物中摄取这些矿物质，茶叶是好的来源之一，居住在高原、沙漠、孤岛，以及靠近南北极缺少水果、蔬菜的人尤为需要。所以在西藏、内蒙古、新疆、青海、甘肃等地区的居民，特别是牧区人民都喜欢饮茶，消费量也较高。

微量的铜对人体有重要的生理功能，缺乏铜时，可使造血系统受到干扰。成年人每天需铜量 2~3 克，茶叶中含铜 12~70PPM，如每天喝茶 5~6 杯，可满足每天需要量的 7% 左右。

铁在茶叶中含量很高，约有 56~333PPM。铁在人体内含量很少，但其生理功能极为重要，其作用是能造血和制造红血球，所以有人认为饮茶可以预防贫血。

锌在茶叶中含量为 20~36PPM，锌是人体内碳酸酐酶的组成成分，可以直接影响蛋白质的合成。每天饮茶 5 杯，可满足人体需要量的 10% 左右。

钠在茶叶中含量为 19~667PPM 之间，钠是人体不可缺少的营养成分，钠和氯是维持细胞外液渗透压的主要离子，还可增加神经肌肉的兴奋性，如每天饮茶 5 杯，约可摄取钠 5 毫克。

锰在茶叶中的含量约在 155~1533PPM 之间，人体中的所有组织都含有锰，每 100 毫升血液中含锰 20~150 微克，锰在人体内也参与造血，能促进某些维生素及酶的代谢，所以是人体不可缺少的营养成分。茶叶中含锰量与蔬菜差不多，每天饮茶 5~6 杯，从茶叶中可得到 1.8 毫克，相当于每日需要量的 45%。

茶叶的药效成分及疗效

茶叶中除了含有蛋白质、氨基酸、糖类、类酯、矿物质、多种维生素等营养价值成分外，还含有茶素、茶单宁等其他多种药理成分。根据目前国内外的大量研究报道，茶叶中的多种化学成分的作用以及它们之间协调组合和互相作用，对人体的部分疾病有一定的疗效。

1.茶素

茶素又名咖啡碱，是茶叶生物碱中的主要成分，它在茶叶中的含量在1%~5%之间。茶叶冲泡后，约有80%以上的茶素能溶解于沸水中，茶味微苦，就是因为含有茶素的缘故。茶素被称为温和无害的标准兴奋剂，是中枢神经兴奋药，强心利尿药。茶素对人体有下面几种药理作用：

（1）提神兴奋，减轻疲劳

喝茶有提神驱眠的效果，唐代诗人白居易在诗中就有"破睡见茶功"的形象比喻。茶素对大脑皮层和筋肉伸缩是有较强的刺激作用，能提高中枢神经的敏感性，缩短反应时间，减轻神经疲劳，有利思维，提高工作效率。喝茶不仅能兴奋中枢神经，而且对治疗高血压头痛和神经衰弱，也有一定的镇静作用。

（2）解酒敌烟

酒后常饮浓茶，茶能醒酒敌烟，这是众人皆知的事实。古人常常"以茶醒酒"，茶确有解酒作用。而茶叶中的茶素能提高肝脏对药物的代谢能力，促进血液循环，把人体血液中的酒精和尼古丁从小便中排泄出去，减轻和消除由酒精和尼古丁带来的副作用。当然，这种作用不仅仅是茶素的单一功效，而是与茶单宁、维生素 C 等多种成分协同配合的共同结果。

（3）强心利尿

实践已证明:饮茶对心脏病浮肿和高血压有治疗效果,这同茶素的利尿作用有关。茶的利尿主要是茶素的作用,它能增强肌肉活动的伸缩功能,刺激骨髓,使肾脏发生收缩,促进尿素、尿酸、盐分的排出总量增加。《内经》有这样一段记载:"多食盐,则脉凝注而色变","味过咸,大骨气伤,心气抑"。食味过咸使小动脉收缩,有害于心脏。茶素的利尿作用表现为,从小便、皮肤毛细孔渗透中带走较多的盐分,这种功效对高血压患者有利,对心脏病浮肿的患者也有所帮助。

（4）帮助消化

广大群众早已有饮茶能帮助食物消化的经验。实践证明,饮茶是消食除腻的最好方法。而饮茶有助于萎垂的肠胃,因为茶叶中的咖啡碱能兴奋中枢神经,影响全身各器官的生理功能,刺激胃液分泌,消除胃中的积食,帮助消化,促进食欲。同时,茶汤中含有的肌醇、叶酸等维生素物质,以及蛋氨酸、卵磷脂、胆碱等,都具有调节脂肪代谢的功能,促进脂肪的消化。此外,茶叶中的咖啡碱还具有它与纯咖啡碱不同的特殊功能。当人在呕吐、腹泻之后,会使体液酸碱失去平衡,饮茶后,茶素具有恢复体液平衡的功能,有利于身体健康的恢复。

（5）防治心血管病

茶有松弛冠状动脉、促进血液循环的作用,常饮茶对患有心脏病的人有好处。据国外研究,如给心脏病人饮茶,能使心脏指数、脉搏指数、氧消耗和血液每分钟吸收氧气的指标得到显著提高。所以,茶也可以成为治疗心肌梗塞的最好辅助剂。据我国医疗小组在西藏高原考察,当地居民大都居住在海拔 3000～4000 公尺的地带,空气中含氧量较少,但长寿的人较多,百岁老人在牧区并不罕见。虽然医疗卫生条件较差,但心肌梗塞、心血管病的发病率都很低。在青藏高原每人每年饮茶量高达六七斤。

2.茶单宁

茶单宁又叫茶多酚,属于多酚类物质,在茶叶中含量为 8%～25%。茶单宁的化学性质和单宁酸或单宁(商品)不同,与其他植物中或果实中的单宁也不同,它不会引起不利于肠胃的反应。和蛋白质虽然也起作用,但不像其他单宁那样,具有较强的可逆的反应。许多国家医学研究都有文献证明,茶单宁的药理作用以及对人体的药理价值。

茶单宁能增强毛细血管的活性,能降低毛细血管的渗透性,提高它对血管破裂的抵抗性。

茶叶中含有大量的多酚类物质,有抵抗动脉硬化的功效,从而降低动脉硬化的发病率。

茶单宁具有消炎作用。茶单宁能降低毛细血管渗透性,同减少出血的特性是结合在一起的,故具有收敛止血的作用。在我国古代医学书中早就有茶叶可以消炎的记述,如民间常用浓茶汤来敷涂伤口、消炎解毒,促使伤口愈合。另外,从茶单宁分离中发现的黄酮醇,具有强化血管的作用,现已作为治疗高血压的一种药剂。

茶单宁能调节甲状腺的功能和提高维生素 C 的药效。绿茶茶单宁有使甲状腺毒素症引起的甲状腺亢进恢复到正常的作用,对维生素 C 的新陈代谢产生积极的影响,某些成分能防止组织内维生素 C 的氧化,从而提高了药效。

茶单宁有止泻和杀菌的作用。在我国民间早有饮用茶叶作为止泻的治疗方法,古代医学书籍中也有不少利用绿茶素来治疗细菌性痢疾、赤痢、白痢、急性肠炎、急性胃炎等的记载。茶单宁为什么能起止泻和杀菌作用呢?主要是由于饮茶进入肠胃道后,能使肠道的紧张功能松弛,缓和肠道运动。同时,茶单宁能使肠道蛋白质凝固,因为细菌的本身是由蛋白质构成的,茶单宁与细菌蛋白质相遇后,细菌即行死亡,起到了保护肠胃粘膜的作用,所以有治疗肠炎的功效。

对放射性射线有保护作用。茶单宁被认为有防止放射线侵害的作用,这是日本最早发现的。他们在第二次世界大战中遭受原子弹爆炸后,产生了大量的放射性同位素,在其波及区域内,发现一些爱喝茶叶的人(日本人惯饮蒸青绿茶)所受的影响较少,不喝茶的人影响较大。这一奇特的现象,经日本静冈药科大学校长次贞二和药物教授林荣一博士的研究后,于1959年7月宣布,"茶叶中的茶单宁能溶解锶",有使放射线不能或少侵入骨内的功能。这以后,在苏联和我国等许多国家都相继进行了研究,也都证明它对放射线有防护作用。

近年来,国外又从茶叶中提取酯多糖,经使用证明它对解除辐射伤害有一定的效果。因此,有些国家把茶叶称为"原子时代的饮料",有的还甚至宣传"茶叶可以把你从辐射中拯救出来"的功效。这种作用在于茶单宁中的黄烷醇(儿茶素和没食子儿茶素),对锶在进入骨髓之前和造成长期辐射损害之前,就能从人体内予以排除。当然,这是茶单宁和维生素C协同作用的共同结果。根据化验分析结果表明,茶单宁在绿茶中含量较多,因此,对从事各种同位素、X光射线等辐射环境工作的人来讲,多喝些绿茶是大有好处的。

3.维生素C

茶叶中含有丰富的维生素C,它与茶素和茶单宁的关系很密切,协同产生药理作用,能比单纯的维生素C起到更多的作用。

对病菌有抑制作用。茶可解毒,这在我国古代《神农本草经》中已有记述。现代科学也证明茶有解毒的功效。这是因为茶叶中含有大量的维生素C和茶单宁,与上述金属盐类或生物碱类结合,使之沉淀而排出体外,起到解毒的作用。

经日本村田晃研究和临床证明,茶叶中的维生素C,对控制乙型肝炎的发病率和防止流感,也有一定的效果。

茶叶中的维生素C,有治疗由高血压引起的动脉硬化的效果。一般上了年纪的人,血管壁上粘有脂肪,会引起动脉血管硬化,其硬化程度和新陈代谢有很大关系。茶叶中的维生素C,能促使脂肪氧化,降低胆固醇,对保护血管的健康有很好的作用。这种作用,与茶单宁能增强毛细血管的活性

和降低毛细血管渗透性的作用是相辅相成的。

对治疗坏血病等有功效。这是因为茶叶中的维生素 C,是属于还原型的,能促进肠道内铁的吸收,可以作为治疗贫血时的辅助药物,具有防止坏血病的功能。同时,绿茶中的维生素 C,对长期发热的慢性传染病,也有一定的疗效。

有抗癌的功能。据诺贝尔奖获得者波林认为,癌肿可能是一种维生素的缺乏症,因为阻碍癌肿生长的第一道屏障是细胞间基质,维生素 C 是保护这屏障结构完整的必需物。因此,他认为大剂量的维生素 C,能使晚期癌症患者延长平均生存期 4 倍。茶叶的抗癌作用,还与茶叶中的维生素 A、E,以及其他一些成分的协同作用有一定的关系。

茶的心理保健作用

茶是心理治疗舒解剂

茶可以清心,这是中国民间陶瓷茶具中随处可见的一句题词,也是茶对人体心理保健作用的诠释。

现代社会随着科技进步,资讯发达,人类赖以生存的空间越来越小,而面对问题也越来越多,难度越来越大。

心灵河流的清澈或混浊与人生态度绝对有关。中国有谚语,文武之道,一张一弛。研究显示,每天工作 12 小时,每周工作 6 天的人,其罹患心理疾病的比率是每天工作 5~8 小时,每周工作 5 天的人的 7 倍。休息之后工作效率是连续工作者工效的 3.5 倍。由此可见,在你的生活中,替自己保留适当休闲和欢愉的时间,约三五友人,去一个静处,品茗谈心;或一人泡一杯清茶,静思独处,都会对即将面临的工作或竞争,有无形的心理疏解之效果,并会得到在连续紧张中无法得到的新体验。

许多国家现代心理学研究表明,传统的心理治疗方法如"宣泄疗法"

"丑化疗法""怡情疗法""健康疗法""回旋疗法"及"参禅疗法"都属于消极的心理安顿法。而以休闲为主轴的外出旅游、观看比赛、品茗谈天、好友聚会等被现代心理学家定位为"现代人的心灵处方",备受青睐。据调查,1995年,美国人花在旅游休闲生活中的花费超过3000亿美元。而欧洲国家的休闲、娱乐金额更在美国之上。

那么,在具有东方文化传统而又经济尚处于不发达的中国,积极、健康的休闲方式又有哪些?

因人而异,因地制宜,从实际出发,顺着情绪品味人生,享受存在的旨趣,是最现实的休闲方式。《醉古堂剑扫》一书曾云:

> 田园有真乐,不潇洒终为忙;
>
> 诵读有真趣,不玩味终叩失;
>
> 水有真赏,不领会终为漫游;
>
> 吟咏有真得,不解终为套语。

而在品茗休闲之中,我们却可以领悟到:茶有真香,细斟慢啜,方知其味。如果不信,你可以做以下一个实验:在工作繁忙或心绪紊乱之时,你暂时丢掉手边一切工作,找来一壶净水(最好是泉水),煮沸之后,从洗茶具、温杯,到用心泡好一壶茶(最好是你平时不太喝的另一类茶),然后趁热倒入杯中,屏住呼吸,轻吸茶气,看看有什么感觉,然后再两眼凝视远方,慢啜细品,仔细玩味壶中真趣。最后,把自己所得写下来,看看是些什么?应该说,这种感觉就是轻松。轻松的生活会让失落的灵感重新拾回,它建构了希望,希望正是一帖心灵困惑的舒解剂。

茶是心理治疗平衡剂

在你的日常生活中,当你疲劳忙碌了一天,你选什么茶喝?当你郁闷烦恼时,你选什么茶喝?当你遇到难题,冥思苦想之际,你选什么茶喝?当你体能不济,打不起精神时,你选什么茶喝?当你兴奋而不能自已或悲伤而想到放弃时,你选什么茶喝?

人们在追寻茶品更精致的同时,也可让我们生命更精致。饮茶若能从感官的满足,进而进入到生理与心理的均衡,岂不乐哉。事实上茶确有其功用,只是大家的注意力一直停留在讨论如何泡好茶、如何选好茶、如何去品尝茶……当真正以茶作为生理及心理的平衡剂,你会突然觉得"万茶皆上品,茶无贵贱分"。茶不仅能解消生理上缺水问题,而真正解消的是我们单一枯燥的生活态度。佛家所言"茶禅一味"正是由此路径进入的。茶是一种干燥、疏松、多孔隙的物质,它的最大特性是成长中吸收、浸泡后全部吐出。因此,茶带领我们的是一个全然的接纳与给出……一个更正向、更宽度的生命态度。在中国传统医术中也运用此一原理来调理身心,并改善身体机能。在科学研究领域中,不断地发现茶的成分对于人类身体有机功能的影响,然而这也仅限于茶对于人类生理方面的研究,而构成生命绝非仅是肉体足以涵融,它还应包括心理及心灵层面。

在谈及茶对于人类心理层面的影响,以往似乎未见过专门论著,然而在观察以及访谈过程中,却意外地发现,由不同的饮茶习惯中,发现共通的人格特质,经由一再反复验证,大略有一些心得,与同行茶友共同研究。

1.从对茶的嗜好性去了解人

茶是一种嗜好性饮料,由其嗜好性去了解人格特质,自然不是一件困难的事情,以下的探讨将以其嗜好之茶类反射出其人格特质及其对待生活的种种现象,进而寻找出其解决的方案。

A.嗜饮轻发酵高香茶类者

人格特质:

(1)具冒险性,肯去尝试新的事物。

(2)理想主义者,个人意识中已经有自己想要达成的梦想。

(3)完美主义者,对于事物的要求高。

(4)幻想者,联想力丰富。

生活态度:

（1）对于一成不变的事物觉得无聊，生活及情绪常常有严重的起落，亦因交友不慎而惹来无谓之殃或投资错误而破财。

（2）注意别人对于自身的看法，容易陷入因为面子问题而不惜表现出自己是有能力的，是高贵的假象，而将自己弄得筋疲力尽。

（3）绝不允许别人的背叛、失信或中伤。因为他一向都是真诚地对待他身边的人，也因他总是将人性认为是善良、美好的，而无防人之心，以致常常在生活中遭遇挫折，而会觉得人心可畏将自己退缩至角落，但过不了多久，他又一如往常活泼。

（4）他非常疼爱自己的亲人，却不会以言语表达对他们的关心，他喜欢以行动来暗示他的亲人，而亲人却常常无法了解体会，反而会指责纠正他行为而令他沮丧。

B.嗜饮不发酵绿茶者

人格特质：

（1）理性的思考者，对于事物能有清楚的判断。

（2）自我管理能力强并有自己的主观看法。

（3）计划者，工作有计划，有节奏、有规律。

（4）观察家，能仔细观察周边的状态并做出最适当的回应。

（5）研究家，对于自我设定的目标默默地不断研究。

生活态度：

（1）不善言辞，冷漠让人不易亲近，以致社交圈仅限于局部。

（2）非常重视原则及传统，易于得罪人，以致落入别人批判的对象。

（3）对于他所认同接受的人、事或理念，无条件付出，即使牺牲自己也无所谓，他确信当一个人应该忠于自己，是一个追寻真理的人。

（4）他非常深爱他的亲人，然而却以逆向反对、对立、冲突的方式来表达自己对于亲人的爱，独处时却比任何一个人更心力交瘁。

（5）只要他认为应该是自己的责任，便会全力以赴地去完成，即使当初选择错误，他依旧甘愿承当，也因此让自己非常疲劳，是一个勇者的代表。

787

中华茶道

C.嗜饮后发酵黑茶类者

人格特质:

(1)崇尚自然,是典型的道家思想者,拥有随遇而安的个性。

(2)(野外)求生专家,韧性强、生命力强,在恶劣环境中不易被环境击倒。

(3)策略家懂得保留自己的实力,并思考如何去解决问题。

(4)拥有较开放的个性,不喜欢钩心斗角,重视人与人之间彼此的诚信。

生活态度:

(1)积极性稍差,被动性强,以致许多好的机会都流失。

(2)典型的差不多先生,对于处理事物的精确度稍差,以至于名望、财富都无法聚集。

(3)容易自我满足,并且在实践中就拥有成就感,容易遭受家人的批判。

D.嗜饮完全发酵红茶者

人格特质:

(1)活性高,是一个善变的人,情绪的起落大。

(2)唯美主义者,常有天马行空的联想,重视执行的成果。

(3)重视自我的感受,因环境及立场的不同,对于事物有多重的标准。

(4)生活专家,重视生活的品质,懂得放松自己,喜欢抽象的事物,把自己的作息规划得非常完善,重视生活的节奏。

生活态度:

(1)处理事物的高标准令周边的人有强烈的压力,常使部属不服。

(2)喜欢结交有品位、高水平的社会人士,而让一般人不易亲近。

(3)因重视个人的感受及品味,以至于财富多花于衣、食、住、行上。

(4)内在是关心亲人的,但是就是无法与亲人共同生活。

2.用茶解消心理及心灵问题

谈及用茶解消人类生命结构的心理及心灵问题之前,首先需对茶的本体之外所展现出来的能量,重新有一番了解。

A.什么是茶气?

如果你是一个细心去品茶的人,你会很本能地发现不同地区同一制法的茶类均存在不同气韵,例如云南所产的绿茶与浙江所生产的绿茶,以及与四川、安徽所生产的绿茶,即使品种是相同的,制茶的方法也相同,外观也一致,奇怪的是——他的气韵就是不同。只要茶汤一入口,你就能本能地反映出"这是哪里产制的茶?"从这一点我们就不难理解,茶除了香气及滋味以外,还有更深一层值得我们探讨的空间。如果以科学来讨论,其实茶是异花授粉植物,容易杂交产生变异,其基因中的生命密码,已经指导它懂得去因应环境的变化,自我做出适应环境的展现形式。若你更仔细地去用心去喝茶,当茶汤入口后,你身体也会很本能地做出反应,有的茶令你的肌肉紧张,而有的茶令你的身体放松,而我所说的"茶气"就是茶叶除了香气、滋味以外所整体展现出来的一种只可意会不能言传的独特韵味。

B.影响茶气的几个因素

(1)发酵度:发酵程度的不同,以至于茶气在人体的走向亦有不同,大致来说:绿茶类及半发酵茶中之轻发酵茶,对于人体心肺功能及头部的影响较明显,重发酵或全发酵及后发酵茶类,对于人体肠胃及四肢和肝、胆、泌尿系统的影响较明显。

(2)季节:春季、秋季、冬季产制的茶类,茶气在人体的走向偏于上半身(上升的气),夏茶比较偏向下半身(下降的气)。

(3)环境:环境包括土壤、海拔、生态、气候,海拔的差异是让我们最直接明白茶气差异的一个项目,茶气对于人体气场的影响,随着海拔的增加而增加。

(4)制造工艺:包括初制及精制两部分,是决定茶气对于人体造成刺激(锁闭)或了解(开通)的重要法门。一般而言,大部分的茶品,包括名优茶在内者属于刺激的居多,少有舒解的。

第二节　多效茶方

功能调养茶

机体功能失调指脏腑、气血、津液功能减退或失调,表现在体质上可分为阴虚体质、阳虚体质、气虚体质、血虚体质以及体质虚弱、年老体弱等,为了更好地养生保健,保证身心健康,可根据不同体质选择适宜的功能调养茶。

1.人参花茶

材料:人参花 100 克。

做法:人参花用糖渍后备用,每次取 5 克泡茶饮。

功效:补气壮阳,兴奋神经,为阳虚、气虚体质者的保健饮品。

2.壮阳增力茶

材料:淫羊藿 6 克,枸杞子 12 克,红茶 3 克。

做法:上药共碾粗末,以纱布包,置于容器中,冲入沸水盖闷 5～10 分钟或水煎取汁,代茶饮。

功效:滋补肝肾,壮阳增力。治疗性欲减退、阳痿,亦为阳虚体质者的保健饮料。

3.提神茶

材料:枸杞子 12 克,淫羊藿、沙苑子、山芋肉各 9 克,五味子 6 克。

做法:上药共碾粗末,以纱布包,置于容器中,冲入沸水盖闷 5～10 分钟或水煎取汁,代茶饮,每日 1 剂。

功效:滋补肝肾,助阳益智。治疗抑郁型神经衰弱,困倦无力,记忆力减退。

4.硫黄茶

材料:硫黄、诃子皮、紫笋茶各9克。

做法:硫黄研成细末,三药和匀,以纱布包,加水按常法煎茶,每日1剂。

功效:温肾止泻。治疗阳虚泄泻,阳虚体质者亦可饮之。

5.四君子茶

材料:党参10克,白术6克,茯苓12克,甘草4克。

做法:上药共碾粗末,以纱布包,置于容器中,冲入沸水盖闷5~10分钟或水煎取汁,代茶饮。

功效:补气、健脾、养胃。治疗脾胃气虚,运化力弱,饮食减少,语言轻微,全身无力,大便溏泄。亦可作为气虚体质者的养生茶。

6.生脉茶

材料:党参15克,麦冬12克,五味子6克。

做法:上药共碾粗末,以纱布包,置于容器中,冲入沸水盖闷5~10分钟或水煎取汁,代茶饮。

功效:益气敛汗,养阴生津。治疗劳倦伤气引起的口干作渴,气短懒言,肢体倦怠,眩晕少神,及肺虚咳喘、自汗等。气虚体质者可常饮之。

7.虫草速溶晶

材料:本品为中成药,由人参、冬虫夏草等药制成。

做法:药厂生产。每次用2克(1袋),沸水冲溶,代茶饮用。

功效:补肾益气。治疗气虚乏力,神经衰弱,疲劳过度,精神不振。

8.党参红枣茶

材料:党参15~30克,红枣(去核)5~10枚。

做法:上药共碾粗末,以纱布包,置于容器中,冲入沸水盖闷5~10分钟或水煎取汁。代茶饮,4~6日为1个疗程。

功效:健脾补血,治疗病后体弱,贫血、心悸、脾虚气短、四肢无力。血虚体质者常饮此茶甚佳。

中华茶道

9.龙眼绿茶

材料:龙眼肉9克,绿茶6克。

做法:用沸水冲泡,趁温代茶饮之,每日1剂。

功效:补血清热,血虚体质者可常饮此茶。

10.阿胶红茶

材料:阿胶6克,红茶3克。

做法:将红茶用沸水冲泡取汁,加入烊化好的阿胶,搅匀备用,趁温饮之。

功效:补虚滋阴,振奋精神。治疗血虚头晕,面色萎黄,血虚体质者可常服此茶。

11.牛奶热茶

材料:红茶1克,砂糖15克,牛奶75克或奶油50克。

做法:将牛奶加热煮沸,离火加糖,和茶水(红茶泡为茶水)混合,趁热饮之。

功效:补血润肺,提神暖身,为血虚体质者的保健饮料。

12.山药茶

材料:山药(干品)50克,红茶5克。

做法:上药共碾粗末,以纱布包,置于容器中,冲入沸水盖闷5~10分钟或水煎取汁。代茶饮,每日1剂。

功效:健脾益胃,治疗脾胃虚弱,食欲不振,倦怠乏力。脾胃素虚可常饮之。

13.太子参茶

材料:太子参、麦芽各9克,红茶3克,红糖30克。

做法:前3味药共碾粗末,以纱布包,置于容器中,冲入沸水盖闷5~10分钟或水煎取汁,加入红糖搅匀即可。代茶饮,每日1剂。

功效:健脾益气。治疗脾虚纳呆,脾胃素虚者可常饮之。

14.白术乌龙茶

材料:白术6克,山楂、乌龙茶各5克。

做法:上药共碾粗末,以纱布包,置于容器中,冲入沸水盖闷5～10分钟或水煎取汁。代茶饮,每日1剂。

功效:温中健脾。治疗脾虚之食欲不振,消化不良,腹胀,便溏。脾胃素虚者可常饮之。

15.康宝茶

材料:枸杞子、黄精各9克,淫羊藿、甘草各6克,刺五加12克,熟地15克,山楂10克。

做法:上药共碾粗末,以纱布包,置于容器中,冲入沸水盖闷5～10分钟或水煎取汁。代茶饮,每日1剂。

功效:滚补肝肾,补养气血。适用于体质虚弱,倦怠乏力,为体质虚弱者的养生茶。

16.刺五加茉莉花茶

材料:本品为中药,由刺五加、茉莉花、绿茶等组成。

做法:药厂生产,沸水冲泡,当茶频频饮之。

功效:补肾填精,安神益智。治疗体质虚弱,气短乏力,神疲倦怠,神经衰弱,失眠、健忘,多梦,肾虚腰痛。亦为体质虚弱者的养生茶。

17.牛奶糖浆茶

材料:牛奶400克,茶糖浆90克。

做法:先将牛奶煮沸,加入茶糖浆搅匀,趁热频频饮之。

功效:营养滋补,开胃健脾,振奋精神。体质虚弱者服此甚佳。

18.增力提神茶

材料:党参10克,枸杞子12克,麦芽15克,山楂20克,红糖30克,乌龙茶5克。

做法:上药共碾粗末,以纱布包,置于容器中,冲入沸水盖闷5～10分钟

或水煎取汁,代茶饮。

功效:补气养血,增力提神。为体质虚弱者的良好保健饮料。

19.人参核桃茶

材料:人参 3 克,核桃 3 个(敲碎取仁)

做法:将人参切片,与核桃肉共放砂锅内,加水适量,置武火上烧沸,再用文火煮 1 小时即成。吃人参及核桃肉,饮茶汁。

功效:益气固肾。适用于喘息,气短,自汗,不耐劳累,形体瘦弱,是年老体弱者较为理想的养生茶。

20.洋参茶

材料:西洋参 2 克,白茶 3 克。

做法:先将洋参切成薄片,与白茶共置于容器中,用沸水冲泡取汁,代茶饮,亦可将洋参食下。

功效:补气养阴,延年益寿,补肺止咳,生津止渴,固精安神。凡阴虚火旺不宜用人参温补者,皆可用西洋参,是老年体弱者较为理想的养生茶。

职业养生茶

由于社会分工不同,人们从事着各种各样的工作,从而养成各种职业习惯。这些习惯中,少部分可能是不利于身心健康的,因此需要进行一定的调理和调养。不同职业者可根据自己的情况选择职业养生茶,使身心更加健康。

1.菟丝子茶

材料:菟丝子 10 克,红糖 30 克。

做法:将菟丝子洗净、捣碎,置容器中,用沸水冲泡取汁,再调入红糖搅匀即可,代茶饮。

功效:补肾益精,养肝明目,延年益寿。适用于肾虚男女不育(孕)症,肝虚目昏及脑力劳动者,是脑力劳动者的理想养生茶。

2.健脑茶

材料:桑叶 5 克,何首乌 15 克,白蒺藜 10 克,绿茶 3 克,丹参 9 克。

做法:上药共碾粗末,以纱布包,置于容器中,冲入沸水盖闷 5~10 分钟或水煎取汁,代茶饮。

功效:益智健脑,活血化瘀,清热明目。治疗用脑过度引起的头胀、头痛、头昏、失眠、多梦等,是脑力劳动者的理想养生茶。

3.枸杞龙井茶

材料:枸杞子 15 克,山楂 10 克,龙井茶 3 克。

做法:上药共碾粗末,以纱布包,置于容器中,冲入沸水盖闷 5~10 分钟或水煎取汁,代茶饮。

功效:补肾填精,健脑益智。适用于脑力劳动者记忆力减退、头昏脑涨等,是脑力劳动者的理想养生茶。

4.蒲公英花茶

材料:蒲公英花蕾晒干 6 克,绿茶 2 克。

做法:上药共碾粗末,以纱布包,置于容器中,冲入沸水盖闷 5~10 分钟或水煎取汁。代茶饮,每日 1 剂。

功效:清热解毒,抗菌、抗病毒。可以治疗久居城市,或在办公室久坐而活动量小,用脑、用目过度,以致出现头晕眼花,腰酸背痛,精神不振,头昏脑涨等。

5.大英雄茶

材料:刺五加根茎(切碎,干品)12 克,鸡血藤 10 克,乌龙茶 5 克。

做法:上药共碾粗末,以纱布包,置于容器中,冲入沸水盖闷 5~10 分钟或水煎取汁,代茶饮。

功效:强骨壮筋,补肾安神,抗疲劳,祛风湿。体力劳动者常服有益。

中華茶道

6.强力补甜茶

材料:刺五加根茎(干品、切碎)15克,仙鹤草、枸杞子各10克,红茶3克。

做法:上药共碾粗末,以纱布包,置于容器中,冲入沸水盖闷5~10分钟或水煎取汁,代茶饮。

功效:补肾壮骨,抗疲劳,振奋精神。可治神经衰弱,肾虚腰酸,劳累过度,亦可作为运动员、体力劳动者的保健饮料。

7.糖糟茶

材料:糖糟500克,鲜生姜120克。

做法:将糖糟打烂,和姜再捣,做成小饼晒干,放瓷瓶藏之。每日清晨,取饼1枚(约30克重),泡沸水内,15分钟后代茶饮。

功效:益气暖胃,温中散寒。体力劳动者常服有益。

8.强记茶

材料:熟地、麦冬、生枣仁各30克,远志6克。

做法:上药共碾粗末,以纱布包,置于容器中,冲入沸水盖闷5~10分钟或水煎取汁。代茶饮,每日1剂。

功效:补肾健脑,增强记忆力,可治疗健忘症。

9.龙眼碧螺春茶

材料:龙眼肉6克,碧螺春茶3克。

做法:上药共碾粗末,以纱布包,置于容器中,冲入沸水盖闷5~10分钟或水煎取汁。代茶饮,每日1剂。

功效:养心安神,健脑,振奋精神,增强记忆。治疗失眠健忘,头晕乏力,亦是增强记忆力的保健茶。

10.读书茶

材料:刺五加根茎(干品、切碎)、茯苓、核桃仁各9克,茉莉花茶(各种花茶亦可)3克。

做法:上药共碾粗末,以纱布包,置于容器中,冲入沸水盖闷 5~10 分钟或水煎取汁。代茶饮,每日 1 剂,每剂煎服 3 次。

功效:健脑强身,益智宁神,增强记忆力。

11.胡萝卜茶

材料:胡萝卜 200 克。

做法:将胡萝卜洗净切碎,置容器中煎煮取汁备用,代茶饮。

功效:增强人体抵抗力,预防上呼吸道感染,润泽皮肤,补充维生素 A,帮助人体排汞,防癌,消除吸烟导致的副作用,为吸烟者良好的养生茶。

12.南瓜藤红糖茶

材料:鲜南瓜藤、红糖各适量。

做法:鲜南瓜藤切碎,捣如泥,滤取汁,调入红糖,冲入适量沸水备用,代茶饮。

功效:可帮助戒烟。

13.高效解酒茶

材料:茶叶 50 克,菊花 20 克,葛花、山楂、藿香各 10 克。

做法:共研末,包成袋泡茶,每袋 1.5 克。每次 1 袋,沸水冲泡,代茶饮。

功效:可治疗酒后头晕头痛,口渴心烦,恶心呕吐,意识模糊。

14.葛花茶

材料:红茶 2 克,茉莉花 3 克,葛花 9 克。

做法:上药共置容器中,冲入沸水盖闷 2 分钟,代茶频频饮服,可立见功效。

功效:和胃化湿,健脾利湿,醒酒解醉,可用于解酒。

15.奶茶

材料:砖茶、鲜牛奶、炒米、食盐及辅料适量。

做法:将砖茶敲碎,加水煮沸半小时后,加适量鲜奶、少量食盐及炒米等辅料再煮沸,即成奶茶。代茶饮。

功效:消食开胃,营养滋补,消解油腻,振奋精神。适用于喜食肉者及身体虚弱者。

16.山楂乌龙茶

材料:山楂 30 克,乌龙茶 5 克。

做法:上药共碾粗末,以纱布包,置于容器中,冲入沸水盖闷 5~10 分钟或水煎取汁,代茶饮。

功效:消食化瘀,解油腻,和血脉。适用于食肉过多,脾虚胃弱,食欲不振,以肉食为主者亦宜常饮之。

17.砂仁茶

材料:砂仁 3 克,槟榔、红茶各 5 克。

做法:上药共碾粗末,以纱布包,置于容器中,冲入沸水盖闷 5~10 分钟或水煎取汁,代茶饮。

功效:温胃理气,消食开胃。治疗进食肉类食品过多。

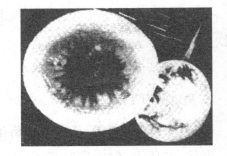

砂仁茶

18.山楂橘皮茶

材料:山楂 20 克,橘皮 5 克。

做法:山楂用文火炒至外面呈淡黄色,取出放凉,与橘皮共放容器中,用沸水冲泡取汁备用,代茶饮。

功效:健脾胃、理气滞、解油腻。治疗肉积食滞,食欲不振,消化不良,脘腹胀闷,以肉食为主者亦宜常饮之。

美容美发茶

润泽的面容、健康的鬓发,不仅是身体健康的重要标志,也是仪容美的标准之一。随着人们生活水平的不断提高,人们越来越重视容貌的健美。

我国古代医家积累了丰富的美容美发经验,现将有关药茶方介绍如下,可酌情选用。

1.美容茶

材料:柿叶 5 克,茶叶 3 克,当归 10 克。

做法:上药共碾粗末,以纱布包,置于容器中,冲入沸水盖闷 5～10 分钟或水煎取汁。代茶饮,每日 1 剂。

功效:补充维生素 C,润肤美容,使肌肤白净,并可治疗黄褐斑。

2.牛乳红茶

材料:鲜牛奶 100 克,红茶 3 克,食盐适量。

做法:先将红茶熬成浓汁,滤取汁。再把牛乳煮沸,盛在碗里,加入茶汁,同时加入适量的食盐,调匀。每日 1 剂,空腹代茶缓缓温饮。

功效:营养滋补,润泽皮肤,令人健美,皮肤红润。

3.枸杞叶茶

材料:干枸杞叶(每年五六月间将鲜嫩的枸杞叶,置于阴凉处阴干)适量。

做法:干枸杞叶置容器中,用沸水冲泡。每次 6 克,代茶饮。

功效:枸杞叶含有丰富的维生素、路丁、叶绿素等,有增强免疫力、改善血管以及美容作用,心血管病患者可常服。

4.葡萄茶

材料:葡萄 80 克,绿茶 4 克,白糖适量。

做法:将绿茶以滚水冲泡,将葡萄与糖以冷开水搅拌均匀,加入绿茶中即可饮用。

功效:可以美肤活肤,使肌肤容光焕发。

5.核桃芝麻茶

材料:豆浆 180 毫升,黑芝麻 25 克,牛奶 180 毫升,核桃仁 25 克。

调味料:白糖。

做法:将核桃仁与芝麻研磨成粉,将核桃仁与芝麻粉倒入豆浆与牛奶中,煮滚后加入白糖即可饮用。

功效:有效润肤,防止肌肤黯沉老化。

6.蜂蜜茶

材料:蜂蜜、红茶适量。

做法:将红茶叶放入滚水中冲成茶汁,将适量蜂蜜调入红茶汁中搅拌均匀,即可饮用。

功效:有效润肤,提供润泽,延缓肌肤老化。

7.小麦胚芽茶

材料:小麦胚芽45克,红茶4克。

做法:将红茶叶放入滚水中冲成茶汁,将小麦胚芽放入红茶汁中一起浸泡,搅拌均匀即可饮用。

功效:富含粗纤维的茶饮,可以有效地帮助抗氧化、延缓衰老。

8.杏仁芝麻茶

材料:杏仁15克,芝麻25克,牛奶150毫升,茶叶8克、白糖、蜂蜜各10克。

做法:芝麻与杏仁研磨成细粉,将茶叶冲入滚水,冲成茶汁,加入牛奶冲成奶茶,将奶茶中加入芝麻与杏仁粉,再加入白糖与蜂蜜调匀即可。

功效:具有抗衰老的作用,可以帮助细胞再生,使肌肤保持润泽。

9.芝麻茶

材料:芝麻(黑芝麻最好)500克,红茶5克。

做法:先将芝麻炒焦研末,每次取40克用纱布包,放容器中,冲入红茶水(红茶5克煎为茶水),趁热饮之。每日服1次。

功效:补血润燥,乌须黑发。治疗头发早白、贫血、习惯性便秘。

10.黑发茶

材料:何首乌20克,熟地30克,当归15克,绿茶3克。

做法:上药共碾粗末,以纱布包,置于容器中,冲入沸水盖闷 5~10 分钟或水煎取汁。代茶饮,每日 1 剂。

功效:补肾养血,乌须黑发。治疗白发症。

瘦身健体茶

养生的目的不外乎是健康、快乐、长寿,瘦身健体茶不仅能防治疾病,还能养生保健、延年益寿。我国古代医家积累了丰富的经验,现将有关药茶方介绍如下,以备选用。

1.柿叶茶

材料:柿树叶 6~10 克。

做法:将柿树叶(干品切碎)放容器中,用沸水浸泡 10~15 分钟。代茶饮之,可冲泡 2~3 次。

功效:补充维生素 C,增强机体抵抗力,健全毛细血管功能,养生保健。长期饮用柿叶茶,对高血压、冠心病、食道癌等皆有一定疗效。

2.多维茶

材料:以柿子叶和黑枣叶为主要原料,采用先进的工艺设备,经过精制加工而成。

做法:茶厂生产,每日饮 1~2 杯多维茶,每杯用多维茶 5 克,常服有益。

功效:多维茶含有多种维生素,尤含丰富的维生素 C,可养生保健、延年益寿、防治癌症,为新型养生保健饮料。

3.擂茶

材料:生大米、生姜、芝麻、花生、茉莉花茶、白糖。

做法:将生大米、生姜、芝麻、花生放擂钵内捣碎,移置容器中,加茉莉花茶、白糖,用沸水冲泡而成豆腐状,即成擂茶,代茶饮。

功效:延年益寿,防病保健,清热解毒,为湖南益阳桃花江人常喝的保健饮料。

4.桑叶枸杞茶

材料:桑叶 6 克,枸杞子 12 克,绿茶 3 克。

做法:上药共碾粗末,以纱布包,置于容器中,冲入沸水盖闷 5～10 分钟或水煎取汁,代茶饮。

功效:桑叶具有抗应激、延缓衰老、增强机体耐力、降低血清胆固醇及调节肾上腺功能等作用。枸杞子具有补肾益精、养肝明目等作用,二者相合,共奏延年益寿之功。

5.红枣茶

材料:红枣 3～5 枚。

做法:用刀将红枣划破,放入容器中,沸水冲泡。代茶饮。

功效:补益气血,调补脾胃,长期饮用此茶,可延年益寿。

6.沙苑子茶

材料:沙苑子 10 克。

做法:将沙苑子洗净捣碎置容器中,用沸水冲泡。代茶饮。

功效:补肾强腰,延年益寿。

7.减肥轻身茶

材料:茉莉花、玫瑰花、荷叶、草决明、枳壳各 10 克,泽兰、泽泻各 12 克,桑椹、补骨脂、何首乌各 15 克。

做法:将上药置于容器中,冲入沸水盖闷 5～10 分钟或水煎取汁。代茶饮,每日 1 剂,30 日为一个疗程。

功效:增强新陈代谢,调节内分泌功能,减肥轻身。

8.降脂乌龙茶

材料:乌龙茶 3 克,首乌 30 克,槐角、冬瓜皮各 18 克,山楂肉 15 克。

做法:将后 4 味中药共煎去渣,以其汤液冲泡乌龙茶。代茶饮用。

功效:消脂降脂,肥胖人宜常饮之。

防治常见病药茶

感冒

感冒是一种由病毒或细菌感染引起的上呼吸道传染病,是家庭中常见的疾病,四时皆可发病,但以冬春寒冷季节为多见。中医称为"伤风感冒",在症候表现上有风寒和风热之分。风寒感冒以恶寒、发热、无汗、头身疼痛、鼻塞流涕为主症;风热感冒以身热、微恶心、头痛且胀,咽喉肿痛或口干欲饮、出汗为特征。流行性感冒,中医称为"时行感冒",与一般感冒相似,但病情较重,而且具有较强的传染性和流行性。

1.核桃姜葱茶

材料:核桃仁 6 克,生姜 25 克,葱白 25 克,红茶 18 克。

做法:将核桃仁、生姜与葱白切成细碎状。将三种材料与红茶一起混合放入锅中,加入滚水煎煮约 10 分钟即可。去掉渣滓,取汁饮用即可。

功效:可以帮助发汗生热,能够有效驱寒预防与治疗感冒。

2.板蓝根菊花茶

材料:板蓝根 8 克,蒲公英 6 克,金银花 6 克。

做法:将所有材料放入锅中,加入适量清水煎煮。煮好后过滤渣滓即可。

功效:预防感冒有效,但已有感冒症状的人不宜饮用。

3.白木耳冰糖茶

材料:白木耳 20 克,茶叶 4 克。

调味料:冰糖 20 克。

做法:将白木耳炖烂、冰糖。加入茶叶,再一起熬煮 5 分钟即可饮用。

功效:有效帮助清热,帮助排除身体发热感冒症状。

中華茶道

4.姜葱绿豆茶

材料:生姜4片,大葱白4克,绿豆6克,绿茶3克。

做法:将生姜片、大葱白加入水中煎煮,再加入绿豆与绿茶一起煎煮,待绿豆煮烂即可饮用。

功效:有效预防与治疗感冒。

5.麻酱糖茶

材料:芝麻酱适量,红糖适量,茶叶1撮。

做法:将红糖、茶叶与芝麻酱调匀,以沸水冲泡,热服,加被得汗止。

功效:发汗解表,适用于外感初起。

6.薄荷茶

材料:薄荷2克,茶叶5克。

做法:以沸水冲泡,频服。

功效:辛凉解表,用治风热外感,头痛目赤,食滞腹胀。

7.银花茶

材料:银花20克,茶叶6克。

做法:以沸水冲泡,代茶频服。

功效:辛凉解表,清热解毒。用治风热感冒初起、咽喉肿痛。

咳嗽

咳嗽是呼吸系统疾病的主要症状之一,因肺脏上通咽喉,开窍于鼻,外合皮毛,职司呼吸;同时肺为娇脏,畏寒畏热,所以不论外感或内伤疾患,一旦影响到肺,致使肺气失宣或肺气上逆,均可发生咳嗽。为此,凡治咳嗽,先要辨病辨证,酌情予以药疗和茶疗。

1.银翘杏橘茶材料:金银花、连翘、杏仁、桔梗各5克。

做法:将杏仁砸烂,将桔梗切为小碎块,与其他药一起置入容器内,用沸水冲泡,盖焖10~15分钟去渣取汁备用。代茶饮,边饮边加沸水,每日上午、下午和晚上睡前各饮 1 剂。

功效：清热解毒，宣肺止咳。主治风热上犯的上呼吸道感染，症见流涕、喷嚏、咽痛、咽痒、干咳无痰，口干渴，苔薄黄。

注意：饮茶时，可将口鼻对着药液呼吸，让药液的蒸气通过口鼻，直接在上呼吸道发挥作用，则其疗效更理想。

2.清肺化痰止咳茶

材料：黄芩、桑白皮各 5 克，知母、栝楼各 3 克。

做法：将以上各药切成小碎块，并置入容器内，用沸水冲泡，盖闷 10~15 分钟去渣取汁备用。代茶饮，边饮边加沸水，直到药味清淡。每日上午和下午各饮 1 剂。

功效：清肺、化痰、止咳。主治痰热壅肺的咳嗽，症见咳嗽痰多而稠黄，咳痰有力，口干渴，舌红。

注意：饮此茶期间，忌食各种辛辣油腻食品。

3.葱姜杏仁茶

材料：茶叶 3 克，连须葱白 3 茎，生姜 3 片，杏仁 9 克，红糖 15 克。

做法：将前 4 味药水煎取汁，调红糖适量，趁热服，盖被取汗即愈。每日 1 剂。

功效：发散风寒，宣肺止咳。适用于外感风寒咳嗽，症见怕冷，发热，无汗，鼻塞，流清涕，喷嚏，咳嗽痰白清稀。

4.麦冬茅根茶

材料：绿茶 5 克，茅根 15 克，麦冬 20 克，冰糖 25 克。

做法：将上药水煎取汁或用沸水冲泡，盖闷 10~15 分钟去渣取汁备用。代茶饮，每日 1 剂。

功效：清热生津，润燥止咳，适用于燥热咳嗽。

5.橘红茶

材料：绿茶 5 克，橘红 10 克。

做法:以沸水冲泡,再入沸水锅中隔水蒸 20 分钟。代茶频饮之,每日1 剂。

功效:健脾燥湿,化痰止咳。适用于咳嗽之痰湿蕴肺症,症状见咳嗽痰多,痰黏,不易咯出。

6.生姜川贝茶

材料:茶叶、川贝母各 3 克,生姜 6 克,冰糖 9 克。

做法:研为细末,以纱布包,用沸水冲泡取汁,代茶饮。

功效:止咳化痰解表。适用于感冒咳嗽。

7.鱼腥草茶

材料:鱼腥草 30 克,冰糖适量。

做法:先将鱼腥草煎汤后,去渣,纳入冰糖,令溶解即得。代茶饮。

功效:清热解毒,排脓利尿。适用于肺热咳嗽,高热不退,痰黄量多;肺痈咳吐脓血;小便灼热疼痛,点滴不畅;热毒疮疡,局部红肿疼痛。

8.知楼参冬养肺茶

材料:知母、栝楼、沙参、麦冬各 5 克。

做法:将以上药物切成小碎块,并置入容器内,沸水冲泡,盖闷 15～20分钟去渣取汁备用。代茶饮,边饮边加沸水,每日上午和下午各泡服 1 剂。

功效:清热化痰,养阴补肺。主治肺阴亏虚,燥热伤肺的咳嗽,症见咽痒而咳,干咳无痰,或痰少不利,口干唇燥。

注意:饮用时,可将口鼻对着药茶深呼吸,让药液的蒸气充分进入肺中,以润泽肺组织。

9.甘草沙参润肺蜜茶

材料:甘草 3 克,沙参 5 克,蜂蜜适量。

做法:将沙参和甘草切成小碎块,并置入容器内,用沸水冲泡,盖闷约 20分钟去渣取汁备用。饮用时,先将蜂蜜倒入药液中,搅拌均匀后再徐徐咽下,每剂泡 1 次,每日上午和下午各泡服 1 剂。

功效:润肺止咳。主治燥邪伤肺,肺失宣降的咳嗽,症见干咳无痰,口干口渴,鼻唇干燥,舌红少苦。

注意:饮此茶期间,忌吃辛辣食物并注意保暖,避免着凉。

10.诃杏茶

材料:诃子、杏仁各 5 克,甘草 3 克。

做法:将诃子砸碎,与甘草一起置入容器内,用沸水冲泡,盖闷 10～15 分钟去渣取汁备用。代茶饮,边饮边加沸水,每日上午和下午各泡服 1 剂。

功效:敛肺止咳,主治肺气不足,肺气不敛,宣降失常的久咳不止,以及气短懒言、汗多乏力、脉弱等。

注意:凡外感咳嗽、热邪或寒邪所致之实咳,皆忌用本药茶。

11.润肺止咳茶

材料:玄参、麦冬各 60 克,乌梅 24 克,桔梗 30 克,甘草 15 克,茶叶 10 克。

做法:上药去杂质,干燥后共研碎混匀。每次 18 克,用纱布包,用白开水冲泡,代茶饮。每日 2 次。

功效:润肺止咳。适用于阴虚引起的燥咳痰少,咽喉不利。

12.桑菊杏仁茶

材料:桑叶、菊花、杏仁、茶叶各 10 克,白砂糖适量。

做法:将杏仁捣碎与前 2 味共置保温容器中,用沸水适量冲泡,盖闷 15 分钟,再加入白砂糖适量。代茶频频饮用,每日 1 剂。

功效:疏散风热,宣肺止咳。适用于外感风热,咽痛喉痒,咳嗽音哑,痰稠微黄,口渴,身热恶风,舌苔薄黄。如上呼吸道感染、扁桃体炎、急性支气管炎等。

注意:慢性咳嗽,痰黄稠厚者忌用。

13.贝母紫菀养肺茶

材料:川贝母、紫菀、麦冬、桔梗各 5 克。

做法:将川贝母砸碎、紫菀、桔梗和麦冬切为小碎块,同时置入容器内,沸水冲泡,盖闷15~20分钟去渣取汁备用。代茶饮,边饮边加沸水,每日上午和下午各饮1剂。

功效:养阴润肺,祛痰止咳。主治肺阴亏虚的久咳不止,症见久咳不止,痰少不易咯出,咳振胸痛,口干渴。

注意:饮茶时,可将口鼻对着药液深呼吸,让药液的蒸气充分地进入肺中,使药性更有效地发挥作用。

14.百合固金花

材料:百合、玄参、生地各5克,川贝母3克。

做法:将川贝母砸碎,将其余的药切为小碎块,同时置入容器内,用沸水冲泡,盖闷约20分钟去渣取汁备用。代茶饮,边饮边加沸水,直至药味清淡,每日上午和下午各饮1剂。

功效:养阴润肺,化痰止咳。主治阴虚肺燥所致的咳嗽,症见干咳无痰,或痰少而黏,难以咯出,久咳不愈。

注意:饮此茶期间,忌食辛辣燥火的食物。

15.玉竹润肺止咳茶

材料:川贝母2克,玉竹、桔梗、紫菀各5克。

做法:将川贝母砸碎,将其余的药切为小碎块,同时置入容器内,用沸水冲泡,盖闷约15~20分钟去渣取汁备用。代茶饮,边饮边加沸水,每日上午和下午各饮1剂。

功效:清热润肺,化痰止咳。主治肺经热盛,燥邪伤阴,肺失宣降的燥咳,症见干咳无痰,或痰少而黏,不易咯出。

注意:饮用期间,忌抽烟和吃辛辣食物。

16.玉米须橘皮茶

材料:玉米须15克,橘皮9克。

做法:将上述药水煎取汁或用沸水冲泡,盖闷10~15分钟,再加白糖20

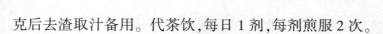

克后去渣取汁备用。代茶饮,每日 1 剂,每剂煎服 2 次。

功效:健脾祛湿,化痰止咳,治疗脾虚不健,痰湿咳嗽。

注意:饮茶时,同时尽量将药液的蒸气吸入肺中,从而有利于痰液的稀释和排出。

解暑

中暑是夏日酷暑或高温环境下引起的以高热、汗出、昏厥为主要表现的急性热病。轻者仅头晕头痛、口渴、心慌、恶心、汗出;严重者骤然高热,神志昏迷,嗜睡,甚至躁扰抽搐。好发于田间作业的农民,高温作业的工人以及高温环境下行军、训练的军人,尤以年老体弱,长期卧床的患者及产妇、幼儿见多。

1.薄荷荷叶茶

材料:茶叶 8 克,薄荷 12 克,荷叶 1 张。

做法:把荷叶切成细碎状,将荷叶与其他两种材料一起放入杯中,以滚水冲泡,5 分钟后即可饮用。

功效:有效地化解暑气,赶走身体暑热湿气。

2.茉莉荷叶茶

材料:绿茶、茉莉花各 3 克,荷叶 1 张。

做法:荷叶切成细碎状,与其他两种材料放入锅中,加入适量清水一起煎煮约 5 分钟后,即可饮用。

功效:有效地消解暑气,驱走身体多余的热气,也能够改善夏季头晕胸闷的症状。

3.西瓜皮薄荷茶

材料:绿茶 8 克,薄荷 10 克,西瓜皮 800 克。

做法:西瓜皮切成碎状,放入锅中,加入适量清水、薄荷与绿茶叶,一起煎煮约 5 分钟即可饮用。

中華茶道

功效：可以有效解暑，改善夏季疲劳、食欲不振的症状。

4.荷花茶

材料：荷花 8 克，茶叶 10 克。

做法：将荷花与茶叶混合，以滚水冲泡，约 5 分钟后即可饮用。

功效：每天喝一次，具有解暑、排除身体热气的作用。

5.茅根茶

材料：白茅根、茶叶各 8 克。

做法：将白茅根与茶叶混合，以滚水煎煮 10 分钟后即可饮用。

功效：每天喝一次，具有生津止渴的作用，还有解毒疗效，可以改善夏季缺水的症状。

6.柠檬茶

材料：柠檬汁、茶叶各 12 克，蜂蜜适量。

做法：将茶叶以滚水冲泡成茶汁，将茶汁与柠檬汁、蜂蜜混合，晾凉后即可饮用。

功效：解除暑热口渴的症状，有效地解暑。

7.西瓜茶饮

材料：西瓜汁 180 毫升，绿茶 4 克。

做法：将绿茶加入适量清水煎煮成茶汁，加入西瓜汁一起拌匀即可饮用。

功效：解毒，有效清热解暑，帮助生津止渴。

8.丝瓜绿茶

材料：丝瓜汁 120 克，绿茶适量，盐适量。

做法：丝瓜去皮后，切成片状。将丝瓜放入锅中，加入适量清水煮滚。加入绿茶叶一起煮后，加入盐调味即可。

功效：有效地帮助解暑，还可以解除夏季中暑症状。

9.盐茶

材料:茶叶 10 克,食盐 5 克。

做法:用沸水 1000 毫升,冲泡溶解,待凉饮用。

功效:清热解暑,生津止渴,用于预防中暑、中暑后口渴。

10.玉竹麦冬生津茶

材料:玉竹、麦竹各 5 克。

做法:将以上药物切成小碎块,并置入容器内,用沸水冲泡,盖闷 10~15 分钟去渣取汁备用。代茶饮,边饮边加沸水,每日上午和下午各泡服 1 剂。

功效:养阴生津,主治暑热或邪热伤及肺胃,津液耗伤的口干唇焦,口渴喜饮,引饮无度,心中烦躁,舌红少津。

注意:本药茶宜凉饮。饮用期间,忌吃辛辣食物。

11.麦冬乌梅止渴茶

材料:麦冬 5 克,乌梅 3 枚。

做法:将以上药物切成小碎块,并置入容器内,用沸水冲泡,盖闷 10~15 分钟去渣取汁备用。代茶饮,边饮边加沸水,每日上午、下午和晚上各泡服 1 剂。

功效:生津止渴。主治暑热或热病伤及胃阴所致的咽干口渴,引饮无度,心中烦热。

注意:本药茶凉饮其疗效较佳。饮用期间,忌吃辛辣燥火的食物。

12.竹叶清热除烦茶

材料:竹叶、麦冬各 5 克,知母 3 克。

做法:将知母掰成小碎块,与其他药一起置入容器里,用沸水冲泡,盖闷 10~15 分钟去渣取汁备用。代茶饮,边饮边加沸水,直到药味清淡。每日上午和下午各泡服 1 剂。

功效:清暑益气,养阴除烦。主治暑热内陷所致的烦渴,症见高热心烦,口渴思饮,舌红,脉洪大。

注意:饮此茶期间,忌食各种辛辣燥火之物。

13.藿香佩兰茶

材料:茶叶6克,藿香、佩兰各9克。

做法:将上药置入容器里,用沸水冲泡,盖闷10~15分钟去渣取汁备用。代茶饮。

功效:解暑,止吐泻。

注意:饮此茶期间,忌食各种辛辣燥火之物。

14.消暑止渴茶

材料:百药煎、细陈茶各等分,乌梅肉适量。

做法:将上药置入容器里,用沸水冲泡,盖闷10~15分钟去渣取汁备用。代茶饮。

功效:消暑止渴。

注意:饮此茶期间,忌食各种辛辣燥火之物。

15.藿香花茶

材料:茉莉花、青茶各3克,藿香、荷叶各6克。

做法:沸水浸泡,代茶饮。

功效:治疗夏季暑湿,发热头胀,胸闷。

注意:饮此茶期间,忌食各种辛辣燥火之物。

16.三叶青蒿茶

配方:青竹叶1把,鲜藿香叶30克,青蒿15克,茶叶10克。

做法:将上药水煎汁或用沸水冲泡,盖闷10~15分钟即可,取汁冲泡茶叶饮用。代茶饮。

功效:治疗中暑、高热、胸闷恶心等。

注意:饮此茶期间,忌食各种辛辣燥火之物。

17.大青银花茶

材料:大青叶20克,金银花15~30克,茶叶5克。

做法:将上药水煎汁或用沸水冲泡,盖闷 10~15 分钟后取汁。代茶饮。

功效:解暑热。

注意:饮此茶期间,忌食各种辛辣燥火之物。

18.冰红茶

材料:红茶适量。

做法:将上药水煎取汁或用沸水冲泡,盖闷 10~15 分钟后取汁。代茶饮。

功效:解暑热。

注意:饮此茶期间,忌食各种辛辣燥火之物。

19.银花香薷暑感茶

材料:金银花、香薷各 5 克,茉莉花茶 2 克。

做法:将以上药物切成小碎块,并置入容器里,用沸水冲泡,盖闷 10~15 分钟去渣取汁备用。代茶饮,边饮边加沸水。每日上午、下午和晚上各泡服 1 剂。

功效:清热解暑。主治暑热之邪袭扰卫表,症见头昏痛,微发热,口干口渴,咽痛,小便短赤,舌红少津。

注意:本药茶宜凉饮。饮用期间,应当注意保暖,避免伤风受凉。

20.淡竹叶茶

材料:茶叶、淡竹叶各 6 克。

做法:以沸水冲泡盖闷片刻,趁热饮用,每日 2~3 次饮服。

功效:清热,除烦,利尿。适用于中暑,尤宜于防治暑热心烦、口渴喜饮、小便短少等。

注意:饮此茶期间,忌食各种辛辣燥火之物。

泄泻

泄泻又称腹泻,一年四季都可以发生,是指排便次数增多,粪便稀薄,甚至如水样。其主要病变在脾胃与大小肠,为急慢性肠炎、肠结核、胃肠神经功能紊乱等病症之主要临床表现。

1.芪连茶

材料:黄芪 5 克,黄连 2 克。

做法:将黄芪和黄连切成小碎块,并置入容器内,沸水冲泡,盖闷 15～20 分钟去渣取汁备用。代茶饮,边饮边加沸水。每日上午、下午和晚上各泡服 1 剂。

功效:益气固肠,清热燥湿。主治中气下陷、湿热下注的肠炎,症见大便日行数次,清稀如水,腹隐痛,气短懒言,神疲倦怠。

注意:饮此茶期间,忌吃生冷、油腻、辛辣和不易消化的食物。

2.椒术茶

材料:花椒 2 克,白术 5 克。

做法:将白术切成小碎块,与花椒一起置入容器内,用沸水冲泡,盖闷 15～20 分钟去渣取汁备用。代茶饮,边饮边加沸水。每日上午和下午各饮 1 剂。

功效:温中运脾,除湿止泻。主治脾不运湿所致的慢性肠炎,症见大便溏泻,日行数次,脘腹隐痛,不思饮食,口腻泛甜,苔白腻。

注意:饮此茶期间,忌吃生冷和不易消化的食物。

3.粟壳枣肉茶

材料:罂粟壳、甘草各 3 克,陈皮 5 克,砂仁 6 克,沱茶 2 克。

做法:将砂仁切成小碎块,与其他药一起置入容器内,用沸水冲泡,盖闷 15～20 分钟去渣取汁备用。代茶饮,边饮边加沸水。每日上午和下午各泡服 1 剂。

功效:调理脾胃,涩肠止泻。主治脾胃不调,水湿不运的慢性胃肠炎,症见呕吐恶心,泄泻不止,日久不愈,不思饮食,食入反胀。

注意:本药茶宜热饮。饮用期间,忌吃生冷和油腻的食物。实热之泄泻,忌用本药茶。

4.砂姜暖脾茶

材料:砂仁、干姜、茯苓各5克,陈皮3克。

做法:将砂仁砸碎,将干姜、陈皮和茯苓切成小碎块,同时置入容器内,用沸水冲泡,盖闷10～15分钟去渣取汁备用。代茶饮,边饮边加沸水。每日上午和下午各饮1剂。

功效:暖脾散寒,升清止泻。主治脾胃虚寒,清阳下陷的慢性肠炎,症见下利清谷,滑脱不止,四肢不温,腹部冷痛,舌淡白,脉沉弱。

注意:本药茶宜热饮。饮用期间,忌吃生冷食物并注意腹部保暖。

5.补骨姜枣茶

材料:补骨脂3克,生姜5克,大枣5枚。

做法:将补骨脂和生姜捣烂,将大枣切碎去核,同时置入容器内,用沸水冲泡,盖闷15～20分钟去渣取汁备用。代茶饮,边饮边加沸水。每日上午和晚上各泡服1剂。

功效:补肾健脾。主治肾阳不足,脾土失温和慢性肠炎,症见每日清晨泄泻,不思饮食,肢冷畏寒,肚腹隐痛。

注意:饮此茶期间,忌吃生、冷、硬及油腻的食物。大便干结者不宜用本药茶。

6.清食清肠茶

材料:神曲、麦芽、山楂、白术各9克,乌梅12克,红茶1克。

做法:将上药水煎取汁或用沸水冲泡,盖闷15～20分钟去渣取汁备用。代茶饮,每日1剂,连服3日。

功效:开胃消食,涩肠止泄。治疗泄泻,急性肠炎,消化不良。

7.止泄红糖茶

材料:茶叶30克,红糖50克。

做法:先浓煎茶叶,再放入红糖,熬至茶水发黑,趁温饮用。

功效:涩肠止泄。治疗腹泻,消化不良。

8.凤眼茶

材料:凤眼(即椿牌,椿树之种荚)1把(50~100克)。

做法:加水适量,用武火煎至100毫升,加适量红(白)糖。温服,每日1剂。连服7日。

功效:健脾和胃,治疗水土不服产生的泄泻。

9.仙灵脾茶

材料:仙灵脾、炒六神曲各15克,煨木香9克,茶叶6克。

做法:上药共研为粗末,以纱布包,置于保温容器内,用沸水冲泡,盖闷15~20分钟后取汁备用。每次尽量多饮些,饮完再冲再饮。

功效:温脾助阳,暖中开胃。适用于肾阳不振以致脾胃阳虚,不能腐熟水谷,大便泄泻,日行数次,肠鸣气膇,胀痛不适;精神不振,腹部胀痛,胃口不开,纳谷甚少,或偶觉脘中有冷感,如慢性胃炎。

注意:肝胆湿热引起的纳减腹胀不宜饮用。

10.豆蔻五味子茶

材料:茶叶5克,呈茱萸10克,补骨脂、肉豆蔻、五味子各15克。

做法:将上药水煎取汁或用沸水冲泡,盖闷10~15分钟去渣取汁备用,趁热服。

功效:治疗五更泻。

11.醋茶

材料:浓醋1杯。

做法:加米醋少许,趁热服。

功效:治疗热性腹泻。

12.姜盐米茶

材料:茶叶15克,炮姜、食盐各3克,粳米30克。

做法:上药同炒至黄,水煎。趁热服用。

功效：治疗寒性水泻不止。

13.苏姜茶

材料：茶叶、生姜各15克，紫苏叶10克。

做法：将上药水煎取汁或用沸水冲泡，盖闷10~15分钟去渣取汁备用，代茶服用。

功效：治疗寒湿腹泻，消化不良。

14.荠菜花茶

材料：茶叶、荠菜茶各15~20克。

做法：将上药水煎取汁或用沸水冲泡，盖闷10~15分钟，饭前服用。

功效：防治腹泻。

15.车前子茶

材料：炒车前子(布包)10克，红茶3克。

做法：将上药水煎取汁或用沸水冲泡，盖闷10~15分钟，代茶服用。

功效：治疗腹泻。

头痛

头痛是临床常见的自觉症状之一，可单独出现，也可发生于各种急慢性疾病的过程之中。凡外感或内伤以头痛为主症者，皆可属于中医"头痛"的范畴。

1.茉莉花茶

材料：茉莉花1汤匙、冰糖适量。

做法：将茉莉花取一茶匙放入茶壶中，以滚水冲泡5分钟，加入适量冰糖调匀即可饮用。

功效：有效地舒缓与治疗头痛症状。

2.川芎茶

材料：川芎4克，茶叶5克。

做法:将川芎研磨后,加入茶叶混合,以滚水冲泡 10 分钟后即可饮用。

功效:有效地止住头痛症状,并可以消除肢体酸疼症状。

3.香蕉蜂蜜茶

材料:香蕉 150 克,绿茶叶 1 克,盐少许,蜂蜜 20 克。

做法:将香蕉与绿茶放入碗中,加入沸水浸泡。加入蜂蜜与盐搅拌冲泡 5 分钟后即可饮用。

功效:有效帮助清热,治疗头晕目眩的症状。

4.陈皮茶

材料:陈皮 12 克,绿茶叶 6 克。

做法:将陈皮与绿茶放入锅中,加入清水煎煮,煮滚后即可饮用。

功效:有效降火,治疗头晕头昏症状。

5.辣味茶

材料:辣椒 450 克,绿茶叶 8 克,胡椒、盐适量。

做法:将所有材料捣碎,加入盐拌匀。放入瓶中保存,每次取适量,冲入滚水后即可饮用。

功效:有效驱寒,治疗头痛症状。

6.橘皮红茶

材料:新鲜橘子皮 1 颗,红茶包 1 个。

调味料:冰糖。

做法:橘子皮洗干净,切成细丝,将橘子皮放入锅中,加入适量清水煮。煮滚后加入红茶包与冰糖,再煮片刻即可。

功效:舒缓头痛,赶走风寒。

橘皮红茶

7.天麻川芎茶

材料:川芎 10 克,明天麻、雨前茶各 3 克。

做法：用 1 碗酒,上 3 味药置酒中,煎至半碗,取其渣再用酒 1 碗,煎至半碗,晚服。

功效：祛风止痛。用治头风,满头作痛。

8.川芎葱白茶

材料：茶叶、川芎各 10 克,葱白 2 段。

做法：以水煎服。

功效：祛风,通阳,止痛。用治外感风寒头痛。

食欲不振、消化不良

食欲不振是由多种疾病引起的一种最常见的消化系统病症,又称食欲减退,中医称为"胃呆或纳呆",多由于功能障碍,如胃肠神经症、神经性厌食等引起,或因器质性病变,如胃肠道炎症、心力衰竭、甲状腺功能减退等而导致厌食症状。另外,吸烟过度、味觉异常、应用抗生素或抗癌等药物等也是影响食欲的原因。

消化不良一般可因胃肠道功能和器质性病变造成,多因饮食不当,受凉、过劳、睡眠不足等诱因而出现。症状为上腹满闷,不思饮食,食后腹胀不适等,属于中医"胃虚""肝胃不和"的范畴。

1.红糖茶

材料：红茶叶 8 克。

调味料：红糖 40 克。

做法：以滚水冲泡红茶,加入红糖搅拌即可饮用。

功效：有利于健胃,具有开胃解毒,帮助止泻的作用。

2.红糖蜜茶

材料：红茶 6 克,蜂蜜、红糖适量。

做法：以滚水冲泡红茶叶,加入红糖、蜂蜜搅拌均匀后即可饮用。

功效：有效帮助健胃,改善胃部虚寒症状。

3.茉莉花茶

材料:茉莉花、石菖蒲各 6 克,青茶 10 克。

做法:上药共研细末,每日 1 剂,沸开水冲泡,随意饮用。

功效:理气化湿,止痛。用治慢性胃炎、脘腹胀痛、纳谷不香。

4.茉莉玫瑰茶

材料:玫瑰花 8 克,茉莉花 8 克,绿茶叶 6 克,甘草 5 克。

做法:将玫瑰花、茉莉花与甘草放入锅中,以滚水冲泡,煮滚后加入绿茶叶冲泡即可。

功效:利于健脾胃,可帮助止泻。

5.茉莉花甘草茶

材料:绿茶 8 克,陈皮 5 克,玫瑰花 5 克,金银花 8 克,茉莉花、甘草各 3 克。

做法:将所有材料洗干净,放入杯中以滚水冲泡。15 分钟后即可饮用。

功效:具有活血、保健胃肠。有效止泻的作用。

6.苹果皮茶

材料:绿茶 2 克,苹果皮 45 克,蜂蜜 25 克。

做法:将苹果皮放入锅中,加入适量清水煎煮,煮 5 分钟后,加入蜂蜜调匀即可饮用。

功效:有效健脾补气,帮助生津止渴。

7.肉桂茶

材料:肉桂 3 克,茶叶 4 克,蜂蜜 20 克。

做法:将肉桂研磨成细碎状,加入适量清水煎煮,加入蜂蜜与茶叶煮 3 分钟后即可饮用。

功效:有效治疗脾胃虚寒的症状。

8.湖茶醋饮

材料:湖茶 10 克,头醋 20 毫升。

做法:先煎茶取液 250 毫升,加醋和匀,1 次服。

功效:和胃缓急止痛,用治年久心胃痛。

9.无花果茶

材料:无花果适量,绿茶 12 克。

做法:无花果切成小片状。将无花果与绿茶放入锅中,加入适量清水煮 10 分钟即可饮用。

功效:有效地帮助清肠,改善消化不良症状。

10.炒麦芽茶

材料:炒麦芽 25 克,茶叶 5 克。

做法:将炒过的麦芽与茶叶一起放入杯中,加入滚水冲泡 10 分钟即可饮用。

功效:有效帮助消化,改善食欲不振症状。

11.乌梅茶

材料:乌梅 10 克,茶叶 5 克,白糖适量。

做法:乌梅放入锅中,加入适量清水煮。将乌梅汁加入茶叶一起冲泡,再加入白糖调匀即可饮用。

功效:帮助消化。

12.香蕉茶

材料:香蕉 180 克,蜂蜜 20 克,绿茶 1 克,盐少许。

做法:香蕉切成细丁状,把香蕉丁与其他材料加入滚水一起冲泡 20 分钟,再加入盐调匀即可饮用。

功效:改善消化不良的症状,帮助排便通畅。

13.茶叶酱油汤

材料:茶叶 9 克,酱油半茶杯(约 30 毫升)。

做法:茶叶以水 1 杯先煮开,加酱油半杯再煮开,顿服,每日 2~3 次。

功效:消食,开胃,止痛。用治消化不良、胃脘胀痛、腹痛腹泻。

中华茶道

14.橘花茶

材料:橘花、红茶各 3 克。

做法:用白开水冲泡,每日 1 剂,代茶饮。

功效:理气和胃。用治胃脘胀痛、咳嗽痰多、嗳气呕吐、食积不化或伤食生冷瓜果等。

便秘

便秘是指粪便干燥、硬结难解,是较为常见的一种病症,分结肠性便秘和直肠性便秘两类。结肠性便秘是由食物残渣在结肠中运行过于迟缓而引起;直肠性便秘是由食物残渣在直肠中滞留过久所致。便秘可引起痔疮、肛裂,中医称为"阳结""阴结"和"脾约"等,一般将其分为热秘、气秘、虚秘和冷秘等。

1.蜜茶

材料:蜂蜜适量,茶叶 3 克。

做法:将蜂蜜与茶叶放入杯中,以滚水冲泡 5 分钟后即可饮用。

功效:改善便秘症状,有效帮助润肠通便,还可以润燥。

2.决明菊花茶

材料:决明子 8 克,菊花 8 克,茶叶 3 克。

做法:决明子研磨成细碎状,将决明子与菊花、茶叶一起放入杯中,加入沸水冲泡 5 分钟后即可饮用。

功效:有效润燥,改善便秘症状。

3.荞麦茶

材料:荞麦面 100 克,茶叶 5 克,蜂蜜 50 克。

做法:茶叶捣成细末,将茶叶末与荞麦面、蜂蜜搅拌,冲入滚水即可饮用。

功效:有效帮助降低血脂,润肠通便,改善便秘症状。

高血压、高脂血症

高血压是指动脉血压增高,特别是舒张压持续升高为特点,易造成心、脑、肾等脏器的损害。临床上分为原发性和继发性两类。高脂血症指血浆中血脂高于正常水平,胆固醇、三酰甘油、游离脂肪酸等脂质浓度超过正常范围的一种病症。由于血浆中的脂质大部分与蛋白质结合,故本症又称高脂蛋白血症,主要症状是头晕、心悸、乏力、胸闷、腹痛等。

1.番茄绿茶

材料:番茄80克,绿茶2克。

做法:将番茄洗干净后切片,加入适量水煮沸,煮3分钟后加入绿茶一起冲成茶饮。

功效:每天喝一次,具有生津止渴,帮助降低血压的效果。

2.绿豆荷叶茶

材料:干荷叶2克,绿豆5克,绿茶2克。

做法:绿豆放入锅中炒过,捣成碎末状。将荷叶与绿茶一起放入锅中,加入绿豆末和适量清水煮,煮滚后去掉渣滓,取茶饮用即可。

功效:有效清热、降低血脂、帮助降压。

3.山楂菊花茶

材料:山楂15克,菊花15克,决明子15克。

做法:将三种材料一起洗干净放入锅中,将锅中放入清水,把材料煎煮成茶饮。

功效:有效地降低血脂,改善血脂过高的症状。

4.茉莉玫瑰茶

材料:玫瑰花5克,茉莉花5克,绿茶10克。

做法:将上述三种材料洗干净,放入杯中,冲入沸水,焖约10分钟即可饮用。

功效:有效地活血,帮助降低血脂。

5.乌龙决明茶

材料:决明子2克,荷叶6克,乌龙茶6克。

做法:决明子放入锅中炒干,荷叶切成细片。将乌龙茶与上述两种材料放入杯中冲入沸水,焖约10分钟即可饮用。

功效:有效地消除血脂过高症状。

6.菊花山楂茶

材料:菊花、山楂、茶叶各10克。

做法:用沸水冲沏,代茶,每日1剂,常饮。

功效:清热、降痰、消食健胃、降脂。用治高血压、冠心病及高脂血症。

7.杜仲茶

材料:杜仲叶、高级绿茶各6克。

做法:用开水冲泡,加盖5分钟后饮用,每日1次。

功效:补肝肾,强筋骨,降压。最适宜高血压合并心脏病患者饮用。

8.菊槐茶

材料:菊花、槐花、绿茶各3克。

做法:以沸水冲沏,待浓后饮用,每日代茶常饮。

功效:清热散风,降压。用治高血压眩晕。

痛经

痛经是指女性患者在月经前或行经期间发生难以忍受的下腹疼痛,甚至影响生活和工作。疼痛常为阵发性或持续性而有阵发加剧,有时放射至阴道、肛门及腰部并引起尿频及排便感。严重时,面色苍白、手足冰凉、出冷汗、恶心、呕吐、甚至昏厥。一般都在经血畅流后,少数在有膜状物排出后腹痛缓解。

1.桃红归芍茶

材料:桃仁、当归、白芍各 5 克,红花 3 克。

做法:将桃仁砸碎,当归和白芍切成小碎块,与红花一起置入容器内,沸水冲泡,盖闷 15~20 分钟去渣取汁备用。代茶饮,边饮边加沸水,每日上午和下午各泡服 1 剂。

功效:化瘀止痛。主治瘀血内停,气血不畅所致的痛经,症见经行前小腹疼痛,拒按不适,行经困难,经量稀少,紫暗有血块。

注意:每次月经来潮前 3 日开始饮用,经行痛减后即可停药,连续饮用 3~6 个月经周期。饮用期间,忌吃生冷食物,避免动怒生气。孕妇忌用本药茶。

2.山楂红糖茶

材料:山楂 50 克,红糖 40 克。

做法:先水煎山楂,滤取浓山楂汁,加入红糖调匀备用。趁温饮之。

注意:每月行经前 3 日开始饮用本药茶,行经后即可停用。饮此茶期间,忌吃生冷食物。

3.当归艾叶茶

材料:当归 30 克,生艾叶 15 克,红糖 60 克。

做法:上药煎熬取 3 碗。用 3 次温服,在经期服。

功效:温经止痛。治疗经行腹痛,下腹凉,手足不温。

注意:每月行经前 3 日开始饮用本药茶,行经后即可停用。饮此茶期间,忌吃生冷食物。

4.泽兰通经茶

材料:绿茶 1 克,泽兰 15 克。

做法:将绿茶与泽兰一同放入容器中(有磁化容器则更佳),用沸水冲泡,盖闷 5 分钟后饮服。如用磁化容器泡沏,则于 30 分钟后服用。代茶饮。

功效:健脾舒肝,活血化瘀,通经止痛。适用于气滞血瘀型痛经,症见小腹胀痛拒按,经行下畅,经色紫暗,夹有血块,块下痛减;经后腹痛消失,胸胁乳胀,面色暗滞,情绪抑郁,苔薄,舌质紫,舌边有瘀点,脉弦。

注意:每月行经前 3 日开始饮用本药茶,行经后即可停用。饮此茶期间,忌吃生冷食物。

5.月季花茶

材料:鲜月季花 15 克,茶叶 5 克。

做法:夏秋季节采收半开放的花朵与茶叶混匀,每日 1 次,沸水冲泡,代茶服,连续数次。

功效:活血调经,适用于月经不调,经来腹痛。

注意:每月行经前 3 日开始饮用本药茶,行经后即可停用。饮此茶期间,忌吃生冷食物。

6.益母茶

材料:绿茶 1 克,益母草 20 克。

做法:上药捣碎,置保温容器中,冲入沸水适量,盖闷 10 分钟去渣取汁备用。代茶饮用。

功效:治疗痛经,高血压,功能性子宫出血。

注意:每月行经前 3 日开始饮用本药茶,行经后即可停用。饮此茶期间,忌吃生冷食物。

7.泽兰茶

材料:绿茶 1 克,泽兰叶 10 克。

做法:上药捣碎,置保温容器中,冲入沸水适量,盖闷 10 分钟去渣取汁备用。代茶饮用。

功效:治疗原发性痛经。

注意:每月行经前 3 日开始饮用本药茶,行经后即可停用。饮此茶期间,忌吃生冷食物。

8.二花茶

材料:玫瑰花、月季花各 9 克,红茶 3 克。

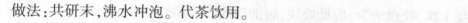

做法:共研末,沸水冲泡。代茶饮用。

功效:治疗痛经和闭经。

注意:每月行经前 3 日开始饮用本药茶,行经后即可停用。饮此茶期间,忌吃生冷食物。

月经不调

月经不调,泛指月经的周期、血量、血色、经质异常的病症。临床常见的月经先期、月经后期、月经无后不定期、月经过多、月经过少等。均属月经不调。(1)月经先期:月经周期提前 7 日以上,又称经期超前或经行先期;(2)月经后期:月经周期延后 7 日以上;(3)月经先后不定期:月经周期提前或延后 7 日以上,气血紊乱,时而超前时而错后;(4)月经过多:经量多于平时,或经来时间过长;(5)月经过少:经量少于平时,或排血时间短,月经期仅持续 1~2 日者。

1.当归疏肝茶

材料:当归、柴胡各 5 克,栀子 3 枚。

做法:将栀子砸碎,当归切成小碎块,与柴胡一起置入杯内,沸水冲泡,盖闷 15~20 分钟去渣取汁备用。代茶饮,边饮边加沸水,每日上午和下午各泡服 1 剂。

功效:养血、舒肝、调经。主治肝郁化火,热迫血行的月经先期,症见每次月经提前 7~10 日,经色鲜红,经血量多,舌红,脉细数。

注意:每次行经前 10 日开始饮用本药茶,经行干净后停药,宜连续饮用 3~6 个周期。

2.二仁茶

材料:火麻仁、桃仁各 5 克。

做法:将以上药物砸碎,并置入容器内,沸水冲泡,盖闷 15~20 分钟去渣取汁备用,代茶饮,边饮边加沸水,每日上午和下午各泡服 1 剂。

功效:养血化瘀。主治血虚瘀阻的月经不调,症见月经每 3~5 个月行经 1 次,经血清少,但见瘀块,腹部隐痛。

注意:每次行经前 7 日开始饮用本药茶,来潮后即可停药。饮用期间,忌吃生冷食物。

3.泽兰益母茶

材料:泽兰、益母草、香附各 5 克。

做法:将香附砸碎,与其他药一起置入容器内,用沸水冲泡,盖闷 15~20 分钟去渣取汁备用,代茶饮,边饮边加沸水,每日上午和下午各泡服 1 剂。

功效:活血、舒肝、调经。主治肝不条达,气滞血瘀的月经不调,症见月经或先或后,经量或多或少,经血或清或稠,少腹疼痛。

注意:每次行经前 3 日开始饮用本药茶,经行后次日即可停药,宜连续饮用 3~6 个周期。孕妇忌用本药茶。

4.散寒茶

材料:当归、小茴香各 5 克,干姜 3 克,肉桂 2 克。

做法:将当归、干姜和肉桂切成小碎块,与小茴香一起置入容器内,沸水冲泡,盖严容器盖,15~20 分钟去渣取汁备用。代茶饮,边饮边加沸水,每日上午和下午各泡服 1 剂。

功效:散寒止痛,化瘀通经。主治寒滞冲任,经行不畅的痛经,症见每次经行前少腹疼痛,得寒则剧,遇暖则舒。

注意:本药茶宜热饮。每次行经前 3 日开始饮用本药茶,经行痛缓后即可停药,宜连续饮用 3~6 个周期。饮用期间,忌吃生冷食物。

5.归地调经止血茶

材料:当归、生地、侧柏叶各 5 克,艾叶 3 克。

做法:将当归和生地切成小碎块,与其他药一起置入容器内,用沸水冲泡,盖闷约 20 分钟去渣取汁备用。1 剂泡 1 次,1 次饮完,每日上午、下午和晚上睡觉前各饮 1 剂。

功效:调和冲任,摄经止血,主治冲任气虚,不能统摄经血所致的月经绵绵不止,症见月经过多,绵绵不止,经血色淡,舌淡白,脉弱。

注意:本药茶适于每次行经后次日开始饮用,经血止即可停用。

6.调经逍遥茶

材料:当归、柴胡各 5 克,白芍、香附各 3 克。

做法:将当归、白芍和香附切成小碎块,与柴胡一起置入容器内,用沸水冲泡,盖闷 20 分钟去渣取汁备用。代茶饮,边饮边加沸水,直至药味清淡。每日上午和下午各泡服 1 剂。

功效:舒肝解郁,养血调经。主治肝气郁滞所致的月经不调或痛经,症见行经或提前或延后,来潮前腹部疼痛,腰骶酸胀,乳房胀痛,舌淡,脉弦。

注意:本药茶应于每次行经前 3 日开始饮用,来潮 3 日后即可停药。饮用本药茶期间,忌食生冷食物。

7.八角红糖茶

材料:八角茴香 15 克,红糖 30 克。

做法:上药捣碎,置保温容器中,冲入沸水适量,盖闷 10 分钟。或水煎取汁。代茶饮。

功效:补气活血,调经止痛。治疗身体虚弱,月经不调,经期少腹胀痛。

8.月季茶

材料:月季花 30 克,红花、当归各 9 克。

做法:上药捣碎,置保温容器中,冲入沸水适量,盖闷 10 分钟或水煎取汁。代茶饮,每日 1 剂。

功效:活血调经,治疗月经不调。

9.橘叶艾叶茶

材料:鲜橘叶、红糖各 30 克,艾叶 6 克。

做法:上药捣碎,置保温容器中,冲入沸水适量,盖闷 10 分钟或水煎取汁。代茶饮,每日 1 剂,连服 1 周为 1 个疗程。

功效:理气活血,调经止痛。治疗经前乳胀,经期延后,行经不畅,经期腹痛。

更年期综合征

更年期是卵巢功能逐渐衰退到最后消失的一个过渡时期,在此期间,最突出的征象是月经发生变化乃至绝经。绝经的年龄因人而异,一般在 45~50 岁。部分妇女在绝经前后会出现一些因雌激素减少引起的自主神经系统功能失调症状,诸如阵发性烘热、出汗、胸闷、气短、心悸、眩晕、血压忽高忽低等心血管症状,以及易于激动、紧张,有时忧郁、易哭,有皮肤异样感觉等精神神经症状。

1.更年降火茶

材料:苦丁茶、菊花各 3 克,莲心 1 克,枸杞子 10 克。

做法:共放入容器中,以沸水冲泡,盖闷 10 分钟后即成。代茶频频饮用,可复泡 3~5 次。

功效:滋阴降火。适用于阴虚火旺型更年期综合征,症见头晕目眩,耳鸣耳聋,头面部烘热或潮热,五心烦热,烦躁易怒,腰膝酸软,阵发汗出,口干、便秘,小便黄,月经紊乱,经量时多时少,或见绝经,舌质红,稍苦,脉弦或脉细数。

2.佛手解郁茶

材料:绿茶 2 克,佛手花 5 克。

做法:将佛手花、绿茶同置入容器中,以沸水冲泡,盖闷 10 分钟即成。代茶频饮,可复泡 3~4 次饮服。

功效:疏肝理气,解郁散结。适用于肝郁气滞型更年期综合征。

视力减退

视力减退包括近视眼、夜盲症等,是指视力逐渐下降的症状,大致可分为两种性质不同的类型:一类是眼部疾病所引起;另一类与屈光不正有关。

1.菊花龙井茶

材料:龙井茶叶4克,菊花12克。

调味料:冰糖。

做法:将两种材料放入杯中,以滚水冲泡,加入适量的冰糖调匀饮用。

功效:有效地明目,帮助身体消除多余的体热,防止肝火过旺。

2.杞子茶

材料:红茶3克,枸杞12克。

做法:将两种材料放入杯中,以滚水冲泡。

功效:可以补肝肾,具有保健眼睛的作用,还可以治疗体质虚弱的症状。

3.盐茶

材料:茶叶3克,盐1克。

做法:茶叶放入杯中,以滚水冲泡,将盐放入茶叶中混合即可饮用。

功效:可以保健眼睛,改善眼部红肿的症状。

4.杞菊茶

材料:枸杞子、白菊花各10克,优质绿茶3克。

做法:将上药放入容器,冲入沸水,加盖闷泡15分钟。每日1剂,分数次饮服,连服15~30日见效。

功效:养肝滋肾,疏风明目。适于视力衰退、夜盲及青少年近视眼患者饮用。

注意:饮用期间,注意用眼卫生,不在昏暗光线下看书,少看电视,并宜多吃动物肝脏。

5.茉莉花茶

材料:茉莉花500克。

调味料:冰糖。

做法:将茉莉花放入杯中,加入适量滚水冲泡,将冰糖放入杯中调匀即可饮用。

中華茶道

功效:有效保护眼睛,防止视力衰退。

6.苦瓜茶

材料:新鲜苦瓜 1 条,茶叶适量。

做法:苦瓜去瓤,切成小块状,将苦瓜块与茶叶混合,每天取出 2 汤匙放入保温杯中,以滚水冲泡即可饮用。

功效:可以有效地保健眼睛,还可以有效解毒、去湿。

7.枸杞茶

材料:枸杞子 20 克。

做法:将上药放入容器,冲入沸水,盖闷泡 20 分钟,代茶饮用。每日 1 剂,频频冲泡饮服,连服 15~30 日见效。

功效:养肝明目,补肾益精。适于视力减退、老年性羞明、夜盲症的患者饮用。

注意:饮此茶期间,宜多吃动物肝脏。

8.女贞沙菀明目茶

材料:女贞子、沙菀蒺藜、菊花各 5 克。

做法:将女贞子砸碎,沙菀藜切碎,与菊花一起置入容器内,用沸水冲泡,盖闷 10~15 分钟,去渣取汁备用。代茶饮,边饮边加沸水。每日上午和下午各泡服 1 剂。

功效:滋肾养肝,益精明目。主治肝肾阴虚,眼目失养而致的视物昏花,模糊不清。

注意:饮此茶期间,宜多吃动物肝脏。

9.五味子蜜茶

材料:绿茶 1 克,北五味子(炒焦)4 克,蜂蜜 25 克。

做法:绿茶、北五味子捣碎,置保温容器中,冲入沸水适量,盖闷 10 分钟或水煎取汁,再调入蜂蜜去渣取汁备用。代茶饮。

功效:治疗目眩和视力减退。

注意:饮此茶期间,宜多吃动物肝脏。

牙痛

牙痛是常见症状之一,可由龋病、牙周炎、急性智牙冠周炎、牙釉重度磨耗、牙颈部楔状缺损等多种牙源性病症引起,也可由三叉神经痛、上颌窦炎、颌骨肿瘤等非牙源性疾病引起。

1.蒲公英茶

材料:蒲公英 25 克,绿茶 6 克。

调味料:白糖 10 克。

做法:将蒲公英洗干净,切成细碎状,加入绿茶,以滚水一起冲泡,再加以适量白糖调匀即可饮用。

功效:治疗牙龈肿痛,或是防止牙龈出血症状。

2.盐茶

材料:绿茶 5 克。

调味料:盐 2 克。

做法:将茶叶以滚水冲泡约数分钟,加入盐搅拌调匀即可饮用。

功效:可治疗牙周疾,并舒缓牙痛症状。

3.醋茶

材料:茶叶 3 克,陈醋 2~3 滴。

做法:将滚水冲泡茶叶 5 分钟,将茶叶过滤掉,加入陈醋搅拌均匀即可饮用,每天可饮用两次。

功效:可有效治疗牙痛症状。

4.沙参细辛茶

材料:沙参 30 克,细辛 3 克。

做法:上药研为粗末,以纱布包,置保温容器中,冲入沸水适量,盖闷 15 分钟。频频代茶饮用,1 日内饮完。

功效:养阴清热,散火止痛。适用于胃阴不足、胃火上炎引起的牙痛和口疮。

注意:脾胃虚寒或肾阳不足之浮火而致的牙痛、口疮患者不宜服用。

5.苍耳含漱牙痛茶

材料:苍耳子10克。

做法:将本药砸碎,并置入容器内,用沸水冲泡,盖闷15分钟左右去渣取汁备用。服用时,先将药液在口中含漱片刻,再慢慢咽下,每日上午和下午各泡服1剂。

功效:祛风止痛。主治风寒或风热上攻导致的牙痛病,症见牙龈红肿,疼痛难忍。

注意:饮用期间,忌饮酒及吃辛辣食物。本药茶不宜长久饮服,最多服用2~3日。

6.独活含漱牙痛茶

材料:独活、生地各5克,升麻3克。

做法:将以上药物切成小碎块,并置入容器内沸水冲泡,盖闷15~20分钟,去渣取汁备用。先含药液在口中片刻,再慢慢咽下。每日上午和下午各泡服1剂。

功效:散风止痛。主治风火上炎所致的牙痛,症见牙龈红肿,牙根浮动,疼痛难忍。

注意:本药茶宜稍凉含漱,以口感舒适为度。饮用期间,忌吃辛辣燥火食物。

慢性咽喉炎

慢性咽炎系咽黏膜的慢性炎症,常为呼吸道慢性炎症的一部分。主要症状是自觉咽部不适,干、痒、胀,分泌物多而灼痛,易恶心,有异物感,咯之不出,吞之不下,以上症状在说话稍多、过食刺激性食物后、疲劳或天气变化时加重,呼吸及吞咽均畅通无阻。

慢性喉炎一般为急性喉炎反复发作,或急性喉炎治疗不当,经常大声喊叫,言语或烟酒过度等所引起,患者以声音嘶哑为主要症状,常伴咽干痛,痰黏,有异物感,言语乏力,甚至多言后失音。

1.甘草茶

材料:金银花6克,甘草6克。

调味料:冰糖。

做法:将金银花与甘草放入清水浸泡片刻,将金银花与甘草放入锅中,加水煎煮8分钟即可。

功效:有效地清热解毒,帮助缓和喉咙的疼痛,有效地解除喉咙发炎不适。

2.胖大海茶

材料:绿茶4克,橄榄4克,胖大海3颗。

调味料:蜂蜜1匙。

做法:将橄榄放入水中煮沸,在橄榄水中冲泡胖大海与绿茶,最后加入蜂蜜即可。

功效:清除肺部的热气,有利于帮助消炎,改善喉咙疼痛症状。

3.菊花麦冬茶

材料:菊花、麦冬、金银花各10克。

做法:将所有材料洗干净,放入茶杯中,用滚水冲泡即可饮用。

功效:具有清热解渴的功效,可以改善咽喉疼痛,缓解发炎症状。

4.橘子茶

材料:橘子6克,茶叶3克。

做法:橘子瓣外膜拨除,切成小块状。将茶叶与橘子块放入杯中,加入滚水冲泡。

功效:去咳止痰,去除身体的湿气,保护喉咙。

5.橄榄乌梅茶

材料:橄榄 6 颗,乌梅 3 克,绿茶 4 克。

调味料:白糖 8 克。

做法:锅中放入清水把所有材料放入锅中煎煮,将渣滓过滤掉取茶汁饮用即可。

功效:有效地帮助消肿止痛,解除咽喉疼痛症状。

6.双叶盐汤

材料:茶叶、苏叶各 3 克,食盐 6 克。

做法:先用砂锅炒茶叶至焦,再将食盐炒呈红色,同苏叶加水共煎汤服。每日 2 次。

功效:清热、宣肺、利咽,用治因外感引起的声音嘶哑等症。

7.蝉蜕茶

材料:蝉蜕 5 克,绿茶 10 克。

做法:将上 2 味放入茶壶内,用沸水冲泡,随饮随泡。

功效:疏风清热,利咽开音。用治风热喉痹失音、急慢性咽炎。歌唱演员常饮,可保持嗓音清亮、不哑。

8.丝瓜茶

材料:丝瓜 200 克,茶叶 5 克。

做法:将茶叶用沸水冲泡,取汁。把丝瓜洗净、切片,加盐煮熟,倒入茶汁,拌匀服食。

功效:化痰、清热、凉血。用治咽炎、喉炎、扁桃体炎。

9.乌梅薄荷茶

材料:绿茶、薄荷、甘草各 3 克,乌梅 6 克。

做法:以沸水冲泡盖闷 10 分钟。代茶频饮,每日 1 剂,15 日为一个疗程。一般可服 1~3 个疗程。

功效:清热解毒,利咽消炎。适用于慢性咽炎。

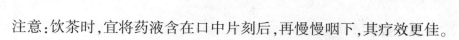

注意:饮茶时,宜将药液含在口中片刻后,再慢慢咽下,其疗效更佳。

10.青果茶

材料:藏青果6枚,茶叶3克。

做法:洗净捣碎,白开水冲泡。代茶饮,1次1剂,每日1次。

功效:清热生津,利咽解毒。适用于慢性咽喉炎。

注意:饮茶时,宜将药液含在口中片刻后,再慢慢咽下,其疗效更佳。

11.薄桔铁笛茶

材料:薄荷、桔梗各5克,连翘3克,胖大海1个。

做法:将以上药物置入容器内,用沸水冲泡,盖闷15~20分钟去渣取汁备用。代茶饮,边饮边加沸水,直至药味清淡。每日上午、下午和晚上睡前各饮1剂。

功效:疏风清热,祛痰利音。主治风热闭肺或痰火壅肺所致的音哑,症见声音突然嘶哑,甚至不能发音,咽喉干燥不适,口干,舌红。

注意:饮此茶期间,尽量少讲话以保护嗓音,同时,应适当添加衣被避免感冒。

12.二花桔萸茶

材料:月季花、玫瑰花、绿茶各3克,桔梗、山萸肉各6克。

做法:共研末,以纱布包,用沸水冲泡。代茶饮。

功效:治疗慢性咽喉炎。

注意:饮此茶期间,应少吃辛辣食品,忌抽烟,避免高声长时间说话。

13.二绿女贞茶

材料:绿萼梅、绿茶、橘络各3克,女贞子6克。

做法:沸水冲泡,代茶饮。

功效:治疗慢性咽喉炎。

注意:饮此茶期间,应少吃辛辣食品,忌抽烟,避免高声长时间说话。

14.苏叶盐茶

材料:绿茶 3 克,苏叶、精盐各 6 克。

做法:上药捣碎,置保温容器中,冲入沸水适量,盖闷 10 分钟或水煎取汁。代茶饮。

功效:治疗声音嘶哑。

注意:饮此茶期间,应少吃辛辣食品,忌抽烟,避免高声长时间说话。

15.橄竹梅茶

材料:咸橄榄 5 个,乌梅 2 个,竹叶、绿茶各 5 克,白糖 10 克。

做法:上药捣碎,置保温容器中,冲入沸水适量,盖闷 10 分钟或水煎取汁。代茶饮。

功效:治疗久咳失音。

注意:饮此茶期间,应少吃辛辣食品,忌抽烟,避免高声长时间说话。

16.罗汉果茶

材料:罗汉果 20 克,绿茶 1 克。

做法:沸水冲泡,代茶饮。

功效:治疗咽喉炎。

注意:饮此茶期间,应少吃辛辣食品,忌抽烟,避免高声长时间说话。

17.金银花茶

材料:茶叶、金银花各 6 克。

做法:沸水冲泡,代茶饮。

功效:治疗咽喉炎。

注意:饮此茶期间,应少吃辛辣食品,忌抽烟,避免高声长时间说话。

强身滋补茶方

1.人参桂圆茶

材料:人参 15 克,桂圆 30 克,茶叶 15 克。

做法:将人参与桂圆切成细碎状。将上述材料与茶叶一起拌匀,以沸水冲泡 5 分钟即可饮用。

功效:强健身体、补充元气,还可以帮助健脑。

黄芪红茶

2.黄芪红茶

材料:黄芪 15 克,红茶 2 克。

做法:将适量清水放入锅中,加入黄芪一起煮。把红茶叶放入一起煮约 5 分钟后,即可饮用。

功效:有效补气健胃,可改善身体虚弱的症状。

3.冬虫夏草茶

材料:冬虫夏草 5 克,红茶适量。

调味料:蜂蜜适量。

做法:把冬虫夏草放入锅中,煎煮半小时。将红茶叶放入一起煮约 5 分钟后,加入蜂蜜调匀即可饮用。

功效:有效强健身体,改善体虚症状。

4.元气茶

材料:黄芪 8 克,人参 6 克,肉桂 3 克,生姜 1 片,甘草 2 克。

做法:将所有的材料放入清水中浸泡 2 小时。将泡好的材料放入锅中,以小火煎煮半小时后即可饮用。

功效:有效补气,改善体虚与元气不足的症状。

5.四神茶

材料:黄芪 10 克,金银花 10 克,当归 20 克,甘草 6 克。

做法:将所有材料洗干净,放入杯中,以滚水冲泡 15 分钟后即可饮用。

功效:有效补充体力,治疗体虚症状,还可以帮助清热解毒。

6.酥油茶

材料:酥油(即奶油,系以鲜乳提炼而成)150 克,砖茶适量,精盐适量,牛奶 1 杯。

做法:先把酥油 100 克、约 5 克盐和牛奶 1 杯倒入干净的茶桶内,再倒入约 2 公斤熬好的茶水。然后用细木棍上下抽打 5 分钟,再放进 50 克酥油,再抽打 2 分钟。打好后,倒进茶壶内加热 1 分钟左右(不可煮沸,否则茶油分离,不好喝)即可。倒茶饮用时轻轻摇匀,使水、乳、茶、油交融,更加香美可口。

功效:有提神、滋补之功。病后体弱者,常饮酥油茶,可增强食欲,增强体质,加快康复。老人常饮,可增加活力。产妇多饮,可增乳汁,补身体。

7.牛乳红茶

材料:鲜牛乳 100 克,红茶、食盐各适量。

做法:将红茶用水熬浓汁,再把牛乳煮沸,盛在碗里,掺和红茶,调入食盐。每日 1 次,空腹服。

功效:益气填精。令人体健而润泽,是滋补佳品。

第三节　幽香茶膳

中国是茶叶的原产地,也是发现和利用茶叶最早的国家。从吃茶树鲜叶,到煮粥,到加辅料,到成为食品,直到今天独树一帜的膳食——茶膳,经历了几千年。茶膳是将茶作为食品、菜肴、小点和饮料的制法和食用方法的

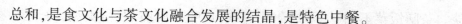

总和,是食文化与茶文化融合发展的结晶,是特色中餐。

茶膳具有多种形式:一是早膳茶,可供应热饮和冷饮红茶、绿茶、乌龙茶、花茶、八宝茶、茶粥、茶面、茶奶、茶包、茶饺、茶蛋糕、茶饼干、炸茶元宵等;二是茶快餐和套餐,可供茶面、茶饺、茶包、茶蛋玉屑等,汤可选一碗茶汤、一杯茶、一盒茶饮料;三是家常茶菜、茶饭,如熏茶笋、茗香排骨、松针枣、春芽龙须、鸡丝面等;四是特色茶宴,如婚礼茶宴、生辰茶宴、毕业茶宴、庆功茶宴、春茶宴等;五是茶膳自助餐,可供应冷热菜80多种,茶饮、汤品40多种,茶冰激凌多种,还可自制茶香沙拉、茶酒等。不管是哪种形式,茶膳总的分类不外乎茶叶食品、茶叶菜肴、茶叶小点、茶汤茶粥和茶叶酒水五大类。

茶叶之所以能成为膳食,是由于茶叶可食,有营养,能保健治病,并且能同各种食物组合提高其营养和保健功能,中国食疗已有3000多年的悠久历史,茶疗则更长。在这漫长的时间里,人们不断地总结了通过饮食所达到的疗效,确定了食疗理论和经验,发展和创立了"药膳""茶膳""花膳"等不同特点的膳食。

茶膳分为食、肴、汤、点和酒水。食就是主食,或俗称饭,如茶米饭、茶面条、雨花麻饼、碧螺春卷、翠芽菜泡饭、茶饺等。肴就是菜肴,主要是指炒菜,茶膳的"肴"如:茶香猪排、银针悬宝、碧螺戏虾、霸王赏菊、毛峰蒸鱼、雨茶蛇排、乌龙烧大排、鲍鱼护碧螺、绣球鱼翅、翠玉西芹、猴鲜面筋等。汤是指食物加水煮熟后的液汁。肉、菜加水烹调,水多物少谓之汤。粮食加水加菜(或肉)煮熟,水多粮少谓之粥,茶汤与茶粥,都是以茶配伍烹调的汤和粥。如茶汤有桃溪浮翠、龙井捶虾汤、绿茶番茄汤、乌鱼茶汤、银毫清汤燕窝等。粥,有红茶紫米粥、糯米绿茶粥、乌龙戏珠粥等。点是指的小点和冷盘,是主食和主菜的辅助,也是中国膳食的一大特点,茶点有茶元宵、茶叶羊羹、玉叶淇淋等。酒是指的酒水,是任何宴席中不可少的,茶宴也如此,它包括酒类和饮料,如乌龙茶酒、红茶酒、龙井茶酒等。茶饮料目前市场上很多,如统一乌龙茶、旭日升冰茶、康师傅绿茶等。

茶膳是中餐中的特殊膳食,保健膳食,它有如下四大特点:第一,讲求精

巧,清淡。茶膳饭菜不油腻,不过甜或过咸,口味多酥脆型、滑爽型,每道茶菜都加以点饰。第二,有益健康。茶膳多选用春茶入菜入饭,配以不少山野菜。春茶和山野菜都是绿色食品,没施用过化肥,而且富含多种对人体有益的维生素等。第三,融餐饮、文化于一体,使民族传统与现代气息相结合。现代配套茶膳着意从饭菜的色、香、味、名称、餐具、环境、设备、服务等多方面表现出自己的特色。第四,雅俗共赏,老少咸宜,发展潜力大。

茶宴与茶肴

我国的筵宴,在殷商的祭祀活动中已具雏形。西晋左思《蜀都赋》记载西汉时成都富豪大宴宾朋的盛况:

> 若其旧俗,终冬始春,
>
> 吉日良辰,置酒高堂,
>
> 以御嘉宾。
>
> 金罍中坐,肴榆四陈。
>
> 觞以清醥,鲜以紫鳞。
>
> 羽爵执竞,丝竹乃发。
>
> 巴姬弹弦,汉女击节。
>
> 起「西音」于促柱,
>
> 歌「江上」之飚厉,纡长袖而屡舞,
>
> 翩跹跹以裔裔,
>
> 合樽促席,引满相罚。
>
> 乐饮今夕,一醉累月。

说明两千年前,大吃大喝之风已在华夏大地出现,但随着社会经济发展,筵宴亦逐步向民间推广,并趋于摆脱繁缛礼节和豪华排场的影响,向着经济实惠、布局合理、讲究格调、重视营养的方向发展。晋《中兴书》载,卫将军谢安要拜访吴兴太守陆纳,陆纳拟以茶果相待,但其侄却改用盛馔,谢安离去以后，陆纳大怒，打了谢安40大板，说："汝既不能光益叔父，奈何秽吾素业。"从此，茶宴以"素业"誉满全国，流传民间。中唐时，湖州紫笋茶和常州阳羡茶同列为贡品，顾渚紫笋被陆羽评为仅次于蒙顶茶之"天下第二名茶"。每年春茶开山采茶之时，湖、常二州太守都要聚会顾渚，联合举办茶宴，请专家名流品茗。这一年，白居易亦被邀，但因生病未能赴会，抱憾写诗一首，题目是《夜闻贾常州崔湖州茶山境会想羡欢宴》：

> 遥闻境会茶山夜，珠翠歌钟俱绕身。
>
> 盘下中分两州界，灯前合作一家春。
>
> 青娥递舞应争妙，紫笋齐尝各斗新。
>
> 自叹花时北窗下，蒲黄酒对病眠人。

如此盛况，难怪白乐天卧病北窗，也羡慕不已，感慨万千。

20世纪80年代以来，随着茶产业和茶文化事业的发展，我国传统茶宴从清饮转向以吃茶菜为特色的新阶段。以北京"茗缘阁"、上海"天天旺茶膳馆"和重庆"中华茶艺山庄"为代表的著名餐饮业商家相继推出了"茶宴全席""迎宾茶宴""婚礼茶宴""生日茶宴"等多种茶宴大菜和套餐，著名的茶菜螺羹、脆炸龙井、狮峰野鸭、香茗脆皮鱼、茶汁豆花、童子拜观音、乌龙戏玉珠、龙井爆皮蛋、茶叶卤仔鸽、茗缘贡菜、玉露凝雪等数十种。由于茶叶中已被证实含有许多对人体有益的成分，且具有去油脂、除腥味、助消化、爽口及增色味等功用，为最佳天然调料，因此一道道美味可口的茶菜被研制推广，不仅提升国人吃的艺术及促销茶叶，而且有利于人类健康。

制作茶菜的茶叶材料，可利用各种茶类如龙井茶、文山茶、铁观音茶、红茶等的茶叶、茶汤或粉茶，配合不同的菜料(鸡、鸭、鱼肉、青菜)及烹调方式(蒸、煮、炸、凉拌)而调制出各种精致健康的茶菜。然而各类茶叶有其独特的性质(如外观、汤色、香气与滋味)，当它与菜肴一起烹调之后，自然会呈现不同的色、香、味效果。因此哪一种菜肴应搭配哪一种茶叶，是在烹调茶菜时所应留意的。同时茶的使用量亦必须加以斟酌，否则会变得相当苦涩，丧失菜肴的美味，而且难以入口。

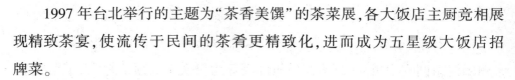

1997 年台北举行的主题为"茶香美馔"的茶菜展，各大饭店主厨竞相展现精致茶宴，使流传于民间的茶肴更精致化，进而成为五星级大饭店招牌菜。

一般条件下，商业餐厅茶宴形式可以分为几种：

1.茶膳早茶

供应热饮绿茶、乌龙茶、花茶、红茶、茶稀饭、皮蛋粥、莲子粥、茶水饺炸春卷及茶菜包子、茶馒头、茶蛋糕、盐茶鸡蛋、茶叶桂花饭等。

2.茶膳快餐

供应茶蒸饺、绿茶馅子面、鸡炒茶饭并配以一杯茶或一听饮料。

3.茶膳自助餐

供应各种时新茶菜、茶饭、茶点、茶饮料、茶香沙拉和茶酒等。

4.家常茶叶饭

如炒茶笋、炸雀舌、茶香排骨、松针囊、怡红快绿、白玉拥翠、春芽龙须、茶稀饭等。

5.特色茶宴

如婚礼茶宴、生辰茶宴、毕业茶宴、庆功茶宴、旅游茶宴、迎春茶宴等。

浆茶、粉茶、茶点心

浆茶、粉茶是近年来茶叶科学工作者根据市场需求，在继承和总结我国食品加工经验基础上，应用现代科学技术，对价值较低的夏秋茶鲜叶(粗老叶、秋冬修剪叶)和茶叶加工副产物进行精细加工，使之成为食品加工业的重要原辅料，其中以儿茶素为主，各种有效成分充分保留，开发成集食品添

加剂、天然色素及营养补剂于一体的新型茶叶深加工产品。

1.浆茶与粉茶生产工艺

浆茶色泽鲜绿,含有丰富的蛋白质、氨基酸、茶多酚、粗纤维和维生素等,其中叶绿素、黄酮醇等是很好的消臭剂。多糖复合体是降血糖药剂,叶绿素是天然绿色素,V_C、V_E儿茶素等都是天然抗氧化剂。因此,开发以浆茶作为食品添加剂的系列食品,不但使食品呈明快的绿色,延长其货架期,而且可充分发挥它的人体保健作用。

浆茶的制造工艺为:

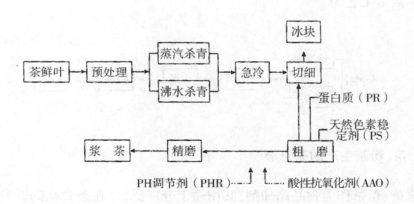

我国茶叶年产量已达 66 万吨,其中低档茶将近 10 万吨左右,加上树体上粗老叶、秋冬修剪叶等未利用的茶鲜叶,估计不下 20 万吨,这为浆茶工业化生产提供了丰富的原料。浆茶工艺简单,适应性强,可大力推广。经过成本、产值和收入概算,每千克鲜叶加工成浆茶可获得 0.30~0.40 元的净收益,如果同每千克鲜叶加工成条形绿茶获得 0.2 元的净收益相比,可增值 0.10~0.20 元,这样把 20 万吨低档原料加工成浆茶能获得 2.4~3.2 亿元的净收益,比加工成条形绿茶增值 0.8~1.6 亿元,可产生巨大的经济效益。更为重要的是,随着浆茶的大批量生产,为浆、粉茶食品的开发和大量生产提供了原料,特别是通过"吃"的方式,充分发挥出茶叶对人类的营养保健作用。

粉茶即茶青原料经简易加工再研磨成粒度均匀、外观颜色均一的粉状茶,不

同于一般茶末或茶粉,前者系利用茶青原料加工之制品,品质与成分较为均一,可以充分利用茶芽、叶、梗等部位和完全摄取茶叶中有益人体之保健成分。而后者系茶叶精制过程中残余之碎屑粉末,品质与外观颜色较难控制。粉茶制品之演变乃从日本"抹茶"衍生而来,抹茶为一种高级绿茶使用于日本茶道。茶叶含许多有益人体的保健成分,冲泡饮用方式,很难完全摄取,直接食用茶叶,不但可提供人体丰富的维生素、矿物质及食用纤维,同时兼有饮茶同样之效果。粉茶可直接或间接当作各式食品调味料、着色料或风味改良剂,因此利用粉茶开发各式茶食,在先进国家如日本颇为风行,近年来,国内亦逐渐崭露头角。与一般茶叶制造比较,粉茶制造可谓相当简易,其基本制造工艺为:

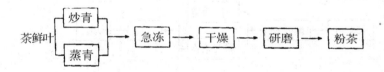

2.浆、粉茶生产的茶点心

浆茶、粉茶作为食品添加剂,其用途十分广泛,仅在茶食品的开发上,就有以下几种:

浆、粉茶制作的茶食品

传统调理食品系列	茶叶面、茶葱油饼、茶菜包、茶饺子皮、茶馒头、茶饭、茶粿、茶粥、茶米糕、茶汤圆、茶碗
甜点、糖果系列	茶蛋卷、茶鲜奶糖、茶巧克力、绿茶早餐片、绿茶凉喉糖、茶牛轧糖、茶薯饼、茶羊羹、茶果冻
西式面包、饼干系列	茶土司、茶面包、茶蛋糕、茶餐包、茶三明治、瑞士卷、绿茶饼干、红茶酥、十字茶酥
调味包系列	速食面调味包、海苔酱、各式调味包、茶乳玛林
冰品冷饮系列	茶果菜汁、茶冰激凌、泡沫茶、冰棒、冰糕

A."十字"茶食酥(饼干类)

配方

(1)皮料:特制茶、白砂糖、植物油,适量浆茶。

(2)馅料:特制粉、白砂糖、植物油,黄丁150g(碾成细颗粒状)。

(3)面料:白芝麻。

另用特制粉作扑面,植物油作刷底用。

操作方法

(1)和皮面。将面粉、油、糖、酵母和浆茶中水搅拌调制成面团。

(2)制馅。先将面粉和糖掺匀,然后再与黄丁、油擦制成馅,切块。

(3)将皮料面团切块,擀成长条薄片,卷成圆条状,再压扁成薄片并擀成圆条状。

(4)将圆条状面团横切,断面成螺旋状。将断面朝下粘少许面粉,压成扁圆形,包馅。

(5)包馅后做成圆形,并摆入烤盘,划成十字形,涂抹植物油。

(6)入炉烘烤,炉温180℃左右。

成品质量特征

呈十字形略凸,色泽均匀一致,呈绿色,油润,味香甜酥脆,爽口,有茶香和茶味,水分在4%以下。

B.夹心茶蛋糕

配方 鸡蛋、砂糖、面粉、水少量,浆茶适量。

工艺流程

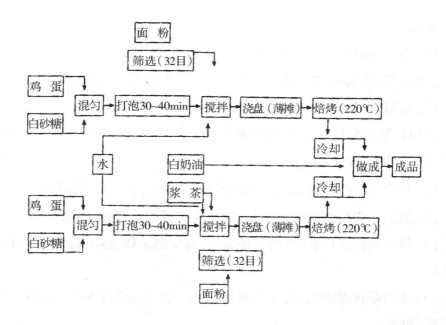

成品质量特征

造型美观,五层色(上、下层属蛋黄色,中间层绿色,黄绿色之间镶嵌白奶油色),口味甜度适当,松软,入口易化,有茶味和浓厚的茶香、蛋香。

C.浆茶馒头

配方　面料,水适量,酵母少许,浆茶适量。

工艺流程

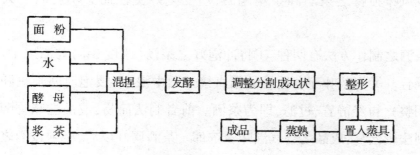

D.茶汁果冻

用各种成品茶,按1∶100浓度热水浸提或萃取,冷却后静置于5℃,低温8~10小时,精密过滤后采用全自动果冻成型机加工生产,其工艺为:

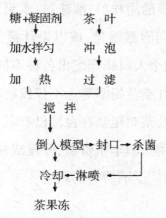

茶酒与茶鸡尾酒

诗人文同曾赞扬蒙顶茶曰"旧谱最称蒙顶味,云芽玉液胜醍醐",古代米酒中之上品称为醍醐,这里有扬茗抑酒之意,但现实生活中,茶与酒在人际交往中都具有互相不可取代之作用。它们不仅使人类的生活更显得多彩多姿,也促进了人们之间的交往与交流。茶属温和饮料,酒是刺激性饮料,茶与酒虽有不同的属性,各具阴柔及阳刚之美,将茶之柔美甘滑、酒之阳刚调兑成风味独特之茶酒和茶鸡尾酒,广受爱好交往而又不胜酒力人士之欢迎。

茶酒之制作方法有两种:①将冲泡好之茶汤(浓度3%)与酒以1:1之比例混合。②将茶叶配合适量的糖直接于酒中浸泡(浸泡时间长短随个人喜好调整),再经静置、过滤,即为茶酒。前者制法简易,成品滋味香醇。而后者制法较繁复,成品之香气滋味较浓郁。茶酒调好以后,必须按酒之陈化法静置三个月以上,并用超临界二氧化碳法除去沉淀。

鸡尾酒是一种酒掺和果汁或汽水的饮料,从20世纪初由美国发明以来,在欧美广泛流行,其原因为鸡尾酒含酒精量极低,对社交场合上不善喝酒的人而言,一杯在手,既不失礼,又可解渴。茶鸡尾之调制,是选用绿茶、包种茶、白毫乌龙茶、红茶为材料,先将茶汤萃取,调配时约以三分之二的茶汤、三分之一的基酒及酌量的甜味料、酸味料、水果汁、碳酸饮料等放入容器内,或以长柄匙搅拌或以调酒器摇晃,或以果汁搅拌机打匀,即成香醇可口的茶鸡尾酒。茶鸡尾酒随个人口味调配出各种不同的风味,如绿茶琴酒、包种白兰地、乌龙荔枝酒及红茶兰姆酒等。不仅仅将基酒的韵味引导出来,更将茶香衬托为芳醇,茶酒及茶鸡尾酒在台湾已有其广大市场。近年来,西南大学与有关酒厂合作,利用川酒丰富资源,开发成功乌龙茶酒、香兰开胃酒、红茶威士忌等在国内市场广受消费者的欢迎。

茶食百态

韩国茶食

糕饼:糕饼是韩国传统糕点,用米粉制作而成。韩国人在祭祀以及生日、结婚等喜宴时会用它,另外,每逢春节、中秋等佳节也少不了它。韩国人搬家的时候,有给新邻居送上糕饼的习惯。在韩国人眼中,它是自然而有用的茶点之一。

蒸豆糕：将米粉和捣碎的豆粉放在蒸屉里，中间放上豆，再用水蒸。一般在仪式上会用到它，因为巫婆相信豆的红色能驱魔辟邪。

大米糕：把蒸过的米团放在木模里，成形后涂上麻油。

年糕：以糯米制作而成，切成小块，外蘸豆面。

糯米煎饼：把和好的糯米面制成圆形，在表面撒上金达莱花瓣、玫瑰作为装饰，再放在锅里煎。

汤圆：将糯米团捏成圆形，放在开水里煮，馅的材料有豆、芝麻、桂皮、核桃。

韩果：韩果是艺术装饰色和各种形状的韩国甜点的总称，被看作是与传统饮料一起食用的，有益健康的高级饭后甜点。包装非常精美，是送礼佳品。

江米条：用糯米和蜜制作而成的松软甜食，上面撒有炸得很松的米粒、桂皮和芝麻。

蜜麻花：由掺有蜜、谷酒和麻油的面团制作，炸成花的模样，炸好时再涂一层蜜。

黄豆茶食：取黄豆粉、蜂蜜、绿豆粉、香油备用。然后，把洗净的绿豆和黄豆炒出来放在石臼里捣好并去除豆皮。接着再放在石臼里捣碎，用筛子筛后做成豆粉。最后，在两种豆粉里放蜂蜜和面，抹上香油后，倒在茶食板上，做出各种形状的茶食。

黑芝麻茶食：取黑芝麻、蜂蜜备用。把泡在水里的黑芝麻去皮烘炒后，放在石臼里磨去皮再筛出来。接着，在捣好的黑芝麻粉里加蜜拌匀放在瓷器中，焖锅里焖完后，在石臼里捣碎，使它出很多油，放蜂蜜和成一块儿。值得注意的是黑芝麻茶食因本身就出很多油，所以不用在茶食板上抹油。

白芝麻茶食：取白芝麻、蜂蜜备用。然后，把泡在水里的白芝麻去皮烘炒后，放在石臼里磨去皮再筛出来。在白芝麻粉里加蜜拌匀放在瓷器中，焖完后，在石臼里捣碎，使它出很多油，放蜂蜜和成一个团。捣的时候要使它

出很多油,这样才会润泽并显得漂亮。这种茶食因本身出了很多油,所以不用在茶食板上抹油。

水果花茶:由樱桃、草莓、桃子和西瓜制作成水果拼盘。甜饮由蜜或糖制成,加入五味茶,撒上金达莱花瓣、麦片和松黄粉。

台湾茶食

台湾人特别爱喝浓浓的乌龙茶,也因此喝出了名气。台湾的茶叶经营者们,在茶叶的简便化、多元化的基础上,发明了各式各样的茶饮料、茶食品。

新研制的茶饮料,有罐装乌龙茶和速溶茶等。在中国,人们有喝热茶的习惯及隔夜茶有毒的说法。台湾的茶叶经营者便利用现代食品科技,将茶汁精华提取出来,高温消毒,再抽空空气,装入罐中,制造了罐装乌龙茶,避免有害物质的产生。

清代钱慧安绘《烹茶洗砚图》

随着人们消费观念的转变，人们多选择较自然的食品，这种"即饮式"的中国饮料，便以"质纯、甘美、有益健康"的特点展现在人们的面前。大多数人外出口渴时，都愿意购买这种简便、解渴的茶水，他们认为："总比喝那些太甜、太刺激的饮料令人放心。"

为了使这种饮料销得更好，台湾茶商们还在包装上费了一番工夫，让消费者有清凉和"品茗"的感觉。现在，这种罐装茶已经成为台湾饮料市场的新贵，被人们称为"台湾的可乐"。而速溶茶则更像速溶咖啡，是将茶叶中的水溶性成分抽出后，经浓缩、干燥而成的粉末或颗粒状产物。它不受水温的限制，用热水或冰水都可以冲，一冲即成，非常方便。速溶茶还有一个特点，就是它由老茶叶、茶小枝、茶末等原料制成，不仅大大地提高了茶叶的利用率，还具有营养及保健的效用，所以得到不少人的青睐。

除了茶饮料以外，台湾的茶叶经营者还发明了各式各样的茶食品，如绿茶冰激凌、茶冻、茶羊羹、茶软糖、茶饼干等。绿茶冰激凌是以绿茶为主要原料，配以牛奶、奶油及少量的香料调制而成，产生一种特有的清凉与醇美的口感。淡绿色的冰激凌上，镶嵌着五颜六色的丁状果料或颗粒坚果，给人一种极美的视觉感，使人无法抗拒，是那些过油、过腻的冰激凌所无法比拟的。在炎热的夏季，这种冰激凌的销售十分好。

茶羊羹和茶冻这两种新兴茶叶食品，将粗老茶碾成的茶末和茶梗、茶灰等副产品碾成茶粉，掺以洋菜粉、海藻粉、果胶等辅料，经过特殊工艺制作而成。它们是老年人和小孩十分喜爱的食品，甘香又不太甜腻，是风味独特的清凉点心。茶冻和茶羊羹的色泽，根据原料茶叶颜色的不同而有一定的差异，如以乌龙茶为原料制成的茶冻和茶羊羹呈橙红色。此外还有不同风味的茶软糖，微微带苦，入口即化。茶饼干则是将茶的营养渗入其中，口感酥脆，并且含有大量的维生素、纤维，是流行的健美食品。

茶叶糖果根据原料茶叶类型的不同，可以分为三种。一是茶叶粉（低档粗老茶碾成的茶粉末）为主要原料制成的；二是由浓缩茶汤（粗老茶蒸煮浓缩液）为主要原料制成的；三是由速溶茶浓液为主要原料制成的。这三种茶

叶糖果的加工制作方法与常规糖果制法基本相同,不同的是,在原料配比方面掺入了一定量的茶叶制品。品质审定发现,这三种茶叶糖果由于原料成分不同,其品质风格也有一定差异。但无论制作何种茶叶糖果,如果在配料时加入橘子香精,那么茶叶糖果就会带有浓爽的橘子风味。若加入柠檬酸,茶叶糖果的色泽会很亮丽。

茶果脯是茶叶与水果按果脯加工制作方法制成的。制作茶果脯的茶叶原料,主要都是低档的粗老茶,而且叶形要偏大,实际上这是对低档粗老茶一种高效益的再利用。作为制作茶果脯的主要原料茶叶,实践表明,不论是何类茶叶都能制作茶果脯,但又以包种茶、乌龙茶、花茶等茶类最佳。茶果脯的加工制作方法,与常规水果果脯的制法完全相同,其品质风格特点是,茶味显露,果味突出,口感好。

多种多样的茶饮料、茶食品的出现,使得台湾茶叶的销量明显上升。台湾是著名的茶叶销售区,茶叶生产曾经是台湾赚取外汇的主力产业,而现在,大幅增长的茶叶消耗量使得台湾不得不靠进口来满足供应,茶叶似乎成了"饮料大王"。"以茶代酒""以茶代冷饮"的观念在人群中逐渐发展起来,而且越来越流行。

台湾茶叶宴:经过台湾茶叶改良场精心研制的茶叶餐,是1人1份的中餐西吃的茶叶午餐宴。这种"茶叶宴"共有11道菜,都加入了国内著名的茶叶,另外还供应乌龙、冻顶、绿茶3种"茶酒"。这11道精心制作的茶叶菜是:绿茶沙拉、冻顶茶酿豆腐、红茶虾仁、祁门红茶鸡丁、香片蒸鳕鱼、铁观音炖鸡、茶叶小笼包、白毫乌龙茶炖牛肉、红茶熏鸡、茶香排骨、竹筒肉丸。这些茶叶菜或用茶粉,或用茶汤,或直接以高品质的茶叶投入菜中进行炒、烘、蒸。菜中均带有茶叶的香味,使中国菜与茶道完美地融为一体,真可谓是相得益彰。

苴镇茶食

苴镇茶食,闻名遐迩,誉满四方。特别是苴镇山产的洗沙月饼和白糖桂片糕,曾分获省级糕点茶食评比一等奖、二等奖,一直受到消费者的青睐。

茛镇制作的茶食名点,历史悠久,可追溯到140多年前,清朝同治年间,江南丹徒区一位姓冷的人在茛镇开设冷春阳茶食号,带来了镇扬风味的茶食新品种及其制作方法。于是,茶食业兴盛起来。刘协太、王万春、复兴昌、刘福记等茶食号相继开张,一些小作坊也纷纷设立起来。小小的茛镇成为掘港以北、长沙西乡一带的茶食主要供应地。茶食以优者胜,劣者汰,相互竞争着。一些商号纷纷聘请名师,精心制作,因而各店号茶食用料考究,做工精细,质量不断攀升,花色也不断翻新。应时茶点品种繁多,为四乡群众所称道。

茶食主原料为面粉、油、糖三大类,另外配以花生、芝麻、核桃仁、瓜子以及桂花、橘皮、薄荷等香料,通过油炸、烘烤、蒸、熬等方法,用不同配料、不同工艺,可以制作出口味不同,形态各异的上百种可口茶食。茛镇茶食是镇扬的传统风味,主要品种有糕点、油炸制品、烘烤制品和糖制品四大类。

1.糕点　茛镇产的糕点品种很多,有绿豆糕、鸡蛋糕、状元糕、五仁糕、薄荷糕、云片糕、桂片糕、松子糕、核桃仁糕、花糕等,另有应时糕点如印糕、潮糕和春节期间的红面糕、桂花蜜糕等。其中制作精巧的要数花糕,它是将五颜六色的糕芯镶嵌在糕内,待蒸熟后切片,每片上都有五彩花卉,还有山水、人物图案。既是可口的食品,又是一种令人赏心悦目的艺术品,深受人们的喜爱,也是馈赠亲友的佳品。

制作技巧最高的,莫过于桂片糕。桂片糕选料精良,米粉是用隔年糯米磨制的,使其失去火性,增加其柔韧性。将上好绵白糖溶化、浓缩,再配以桂花、芝麻、核桃仁、熟猪油等辅料,精心制作。做出来的糕体洁白绵薄,单片在自然光下呈半透明状,具有绕指不裂的韧性和久存不燥的柔性。桂片糕的切工尤其令人惊叹,过去全为手工刀切,茶食师傅的技艺精良,每条等长等重的糕切243刀,厚薄均匀,条条如此。更为奇特的是,有的名师傅在糕体下放一绸布,一条糕切下来,片片到底,而绸布则毫发无损。取一片成品桂片糕,可以卷曲成香烟状而不断裂,放开后则又恢复原状,可见其韧性与弹性。吃在嘴里，香甜润糯，正如俗语所说"打嘴不丢"。

2.烘烤制品 其主要品种有桃酥、麻切、冰糖酥、广东饼、椒盐卷、脆饼、月饼、京江脐等。甪镇制的脆饼用料考究，做工精细，小小的脆饼有多层，酥而不焦，香甜酥脆，可与西亭脆饼媲美。

在烤制茶食中最突出的是月饼。每逢中秋佳节，茶食店里就会陈列着各式各样的月饼，过去用扁圆形或元宝形竹篓包装，月饼馅分为洗沙、枣泥、五仁、椒盐、上素、冬瓜、火腿等种类。甪镇的洗沙月饼很出名，内芯豆沙是将精选的红豆洗出，然后加糖、油熬制，再配上各种佐料。配制好的内芯料沙质细腻，甜度适中，香味浓郁。制成的月饼有多层薄薄的外壳，黄爽爽、油酥酥，进口就碎，而馅芯则糯绵甜香。这种外脆内柔、又甜又香的口感，令人百吃不厌。20世纪80年代以来，甪镇产的苏式沙洗月饼每年都被评为南通市优质产品，江苏省供销系统评比第一名。

3.油炸和熬铸的品种 油炸品种如红糖和白糖京枣、麻元、油馓子、油豆荚、油麻花、酥饺等。熬铸品种有炒米糖、花生糖、寸金糖、灌香糖、皮糖、镜子糖、董糖等。这些茶点花色繁多，成为人们的主要零食，不但丰富了食品文化，还点缀了人们的生活，小朋友尤其喜爱。

黔西茶食

"遵义品窖酒，毕节尝烧鸡，风味小吃在黔西。"这话一点也不夸张，一般到贵州省黔西旅游的人，都会对黔西的风味小吃赞不绝口，其中茶食就是一道风味独特的小吃。

茶食盛入盘中，有立体感，造型美观别致，气味芬芳。入口酥甜清香，味美可口，有助消化，深受群众欢迎。它选取上等糯米，用清水浸泡，捞出晾干，碾成粉末，拌清水糅合捏成粑块煮熟至起"蜂窝眼"时，捞出放在石碓中用木杵反复捣拌。泡时，加入野生植物根粉拌匀，放在平整案板上摊薄。待晾干后，用小刀或剪刀刻成花卉、鸟兽、鱼虾等状即可。

食用时，将茶食放入猪油中浸泡片刻，变软后夹入铁漏勺中，舀热油浇淋,直至膨胀定型即可。

绍兴茶食

绍兴是著名的茶叶之乡,茶食点心也有悠久的历史。清代时,绍兴茶食
中的绍式糕点,与宁波、金华、温州同列为浙江糕点的四大系列,其代表产品
有香糕、小烧饼、松子糕、冰雪酥、蛋包、炒米糕和玉露霜,以香糕最为著名。
以制作香糕出名的水澄巷孟大茂香糕店,创立于 1807 年,其主要品种有琴
糕、鸡骨糕、朝笋糕等,手工精制,工艺讲究,具有松、脆、香、甜的特点,成为
进京赶考人士的必带之物,因而有"进京香糕"的美称,曾多次在西湖博览
会上获奖。

清末,苏式、杭式茶点先后传入绍兴,绍兴也开始有了茶食这一行业,不
同于原有的香糕,它们彼此都有明确的分工,香糕业以生产各式香糕、蛋包、
蛋卷、椒盐烧饼、月饼等为主,其余的各种细点茶食均归茶食业经营。

清代范寅所著《越谚》中《饮食》栏有记载,绍兴原有印糕、艾糕、松子
糕、炒米糕、糕干、巧果、金枣、玉露霜、香酥饼、咸双酥烧饼、艾饺、葱管糖、重
阳糕、南瓜饼、蒲丝饼等 20 多种。随后引进了苏式、杭式茶点,品种不断增
多,出现了新式样,可分为饼类、糕类、酥类、糖类、片类、果品类等,品种介绍
如下:

1.饼类。饼类中以月饼的数量和品种为最多,饼馅以豆沙为主,包装各
式各样。后来又生产苏式、广式月饼,以红糖为馅,不油不腻,入口香甜,价
廉物美,尤其令人喜爱。另有一种咸甜烧饼,又称"小烧饼",出产于皋埠,
清乾隆年间曾销往京都一带,甚享盛名。还有塔山下所产的香酥饼,松脆味
美,食后口颊留香,祖传秘制,为绍兴名食品。

2.糕类。有各式香糕、蛋糕、橘红糕、松子糕、百子糕、炒米糕。春季还
有茯苓糕、福禄糕、薄荷糕、水晶糕。夏季有绿豆糕、梅糕。秋季有重阳糕。
冬季则有玫瑰年糕、猪油年糕等。其中以孟大茂产的香糕和樊江产的松子
糕最为著名。

中华茶道

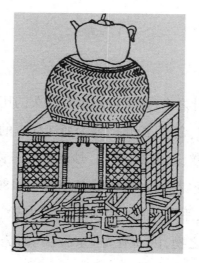

苦节君图，苦节君是明代茶炉的别称。

3.酥类。有杏仁酥、桃酥、麻条酥、冰雪酥、葱油酥、盒子酥、佛手酥、川心酥等。最出名的要数潞家庄所产的玉露霜，它介于糕、酥之间。疏松不油，食时清香爽口，是茶客们的最爱。

4.糖类。有麻片糖、花生糖、姜汁糖、寸金糖、葱管糖、桃仁糖、各种麻酥糖、玫瑰酥糖、红绿酥糖、猪油酥糖等。

5.片类。有云片、人物片、砂仁片、五香片、火炙片、椒桃片等。

6.果品类。有炒花生、兰花豆、鱼皮花生、南瓜子、西瓜子、炒松子、炒杏仁等。

7.其他类。有蛋巧、蛋包、蛋卷、萨其马、金橘饼、金枣、麻枣、巧果等。

除了上列茶点之外，绍兴还有一种雅俗共赏的大众化茶食即豆腐干，也称"香干"，适合于饮茶时食用，又称"茶干"。香干中最出名的是柯桥豆腐干，据《越谚》记载，以清代柯桥一柴姓作坊所制的质量为最佳，故有"柴干"之称。"柴干"之外还有柯桥老蒋元兴和莫裕泰两家的豆腐干也特别突出。据《绍兴市志》记载，1989年单柯桥一地的豆腐干出产3600万小块，可见销量之大。

绍兴香干在制作时，选取优质黄豆，配以桂皮、茴香、丁香、冰糖、绍酒、甜面酱等 10 多种作料,经浸筛、磨碎、点花、包扎、烧制、晾晒等工艺制成。制成的香干色泽黄亮,咸度适中,滋味清香。

绍兴所有的茶食店都是现做现卖,自产自销。进入店堂,便会闻到诱人的香味。这些茶食店,大都开设在城区,最出名的要属大江桥的越香斋和同馥和、望江楼的洪福泰、丁家弄口的同裕和,后来又有县西桥的德和与华泰、上大路的稻香村和大丰、大云桥的颐香斋。随后,东关、东浦、柯桥、下方桥、斗门等镇上也开设了茶食店。

1947 时绍兴茶食业同业公会有会员店 25 家,那时茶食业非常兴盛。1953 年,城内就有茶食店 9 家。到 1955 年 9 月,为便于管理,各店的制作工场全部集中,成立了茶食联制工厂,实行联产分销。1956 年后,归于糖业糕点公司。随着商业网点的调整和两个联制工厂并入绍兴糖糕厂,原有的茶食店除华泰一家仍保留店名外,其余都并入食品商店或副食品商店,自产自销的情况也随之消失。不少产品由手工制作改为半机械化生产,品质也大不如从前,比如香糕,若不用炭火焙烘就难以达到原有的品质。

进入 80 年代以后,随着人们经济收入的提高,掀起了饮食新潮,年轻的消费者的爱好有所改变,于是各式饼干、面包、曲奇、蛋糕、咖啡之类流行于市场,致使传统茶食出现滑坡。但人们的消费是多样化的,只要确保茶食的质量与特色,传统茶食今后依然会有一个好的销售市场。

基诺族茶食

基诺族爱吃凉拌茶,这是中国古代食茶法的延续,也是一种较为原始的食茶法,基诺族称这为"拉拔批皮"。

凉拌茶以现采的茶树鲜嫩新梢为主料,再配以辣椒、黄果叶、大蒜、食盐等制成。制作时,将刚采来的鲜嫩茶树新梢,用手稍加搓揉,把嫩梢揉碎,然后放在干净的碗内。再将新鲜的黄果叶揉碎,把辣椒、大蒜切细,将适量食盐放入盛有茶树嫩梢的碗中。最后,加少许泉水,用筷子搅匀,片刻,即可食用。

喝煮茶是基诺族最常见的饮茶方式。其方法是先用茶壶将水煮沸,随即在陶罐内取出适量已经加工过的茶叶,投入到正在沸腾的茶壶内,当茶汁被浸出时,便可将壶中的茶水注入竹筒饮用。

瑶族茶食

瑶族的饮茶习惯很独特,人们都喜欢喝一种类似菜肴的咸油茶,认为喝油茶可以充饥健身、祛邪去湿、开胃生津,还能预防感冒,是一种健身饮料。

咸油茶的制作,很注重原料的选配。茶叶要选茶树上的新梢,采回后,经沸水烫一下,沥干备用。配料要选用大豆、花生米、糯粑、米花之类,或配有炸鸡块、爆虾子、炒猪肝等。另外,还备有食油、盐、姜、葱或韭等佐料。它的制作过程是先将配料或炸、或炒、或煮,制备完后,分别入碗。然后起油锅,将茶叶放进油锅中翻炒,待茶色转黄,发出清香时,加入适量姜片和食盐,再翻动,随后加水煮沸,待茶叶汁水浸出后,捞出茶渣,再在茶汤中撒上少许葱花或韭段。片刻,再将茶汤倾入已放有配料的茶碗中,用调匙轻轻地搅动几下即成。

由于咸油茶加有许多配料,可以说它是一道菜,又由于喝咸油茶,是一种高规格的礼仪,因此,按当地风俗,客人喝咸油茶,通常不少于三碗,这叫"三碗不见外"。

土家茶食

土家人多居住在高寒山地,云雾山中出好茶。但土家人一向有喝油茶汤的习俗。平常一日三餐,几乎餐餐都喝油茶汤。来客,红白喜会,主人首先是烧油茶汤迎宾。油茶汤成为土家人生活中不可缺少的食物和饮料,正如山歌唱的:一天不喝油茶汤,满桌酒肉都不香。

土家人之所以爱喝油茶汤是因为油茶汤有油有盐,油炸后的茶叶又香又甜。连茶叶一起吃掉可以使人充分吸收其中的氨基酸和微量元素硒,同时汤中有姜和葱、蒜等,具有杀菌防暑作用,能够生津止渴,即便爬坡上岭喝生水也不容易生病。就像土家人所说:油茶汤,喷喷香,一天三大碗,干起活来硬梆梆。

喝油茶汤习俗的起源已难以考证,但据清代的《来凤具志》记载:土人以油炸黄豆、苞谷、米花、豆乳,绿蕉诸物,取水和油,煮茶叶作汤泡之,饷客致敬,名曰油茶。可以想见,这个习俗古已有之,经代代相传而流传至今。

烧油茶汤很有讲究,关键在于茶叶炸的这一过程,通常的制作方法是:先放少量茶油入锅,待油老时便放入一小撮新茶叶,待茶叶炸得黄而不焦时,迅速往锅中加入少量冷水,再加入姜末、大蒜等。等茶汁、姜汁、蒜汁被充分煎出时,再加入水和食盐,汤开即成。食用鲜美可口,提神醒脑。

有贵宾来,就要烧"八宝油茶汤",就是在汤中加入油炸的黄豆、米花、玉米、花生、核桃、粉条、肉丁、干豆腐丁等,喝来清香扑鼻,余味悠长,既解渴,又解饿。土家人的八宝油茶汤的食物几乎把所有的豆类、谷类、肉类、蛋类都用来泡汤,每户人家都有一口专门烧汤的铁锅。土家人一般不用筷子、汤匙喝汤,但他们却能连汤带茶叶和油炸物均匀地喝入口中,而初到山寨的客人只能望汤兴叹。如果看土家人的喝法,就会发现,他们的喝法是很讲究的。

如今,油茶汤这一土家族传统风味也声名远扬。在著名茶乡杭州市举行的中国国际首届茶文化节上,土家族油茶汤在二十多个国家的茶道艺术中独树一帜,深受茶道艺术家和品茶专家好评。

客家茶食

饮擂茶与食擂茶粥是客家一种古老而独特的习俗,它起源于中原,流传于广东、湖南、江西、福建、台湾等地的客家人中。

当今的擂茶与擂茶粥已在古代三生(生茶、生姜、生米)擂茶的基础上发展起来,有盐擂茶、糖擂茶、清水擂茶、五味擂茶、七宝擂茶等不同风味的擂茶。擂茶原料除了以干茶叶、炒芝麻、炒花生等为主要原料外,还加入香料、甘草、食油、生盐等各种配料,同时还根据不同用途、不同季节加入不同的配料,如想滋润肌肤、美丽容颜,就加入黑豆、黑芝麻等;防暑清热加入鱼腥草、绿豆、陈皮、藿香、白芍、甘草、金银花等。春季加入茉莉花、薄荷;夏季加入金银花、白菊花;秋季加入甘草、白扁豆、八角;冬季加入花椒、肉桂、茴香。作料也从红薯片、韭菜、菜豆等增加到饼干、蜜饯、瓜子、水果、糖果。

制作擂茶与擂茶粥,首先,应备好擂棍与擂盆。擂棍一般由无毒、无异味的树枝削制而成,长约1.5米,直径约3~4厘米;擂盆是盆内布满沟纹的陶器,大小根据家庭人数而定,一般擂盆上部直径约25~40厘米。然后,原料根据用途而选择,其中茶叶、花生或芝麻等为必需的原料。茶叶要采用清明至立夏前后的鲜叶,经蒸烫去其青涩味,烘干或炒干贮藏。接着,将原料装入擂盆,擂至泥状。如果制擂茶则将擂好的原料装入茶碗,冲入沸水搅拌即成;如果是制作擂茶粥,可以不取出擂好的原料,加生盐、生油等,把刚熟的稀粥冲入擂盆,搅拌均匀即成。

饮擂茶或食擂茶粥时,客人围桌而坐,茶桌上放置炒花生、香酥豆、蜜饯、油炸米果等作料,品尝时先喝一口,品香尝味,会感到甘醇可口,齿颊留香;再喝,便会感到神清气爽,五脏通畅,回肠荡气;喝完后你会感到余味甘甜,回味无穷。正如汪曾祺书赠的擂茶诗:红桃曾照秦时月,黄菊重开陶金花;大乱十年成一梦,与君安坐吃擂茶。

武夷茶宴

中国的乌龙茶,武夷山出产的武夷岩茶畅销海内外,其中最为名贵的要属茶王"大红袍"。近年,福建省武夷山的厨师们进行了反复研究,在挖掘考证古代茶菜记载的基础上,广泛收集民间茶食偏方,去粗取精,用现代烹饪工艺,制作出了别具一格的武夷茶宴菜肴几十种,不但推出了武夷山的幔亭宴、野菜宴、农家宴,而且还推出了"茶宴",书写了武夷茶文化中的新篇章。

"武夷茶宴"以岩茶为主要作料,制作出的茶苑飘香、肉桂河鱼、红茶汤圆、冰茶石鳞、乌龙煎饼、水仙肉片,风味独特,十分令人喜爱,尤以茶苑飘香

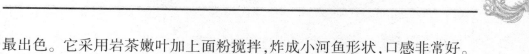

最出色。它采用岩茶嫩叶加上面粉搅拌,炸成小河鱼形状,口感非常好。

制法讲花样:武夷茶宴在选取茶叶上并不限于武夷山特产的红茶、乌龙茶等岩茶,也把绿茶纳入菜肴。这样,可以根据客人的口味调适,绿茶性凉,红茶火厚,乌龙茶不凉不火,各有特色。

武夷茶宴菜式制法繁多,蒸、熘、爆、炒、焖、炖等都适合。或利用茶汁,或利用青叶、片叶生炸,研末烹汤,切叶混炒。大概分为以下几种:

1.化茶叶为菜肴　武夷岩茶味醇、清香,适合直接做菜。如"大王献宝"便是用面粉等食材包裹茶叶精制而成,"凉拌茶面"则是将茶碾成粉末,拌上其他佐料后烹饪出锅。

2.茶汤入肴　把茶汤、茶汁与菜肴一同烹制,同样可以使菜肴带有浓郁的茶香。如"红茶银耳"这道汤,能让人闻味而知其名。

3.以茶代薪　把武夷岩茶代替薪柴,熏烤出的菜肴别具一番清香与风味。"老枞烧排"就是以武夷岩茶作为薪柴,将猪排熏烤熟后再浇上汤料而成,肉香味中夹带着一股茶香,风味独特。

4.命名显文化　武夷茶宴,不论是菜肴的命名、外观还是它所营造出来的氛围,都散发出浓厚的文化韵味。"奇茗乌龙"直接以乌龙茶入菜名;"状元红袍"则借用了茶王"大红袍"来历的民间说法而命名;"大王献宝"更是取之于大王率山民广种武夷岩茶的武夷山民间传说;"百花豆腐"则寓意武夷岩茶品种繁多,如百花齐放,赏之缤纷悦目,食之让人回味无穷。

美味茶肴制作

茶凉菜食谱

茶香沙拉

主料:胡萝卜、莴笋、雪花梨各适量,高档碧螺春茶3克。

配料:蛋清型沙拉酱、松子仁、盐各适量。

中華茶道

做法:

1.洗净胡萝卜、莴笋、雪花梨,切8毫米方丁,置纯白盘中,备用。

2.在玻璃杯中注入7成80度左右的热水,将去掉杂梗、杂叶的茶叶放入杯中。茶叶舒展开即倒掉茶汤,留茶叶备用。

3.临上菜前,用沙拉酱拌菜即可。

注:如就餐者中孩子多,可用火腿代替胡萝卜。

凉拌茶叶

主料:鲜嫩茶叶适量。

配料:清泉水、黄果叶、酸笋、酸蚂蚁、白生、大蒜、辣椒、盐等各适量。

做法:将茶叶揉软搓细,放在盘或碗中,与配料拌匀即可。

注:此菜为云南基诺族所喜爱。

茶卤肉

主料:五花肉2斤,信阳毛尖茶15克。

配料:大料、花椒、精盐、酱油、料酒各适量。

做法:

1.将肉洗净,放入盛凉水的高压锅内。

2.茶叶用纱布包好,投入锅内,并加入大料、花椒、精盐、酱油、料酒。

3.盖好锅盖,用大火烧至限气阀鸣响,改用文火煮60分钟,即可。

特点:色泽红亮,清香爽口,茶香味较浓,下酒佐餐均宜,为茶膳冷盘菜。

茗缘贡菜

主料:水发贡菜3两,中档黄山毛峰茶5克。

配料:盐、味精各适量。

做法:

1.开水泡发茶叶,迅速捞出备用。

2.贡菜切成寸长,温水发泡。发至脆感较好时,与其他主、调料调均即可。

特点:香脆爽口,适于佐酒。

炸雀舌

主料:芽头肥壮的黄山毛峰茶 10 克。

配料:鸡蛋 1 个,精盐(或白糖)、味精(或胡椒粉)、湿淀粉各适量。

做法:

1.将茶叶置杯中,用开水润发,留茶叶备用。

2.调好配料,将发好的茶叶均匀上浆,先后入火炸 2 次方可。

特点:色泽金黄,香脆适口,回甘味足,为茶膳冷盘菜。

茶热菜食谱

鲍鱼护碧螺

主料:鲜鲍鱼 2 盒,碧螺春茶叶 15 克。

配料:豆苗、清汤各 500 克,盐、料酒、味精、胡椒粉各适量。

做法:

1.鲍鱼开盒,连汁倒入碗中,撕掉花边,片成 1 毫米厚的薄片,仍用原汁泡上。

2.茶叶用开水泡发,去掉头遍水不用,再冲入水稍泡一会,取 50 毫升的茶水入鲍鱼碗。

3.锅内放清汤,加入鲍片、盐、胡椒粉、料酒、味精,调好味烧开,撒入豆苗,尝好味,浇入即可。

特点:色泽漂亮,汤清香,具有碧螺春的茶香味,为茶膳名贵热菜之一。

冻顶白玉

主料:冻豆腐 2 块(人多可适当增加),冻顶乌龙茶末 10 克。

配料:肉末 50 克,香菇 2 个,油 25 克,盐、味精适量。

做法:

1.将豆腐横切成两半,然后切成厚约 3 分的片,用开水汆一下,整齐地

中華茶道

码在盘内,香菇切成碎粒待用。

2.炒锅上火,放少许底油,将肉末、香菇煸炒,放入盐、味精调好味,出锅均匀地放在豆腐上,再洒上茶末即成。

银针庆有余

主料:净鳜鱼肉 200 克,银针茶 10 克。

配料:火腿肉 25 克,冬笋 10 克,水发口蘑 10 克,菜苞 12 个,鸡清汤 750 克,杂骨汤 500 克,鸡蛋清 1 个,湿淀粉 5 克,精盐 1.5 克,味精 0.5 克,胡椒粉 10 克,鸡油 10 克。

做法:

1.将鳜鱼肉洗净,片成 3 厘米长、1 厘米宽、0.3 厘米厚的片,用蛋清、精盐、0.5 克湿淀粉调好上浆。

2.火腿切成 2 厘米长、1 厘米宽、0.3 厘米厚的片。冬笋、口蘑切成片。

3.炒锅置旺火上,加鸡清汤、盐、味精烧开,下鱼片、冬笋、口蘑、菜苞,余熟捞出,放入鸡汤碗内。

4.茶叶盛入透明的玻璃杯中,冲入开水,待茶泡开竖立于水中时,入鸡汤碗。汤中撒上胡椒粉,拌匀即可。

红茶熏鸭

上料:鸭 1 只,红茶 20 克。

配料:红糖 6 两,五香粉、酱油、砂糖、盐及料酒各少许。

做法:

1.鸭先洗净,用开水烫过后,捞起备用。

2.将五香粉、酱油、砂糖、盐及酒加水,与鸭一起煮至 8 成熟,备用。

3.将茶叶及红糖混合后置于烤肉架上,再将鸭以温火熏至金黄色即可。

茶香四季豆

主料:四季豆 200 克,碧螺春茶 10 克。

配料:虾仁 250 克,料酒、盐、淀粉、胡椒、油各适量。

做法：

1.虾仁加酒、盐腌15分钟,沥干汁液,加淀粉拌匀。

2.四季豆去筋,切段,放入沸水氽烫即捞出。碧螺春茶用沸水泡开,沥干。

3.热锅后,放油加热,放入虾仁,炒至变色即取出。

4.锅内放油加热,炒碧螺春和四季豆,再倒入虾仁拌炒,加盐、胡椒炒熟后,即可盛盘。

香炸茄子

主料:茄子2条,冻顶乌龙茶10克。

配料:鸡蛋1个、盐、糖、面粉、沙拉油各适量。

做法：

1.茄子洗净,斜切段,在每段中间轻划一刀,但不要切断,泡入水中。

2.以沸水焖泡茶叶。然后,茶叶留下备用(茶水可另行品饮)。

3.蛋打散,加面粉、糖、盐和适量的水拌匀,调至适当浓度。

4.每段茄子的中间依喜好酌量加入茶叶。

5.热锅油,把茄子裹上面粉,放入锅中炸至金黄色捞起盛盘即可。

香雾酥肉

主料:猪五花肉1000克,云雾茶10克。

配料:小葱段、姜、酱油、醋、精卤、大料、小茴香、花椒、饭锅巴、红糖、肉清汤、麻油各适中。

做法：

1.选四方形五花肉1块,用铁叉平着插入瘦肉中间,在炉火上烤焦,到皮起泡时取下,放在淘米水中,浸泡15分钟,刮尽焦皮层,用水洗净。

2.将肉放在锅中,加入清汤,用旺火烧开,撇去浮沫,将大料、小茴香、花椒装入小布袋中扎上口,与盐、葱、姜一起拍松,放到锅内,换小火烧至用筷子能穿过肉时,捞出待用。

3.用铁锅1只,放入捣碎的饭锅巴,同茶叶、红糖拌合在一起,上面放1个铁丝箅子,把肉放在箅子上(皮朝上),盖好锅盖,放在旺火上,待锅里冒出浓烟,熏出香味时,离火焖至烟散光,把肉取出,先切成同样大的4块,每块再切成两分厚的片,整齐地摆在盘中,浇上酱油、醋、麻油即成。

特点:此菜皮色略黄,光亮中泛微红,具有浓郁的茶叶香味,酥烂适口,肥而不腻,因熏烟缭绕似云雾,故名。

龙井氽鲍鱼

上料:鲍鱼250克,龙井茶叶15克。

配料:味精、料酒、盐水各适量,清汤1000克。

做法:

1.将鲍鱼片成薄片,放入碗内;茶用开水润发,然后倒掉茶水,茶叶备用。

2.锅放火上,添入清汤,对入味精、料酒、盐水,烧开后冲入鲍鱼碗内。上菜时把发好的茶叶撒入碗里拌匀即可。

特点:鲍鱼鲜嫩,汤汁微黄、清香、爽口。

绣球鱼翅

主料:水发散鱼翅2斤,铁观音茶10克。

配料:生鸡脯肉400克,火腿50克,干贝25克,料酒、精盐、味精、白糖、胡椒面、鸡油、淀粉、花生油、葱、姜各适量。

做法:

1.用开水泡发茶叶,留茶汤备用。

2.将水发鱼翅洗净,排放在竹箅上,放入清水锅内,加料酒、葱、姜,上火氽煮(换水2至3次)。然后放入鸡汤,将鸡肉、火腿用开水煮透,捞出洗净血沫,放在豆包布上,干贝去老筋,一起放入布内,包严包好,放入鱼翅锅内,上火烧开,撇净沫,再放料酒、葱、姜,改用小火炖3至4小时,提出鱼翅箅子,将鱼翅控干水分。

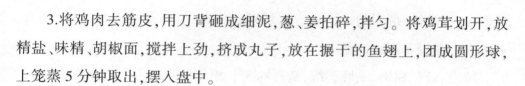

3.将鸡肉去筋皮,用刀背砸成细泥,葱、姜拍碎,拌匀。将鸡茸划开,放精盐、味精、胡椒面,搅拌上劲,挤成丸子,放在揎干的鱼翅上,团成圆形球,上笼蒸 5 分钟取出,摆入盘中。

4.将火腿去老筋,与干贝、茶汤一起上火烧开,再放精盐、味精、白糖、胡椒粉、收汁尝味,用淀粉勾芡,淋上鸡油,浇在鱼翅上即成。

特点:汁浓味鲜,鱼翅糯烂。

注:这里不包括蒸鱼翅所用的配料。

樟茶鸭

主料:半成品鸭 1 只(用樟木、茶叶等熏制,可购买)。

配料:甜面酱、干黄酱、鸡精、香油、葱花、姜粉各适中。

做法:

1.炝锅、调好酱料备用。

2.鸭过油、炸匀,至橙黄色出锅,切块,码齐于盘中;酱料与鸭同上。

特点:清香宜人,酥嫩适口,油而不腻,风味独特。慈禧皇太后喜食此菜。

龙井虾仁

主料:鲜河虾 500 克,新龙井茶 5 克。

配料:蛋清半只,绍酒 8 克,精盐 1.5 克,味精 1.5 克,湿淀粉 20 克,熟菜油 500 克(约耗 40 克)。

做法:

1.取河虾,去壳挤出虾肉。将虾肉放入小竹箩里,洗几遍,再放进碗内,加盐和蛋清,刚筷子搅拌至起粘,加湿淀粉、味精搅拌匀。静置 1 小时,浸渍入味。

2.茶叶置透明玻璃杯中,用沸水冲开,即滗出茶水,茶叫、茶水分置备用。

3.炒锅烧热,先下少量油滑一下锅,倒出后再下熟菜油 500 克,至油四

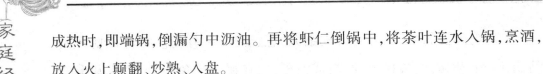

成热时,即端锅,倒漏勺中沥油。再将虾仁倒锅中,将茶叶连水入锅,烹酒,放入火上颠翻、炒熟、入盘。

特点:虾仁白嫩,茶叶碧绿,清香味美。相传乾隆皇帝爱吃此菜。

注:另可在玻璃杯中放 1/2 中高档龙井茶水,倒置盘中央,然后正盘、盛菜、上菜,由主宾适当用力拔起杯子,将茶与菜拌匀后分赠客人品尝。

茶主食食谱

茶鸡玉屑

主料:鸡脯肉 8 小片,鸡蛋 1 个,小麦粉 100 克,泰国香米饭、食盐、海带丝、中档绿茶等适量,黄酒 20 毫升。

做法:

1.茶叶、海带丝用热水发好备用。

2.将鸡脯肉纵切成丝,用刀背轻轻敲打,撒上食盐和黄酒,放置 4~5 分钟。

3.鸡蛋打入碗中,加冷水 150 毫升,调入小麦粉,迅速用力搅匀成蛋糊。

4.鸡丝蘸上蛋糊,在热油中炸熟,捞出撒上细盐拌匀,与米饭、茶叶、海带丝 4 等分置于纯白盘中即成。

特点:本款茶饭好看好吃,可增进食欲。

注:另一种吃法是盖浇饭吃法,将做好的鸡丝、海带丝、茶叶拌上盐,置于盘中的米饭上即可。

茶饺

主料:饺子粉、1/5 馅量的绿茶。

配料:三鲜饺子馅适量。

做法:

1.和好面,醒面。

2.茶叶用热水润发,剁碎,拌于三鲜馅中。

3.煮饺、蒸饺均可。

特点:鲜香适门,风味独特。

注:和面时可加菠菜汁或芹菜汁,以增加视觉效果。

鸡丝茶面

主料:龙须面、中档绿茶适量。

配料:青椒、胡萝卜、绿豆芽、花椒油、盐各适量。

做法:

1.青椒、胡萝卜、绿豆芽用热水焯过并加盐,前二者切成细丝。

2.茶叶润发,去汤。

3.煮好面,分盛纯白小碗内,拌好上述菜,码即可。

特点:色彩鲜明,口感好。

茶汤类食谱

银毫清汤燕窝

主料:干燕窝20克,银毫茶5克。

配料:瘦火腿15克,清汤1500克,盐、味精、胡椒面、料酒各适中。

做法:

1.燕窝水发,择净成燕菜,火腿切成细丝。

2.燕菜放入碗中,加入清汤(能没过燕菜即可),上笼蒸20分钟左右。

3.茶叶用干净纱布包好,放入清汤中,用火烧开,略煮一会儿,茶叶包离火,将汤注入碗中,撒上少许火腿丝即成。

特点:此菜适用于比较高级的宴会。

注:蒸燕菜时,要求吃软不吃脆,但也不能蒸成泥状。

观音鸡汤

主料:鸡腿2块,铁观音茶5克。

配料:萝卜500克,盐、鸡精各适量。

做法：

1.萝卜洗净削皮、切块,鸡肉洗净切块备用。

2.铁观音焖泡 5 分钟,留茶汤备用。

3.用沸水将鸡肉氽烫后,另放高压锅内,加萝卜、茶汤和水。大火煮沸,再以小火焖煮半个钟头左右。

4.最后加上盐、鸡精调味即可。

龙井捶虾汤

主料:清虾 500 克,龙井茶 15 克。

配料:鸡蛋 1 个,清鸡汤 1500 克,料酒、盐、味精、葱、姜各适量。

西湖龙井茶

做法：

1.茶叶用开水泡发,留茶汤备用。

2.葱切段;鸡蛋用清;虾剥壳,留尾洗净,控出水分,用料酒、盐、味精腌

30 分钟左右。

3.姜切片,用刀拍一下,放入虾仁与肉,案板撒上干淀粉,两面托上干淀粉,用擀面杖将虾慢慢捶成薄片。锅内放入清水烧沸,将虾片下锅氽透,捞出用凉水过凉,去掉虾尾,使虾尾呈现出一点红色。

4.清汤注入锅内烧开,放盐、味精、料酒调味,先盛一点清汤将虾片烫透捞入汤碗内,再把茶汤适量入清汤内,烧开,倒入碗内即成。

特点:虾片白嫩透明,汤清味鲜。

注:此菜可以用大虾做主料。去油腻,助消化,适于夏季或油腻较多的宴会。

龙井豆腐汤

主料:豆腐 250 克,龙井茶 5 克。

配料:精盐、味精、料酒、胡椒粉、鸡汤各适量。

做法:

1.将豆腐切成边长 3 厘米的三角形片,用开水焯一遍,待用。

2.龙井茶用开水泡好待用。

3.锅上火,放入鸡汤,下豆腐稍煮,放入精盐、味精、料酒、胡椒粉,尝好味,倒入沏好的茶水和茶叶即可。

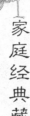